全国高校地理信息科学教学丛书

地 图 学

赵 军 主编

赵 军 颉耀文 凌善金 程朋根 编著

U0209860

科学出版社

北 京

内 容 简 介

本书比较全面地介绍了地图学的理论、方法和应用，主要内容包括：地图与地图学，空间参照系，地图投影，地图符号与地图表示方法，地图概括，地图编绘与产品模式，地图分析与应用。全书注重教材的系统性和实用性，内容组织便于实际教学使用。

本书可作为高等学校地理科学类各专业本科教材，也可供相关领域科研、规划、设计等专业技术人员参考。

审图号：GS（2021）6725 号

图书在版编目（CIP）数据

地图学/赵军主编. —北京：科学出版社，2021.12
（全国高校地理信息科学教学丛书）
ISBN 978-7-03-063710-9

Ⅰ. ①地… Ⅱ. ①赵… Ⅲ. ①地图学–高等学校–教材 Ⅳ. ①P28

中国版本图书馆 CIP 数据核字（2019）第 280530 号

责任编辑：杨　红　郑欣虹/责任校对：何艳萍
责任印制：师艳茹/封面设计：陈　敬

科 学 出 版 社 出版
北京东黄城根北街 16 号
邮政编码：100717
http://www.sciencep.com
三河市骏杰印刷有限公司印刷
科学出版社发行　各地新华书店经销
*
2021 年 12 月第 一 版　开本：787×1092　1/16
2024 年 7 月第三次印刷　印张：18
字数：440 000

定价：68.00 元
（如有印装质量问题，我社负责调换）

"全国高校地理信息科学教学丛书"
编委会名单

顾　问（以姓名汉语拼音为序）

高　俊	龚健雅	郭华东	何建邦	李德仁	李小文
宁津生	孙九林	童庆禧	王家耀	叶嘉安	周成虎

主　编　汤国安

副主编　李满春　刘耀林

编　委（以姓名汉语拼音为序）

常庆瑞	陈崇成	陈健飞	陈晓玲	程朋根	党安荣
董有福	冯仲科	宫辉力	郭增长	胡宝清	华一新
孔云峰	赖格英	黎　夏	李　虎	李　霖	李满春
李小娟	李志林	梁顺林	林　珲	刘　勇	刘　瑜
刘慧平	刘仁义	刘湘南	刘小平	刘耀林	柳　林
闾国年	秦其明	邱新法	沙晋明	史文中	宋小冬
孙　群	汤　海	汤国安	田永中	童小华	王　春
王结臣	邬　伦	吴立新	徐建华	许捍卫	阎广建
杨　昆	杨　昕	杨必胜	杨存建	杨勤科	杨胜天
杨武年	杨永国	游　雄	张　锦	张　勤	张洪岩
张军海	张新长	赵　军	周　立	周启鸣	朱阿兴

《地图学》编写委员会

丛 书 序

古往今来，人类所有活动几乎都与地理位置息息相关。随着科学技术的快速发展与普及，地理信息科学与技术以及在此基础上发展起来的"数字地球""智慧城市"等，在人们的生产和生活中发挥着越来越重要的作用。

近年来，我国地理信息科学高等教育蓬勃发展，为我国地理信息产业的发展提供了重要的理论、技术和人才保证。目前，我国已有近200所高校开设地理信息科学专业，专业人才培养模式也开始从"重理论、轻实践"向"理论与实践并重"转变。然而，现有的地理信息科学专业教材建设，一方面滞后于专业人才培养的实际需求，另一方面，也跟不上地理信息技术飞速发展的步伐。同时，新技术带来的教学方式和学生学习方式的变化，也要求现有教材体系及配套资源做出适应性或引领性变革。在此背景下，科学出版社与中国地理信息产业协会教育与科普工作委员会共同组织策划了"全国高校地理信息科学教学丛书"。该丛书从学科建设出发，邀请海内外地理信息科学领域著名学者组成编委会，并由编委会推荐知名专家或从事一线教学的教授担任各分册主编。在编撰中注重教材的科学性、系统性、新颖性与可读性的有机结合，强调对学生基本理论、基本技能与创新能力的培养。丛书还同步启动配套的数字化教学与学习资源建设，希望借助新技术手段为地理信息科学专业师生提供方便快捷的教学与实习资源。相信该丛书的出版，会大大提升该专业领域本科教材质量，优化辅助教学资源，对提高理论与实践并重的专业人才培养质量起到积极的引领作用。

我相信，在丛书编委会及全体编撰人员的共同努力下，"全国高校地理信息科学教学丛书"一定会促进我国新一代地理信息科学创新人才的培养，从而为我国地理信息科学及相关专业的发展做出重要的贡献。

中国科学院院士
中国工程院院士　　李德仁

丛 书 前 言

地理信息，在经济全球化和信息技术快速发展的 21 世纪，已然在人类经济发展与社会生活中扮演重要角色。自 1992 年 Michael F. Goodchild 提出地理信息科学应当是一门独立的学科以来，在学界的共同努力下，已经在空间数据采集与处理、地学数据挖掘与知识发现、空间分析与可信性评价、地学建模与地理过程模拟、协同 GIS 与可视化、地理信息服务、数字地球与智慧城市、虚拟地理环境、GIS 普及及高等教育等诸多研究方面取得了重要进展。与此同时，由于地理信息科学的概念以及研究背景、目标的复杂性，目前关于地理信息科学的核心理论框架体系，仍然存在不同的理解，需要广大学者深入探索与凝练。

在 2012 年教育部颁布的《普通高等学校本科专业目录(2012 年)》中，地理科学类专业中的"地理信息系统"更名为"地理信息科学"，标志着地理信息的高等教育进入一个崭新的发展阶段。随着我国各项事业及各相关部门信息化进程的加快，地理信息相关专业人才具有广泛的社会需求。地理信息科学专业人才应当具备坚实的地理学、测绘科学及现代信息技术基础知识、具有处理与分析地理信息的能力，能从事地理信息科学问题的研究与相关技术开发，能胜任包括城市规划、资源管理、环境监测与保护、灾害防治等领域的地理信息资源开发、利用与管理工作。地理信息科学专业人才的培养，对于全面提升我国地理信息产业与地理信息科学发展水平具有极其重要的作用。

中国地理信息产业协会教育与科普工作委员会，多年来通过多种途径，积极推进我国地理信息高等教育水平提高，所组织的全国高校 GIS 教育研讨会、全国高校 GIS 青年教师教学技能培训与大赛、全国大学生 GIS 技能大赛、全国 GIS 博士生论坛等活动，都已经成为国内有影响的品牌活动。高校专业教材是本科教学的重要资料，近十年来，我国已出版多套有关地理信息系统的系列教材，在专业教学中发挥了十分重要的作用，其中，由科学出版社出版的"高等学校地理信息系统教学丛书"，在我国 GIS 教育界产生了重要影响。在此基础上，科学出版社、教育与科普工作委员会联合组织编撰的"全国高校地理信息科学教学丛书"，拟面对学科发展的新形势，系统梳理、总结与提炼以往的研究成果，编写出集科学性、时代性、实用性为一体的系列教材。

为保证本丛书顺利完成，在工作委员会及科学出版社的协调下，首先成立了由地理信息科学高等教育领域的知名学者组成的丛书编写委员会。其中，由我国该领域院士及知名学者任顾问，对丛书进行方向性指导，各教材主要编写人员既有我国地理信息科学领域的知名专家，又有新涌现的优秀青年学者，他们对地理信息科学的教育教学有很强的责任心，对地理信息学科的发展与创新开展了广泛而深入的研究；他们在学术研究和教学工作中亦能紧密联系、广泛开展学术与教学的交流合作。

　　本丛书将集成当前国内外地理信息科学研究领域的主要理论与方法，以及编著者自身多年的研究成果，对本学科相关研究工作有十分重要的参考价值。我们希望本丛书不仅适合于地理信息科学专业的在校学生使用，而且也可作为相关专业高校教师和研究人员工作和学习的参考书。本丛书的出版发行，盼能推动我国地理信息科学的科学研究与拓展应用，促进中国地理信息产业的发展。

国家级教学名师

中国地理信息产业协会教育与科普工作委员会主任

汤国安

2014 年 8 月 4 日

前　言

地图是人类三大通用语言之一，出现比文字还要早。无论从苏美尔人的地图到巴比伦人的地图，还是黄帝战蚩尤到大禹《九鼎图》，无一不说明地图是人类最古老、最基本的认知和表达地理世界的工具之一。地图的出现和使用始终伴随着人类文明的进步，是人类认识和改造客观世界的现实需求和历史必然。《会说谎的地图》一书的作者蒙莫尼尔认为，"公众对作为一种交流媒介的地图的认识非常重要，这种认识足以与帮助人们控制火和使用电的知识相提并论"。

地图被誉为地理学的第二语言。地理学工作者不可能对其感兴趣的所有事物都通过实地踏勘或野外考察来获得相应信息，借助于地图这一特定的介质进行间接信息的获取就成为必然。地图的另外一个重要特性就是可以将任何空间信息转化为人们需要的适宜尺度进行研究和表达，这一过程将极大改变人们观察和研究客观世界的角度和视野，从而可能衍生出更多新的原本不可见的信息或知识。地图不仅是我们认识地理对象、表达研究成果的一种工具，也是分析地理问题、揭示地理规律不可或缺的重要方法和手段。

地图学发展到今天，就基础理论而言，新理论新概念不断充实和完善其中，信息技术的发展进一步拓展了地图学的制作手段和应用范畴，表达介质也由传统纸质地图发展到数字终端地图。地图的使用随着数字终端的普及，已经深入每个人的生活。多个行业和部门尤其是自然资源、交通、环境保护、旅游、生态、水利等对地理信息服务的需求都在不断增强。地图学教材正是在适应这一发展趋势和潮流的过程中不断完善和进步，以更好地服务于地图学教学。

本书共七章。第一章"地图与地图学"，从地图学基本问题出发，介绍关于地图的基本概念、发展历程和地图学学科体系、与相邻学科的关系以及地图和地图学的未来发展；第二至第五章，分别从空间参照系、地图投影、地图符号与地图表示方法、地图概括四个方面系统介绍地图学的基本理论；第六章"地图编绘与产品模式"，主要介绍地图编绘的传统技术方法和新技术方法，并结合地理国情普查与监测地图产品，介绍地图产品模式方面的知识；第七章"地图分析与应用"，主要介绍地图选用、地图分析、地形图野外应用和电子地图应用等方面的知识。在教材编写过程中，力求结合现代地图学的发展，比较全面地展现地图学的理论、方法、技术和应用。

本书编写分工如下：第一章由赵军、闫浩文、武江民撰写，第二、三章由颉耀文、焦继宗、王晓云撰写，第四章由凌善金撰写，第五章由程朋根、聂运菊撰写，第六章由任福、赵军撰写，第七章由赵军、魏伟、武江民撰写。全书由赵军统稿并定稿。

本书编写过程中得到多位专家和同行的帮助和支持。汤国安教授、李满春教授、龙毅教授多次参加编写提纲讨论，做出了很大贡献，在此表示衷心的感谢！本书编写过程中，引用和参阅了大量国内外论文和网站资料，不能逐一列注，遗漏之处敬请海涵，特此致谢。

由于水平所限，书中不足之处在所难免，敬请读者批评指正。

编　者

2021 年 6 月 18 日

目　录

第一章 地图与地图学

地图由来已久。在人类文明的历史长河中，地图既是一种可应用于军事和生产的工具，又是一种与思想和文明密切关联的文化现象。地图帮助我们认识家园、开发矿产、预报天气、开拓航路、规划城市、保护生态、教育后代。地图在创造文明的同时也改造了世界。

地图是地理学的第二语言。天文学家利用望远镜观察遥远的星辰，生物学家利用显微镜观察微观的生命现象，地理学家则利用地图考察地理景观、分析地理现象、表达地理思想。遥感、卫星定位导航、地理信息系统技术的发展，不断增强着地图的力量；网络、移动通信、大数据和人工智能的发展，给地图打造了更大的应用舞台。现在，地图应用比过去任何时候都更加广泛。

认识地图，掌握地图和地图学的基本知识，是编绘和应用地图的重要基础。本章从地图概述出发，讲授地图的概念、构成要素、分类、功能和应用、成图方法；浏览地图史，了解地图起源、古代地图、近代地图、现代地图；介绍地图学概要，包括地图学溯源与寻踪、地图学学科体系、地图学近邻学科，以及地图学前瞻。

第一节 地 图 概 述

一、地 图 概 念

（一）地图基本特性

地图是一种表达地理事物和现象的图形语言。在人类文明进程中，还发展了其他的图形语言，如绘画、照片等，它们同样也具有表达地理事物和现象的功能。但是，地图在发展过程中，更加强调了地图内容的可量测性、综合性和符号含义的确定性，形成了不同于其他图形语言的基本特征，成为表达地理事物和现象不可替代的工具。

1. 严密的数学法则

数学法则是精确绘制地图内容的保障，决定了地图具有可量测和可对比的特性。地图的数学法则主要包括：将地球球面转换成平面的地图投影，将地理空间实际尺寸缩小到地图幅面大小的地图比例尺，将地面坐标点准确定位在地图平面上的大地控制网。

真实的地球表面是一个巨大的、不可直接展开成平面的球面。为了绘制平面地图，首先用地图比例尺将地球按照一定比例缩小，然后将地球表面的经纬网投影到平面或可以展成平面的介质上，并以经纬网格作为参照和控制，将山脉、河流、城市等地理要素绘制在地图上。在绘制大比例尺地图的时候，还要利用地面大地测量成果建立的控制点、控制网，以确保地图上地表要素位置的精准度。

2. 科学的地图概括

地图概括是清晰表达地图内容，突出地图主题和恰当反映地图编绘者意图的有效方法，使地图内容具有了清晰和一览的特性。

受人的视觉感知极限制约,地图上的符号和文字注记必须占一定面积才能方便使用者阅读和使用。与相对较小的地图幅面相对应的地理空间十分巨大,所承载的地理事物和现象也纷繁复杂。如何在有限的地图幅面上清晰表达地图内容,就成为地图制图者不可回避的问题。但是,每一幅地图都是依照一定目的编绘的,这个目的决定了各种地理要素在地图上的重要性有所不同。地图概括就是根据地图幅面所能承载的符号和注记容量,在地图编绘目的的指导下,对地理要素进行取舍、简化,在达到制图目的的前提下,使地图内容表达清晰和准确。

3. 特定的符号系统

地图符号系统是地图语言准确表达的基础,它使地图具有了直观性和易读性。

现实世界中的地理事物和现象非常复杂,很难从外观辨识其类型、性质;还有很多地图内容是无法直接观察到的。因此,根据地理要素的外貌特征和内在特性,在相关科学分类分级思想的指导下,设计由线划符号、颜色、注记文字和数字构成的地图符号系统,就能够突出表示重要的地理要素,直观表达不可见的地理事物,准确说明仅用图形无法表示的地图内容。

(二) 地图与遥感影像比较

遥感影像已经很容易获得,成为人们发现地理现象、认识地理规律的重要手段,也成为地图编绘极为重要的资料来源,并且推动产生了新的地图类型。但是,因为遥感影像不具备地图所特有的基本特性,所以仍然不可能取代地图的功能。

图1-1是同一地区的航空遥感影像和地形图。航空相机采用与地图投影不同的数学法则,将地球表面上的地物投影在像片平面上;像片上地理内容的清晰程度取决于地物的大小和相机的分辨率,一些重要的地物可能因为其尺寸而不能显示;由于没有地图符号系统的帮助,地物的类型、数量、地名等都无法表达出来。下面从是否具有地图符号系统的角度,详细比较一下地图相对于遥感影像的优点。

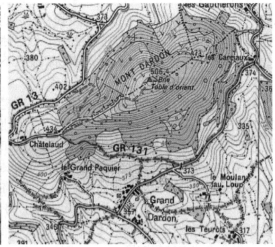

图1-1 同一地区的航空影像与地形图比较

（1）地面上面积太小且比较重要的地物，经过航空相机物理缩小后不能清楚显示，尤其如三角点、水准点、泉等点状地物，在航空像片上几乎不能识别，但在地图上使用符号就可以清晰表达。

（2）地物类型和性质在航空像片上不易识别，如土壤类型、路面性质、地面高程、坡度陡缓、湖水咸淡等，利用符号系统在地图上一目了然。

（3）有地形、地物遮挡的地方，被遮挡的地物在像片上无法显示，如植被遮盖的道路、隧道、地下管线、地下建筑物等，而在地图上可通览无余。

（4）没有外形的地理要素，如经纬线、境界线、城镇人口数量、民族构成等，航空像片根本无从探测和表现，但使用地图符号系统则可简单、清晰地表现出来。

问题与讨论 1-1

对地表景观的摄影作品、美术作品，表现了从作者的视角看到的自然风光或人文社会图景。对比表现同一地方地表景观的地图、摄影和美术作品，与摄影和美术作品相比较，地图有哪些本质上的不同？

（三）地图定义

定义是对一种事物的本质特征或一个概念的内涵和外延所做的简要说明。在人类文明的长河中，地图概念随着地图产品形式和内容的发展一直在不断地变化着。利用各种航天探测器获取的地外天体数据，地图手段和方法可延伸到地球以外的星球；借助计算机系统，地图不再局限于平面和静态表达，多维、动态可视化已成为新的表达形式，负载地图内容的介质也从传统的纸张绢帛发展到磁盘光盘。所以，不同学者从各自的视角出发，面对"什么是地图"这个问题，就会给出不同的答案。

美国地图学家鲁宾逊认为"地图是周围环境的图形表达"；苏联地图学家别尔良特给地图的定义是"地球或天球缩小与概括的符号图形"，并进一步指出"地图是按照数学法则建立的，反映出各种自然和社会经济要素与现象的分布、特征和联系"，是"认识、实践活动和信息传输的工具"，不仅把地图的概念推广到其他天体，而且补充了地图的作用；国际地图制图学协会（International Cartographic Association，ICA）定义地图是"地理现实世界的表现和抽象，是以视觉的、数字的或触觉的方式表现地理信息的工具"，将地图表达拓宽到视觉方式之外；美国学者 Tasha Wade 等编写的《A to Z：GIS 图解词典》一书认为地图是"①在一区域中，实体的空间关系的图形表达；②地理或空间信息的一般性图形表达"，突出了地图信息的内涵。

在 2009 年发布的国家标准《地图学术语》（GB/T 16820—2009）中，地图被定义为：按照一定数学法则，使用符号系统、文字注记，以图解的、数字的或多媒体等形式表示各种自然和社会经济现象的载体。

二、地图构成要素

地图构成要素指地图图面上的全部内容。根据这些内容的性质和作用，通常将地图构成要素划分为数学要素、地理要素和辅助要素三类。

（一）数学要素

数学要素是地图数学法则的具体体现，包括坐标网、比例尺和控制点等。

1. 坐标网

地图坐标网是确定图上要素坐标位置的基础，有经纬线网和平面坐标网两类。经纬线网是球面坐标经过地图投影在平面上的表现，据此可以量测地图上某点的经度和纬度。平面坐标网是在特定地图投影基础上，通过建立平面直角坐标系或极坐标系绘制的坐标网格，用于表达和量测地图上点的平面坐标。

经纬线网通常绘制于中、小比例尺地图上，并配合有经纬度注记。平面坐标网以平面直角坐标网常见，用于大比例尺地图，配合有直角坐标注记。在一些示意性质的地图上，坐标网可被省略掉。

2. 比例尺

地图比例尺表明地图缩小的程度，是进行地图量算的基本要素。地图比例尺一般配置在图面比较醒目的位置，采用数字形式或图解形式表现。

3. 控制点

控制点是经过地面精确测量的坐标点，在高精度地图分析和应用中有着重要作用。地图上的控制点主要是不同等级的平面控制点和高程控制点，通常只在大、中比例尺地形图上绘制。

（二）地理要素

地理要素是地图内容的主体，采用地图符号系统表达。地理要素按其内容性质，可划分为自然要素和人文社会经济要素。

1. 自然要素

自然要素表现地图制图区域内的自然地理事物和现象，涉及地质地貌、气象气候、水文水资源、土壤植被等。水系和地貌是地图上最基本的自然要素。

2. 人文社会经济要素

人文社会经济要素表现地图制图区域内的人文、社会、经济事物和现象，涉及政治和行政区划、人口与民族、城市和村镇、道路交通网络、历史与文化、产业和经济等诸多方面。境界线、居民地、交通网是地图上最基本的人文社会经济要素。

（三）辅助要素

辅助要素是了解地图主题和用途，协助使用者用好地图的重要资料。辅助要素可分为基本辅助要素和其他辅助要素。

1. 基本辅助要素

基本辅助要素是选择和使用地图必须具备的资料信息，包括地图图名、图例、方向标、制图者和成图时间，一般不能缺失。图名表达地图的主题和制图区域；图例说明地图符号的含义；方向标表示主图区域的方位，在绘制有坐标网的地图上，方向标常被省略；制图者和成图时间对判断地图质量和可用程度具有重要意义。

2. 其他辅助要素

其他辅助要素包括接图表、图号、图廓、分度带、坡度尺、生僻字读音、制图方法和使用规范说明、附图、附表等。

三、地 图 分 类

地图种类繁多，为了便于编绘、管理和使用，需要对地图进行分类。用于地图分类的指标很多，有地图内容、信息存储显示方式、比例尺、地图用途、制图区域、使用方式、感受方式、承载介质等，其中地图内容、信息存储显示方式、比例尺、地图用途和制图区域是最常用的分类指标。

（一）按地图内容分类

地图按其主题内容分为普通地图和专题地图。

1. 普通地图

普通地图是指相对均衡地表示地球表面自然地理和人文社会经济要素一般特征的地图。水系、地貌、土质、植被、居民地、交通线、境界线及独立地物等是普通地图上表示的主要地理要素。

普通地图包括地形图和地理图。

1）地形图

地形图是社会经济建设和国防建设非常重要的基础资料，按照统一的大地控制基础、地图投影和分幅编号，采用统一的测图或编制规范、图式符号系统和比例尺系列，统一组织测制。

2）地理图

地理图又称普通地理图，常以自然地理或行政区划单元为制图区域，相对概括地表示制图区域内的自然地理和人文社会经济要素的基本特征。

地形图与地理图相比较：在地图符号、表示方法、地图概括、比例尺和地图整饰等方面，地形图有严格统一的标准规范，地理图则有更多的灵活性；在地图内容表达的精准程度方面，地形图重视几何精度，有明确的精度要求，而地理图突出区域单元的整体性和地理要素的综合性，重视地理要素的相对位置关系。

2. 专题地图

专题地图是指突出表示一种或几种自然或人文社会经济要素的地图。专题地图表示的主题内容十分广泛。

专题地图可分为自然地图、人文社会经济地图和其他专题地图。

1）自然地图

自然地图的主题内容为自然地理要素。按照学科体系，自然地图再细分为地质地貌图、水文水资源图、气象气候图、土壤图等种类。每类自然地图都有丰富的主题内容，如气象气候图包括太阳辐射图、日照时数图、平均气温图、降水量图、气候类型图等。

2）人文社会经济地图

人文社会经济地图的主题内容为人文、社会或经济要素。人文社会经济地图又可细分为人口图、历史图、经济图、科教文化图等种类。各类人文社会经济地图的主题内容也非常丰富，如经济图包括经济结构图、农业经济图、粮食种植区分布图、人均收入分布图等。

3）其他专题地图

现实中有一些专题地图，依其主题内容既不能划入自然地图，又不便归到人文社会经济地图，如环境地图，表示的环境要素既有自然要素，又有人文社会经济要素；又如资源地图，地图内容涉及自然资源和人文、社会经济资源。这类地图都可归入其他专题地图。

（二）按信息存储显示方式分类

地图按信息存储显示方式分为数字地图、电子地图和模拟地图。

1. 数字地图

数字地图指以数字形式存储在计算机存储介质上的地图数据。数字地图面向机器存储、分析和使用。

2. 电子地图

电子地图指将数字地图经过可视化处理后显示在屏幕上的地图，也称屏幕地图。电子地图以数字地图为基础，供人们目视阅读、分析和使用。

3. 模拟地图

模拟地图指一切可触摸感知的地图。模拟地图是数字化时代产生的与数字地图相对应的术语，包括各种传统地图和盲人地图。数字地图或电子地图通过输出设备绘制在纸张等媒介上的地图也属于模拟地图。

（三）按比例尺分类

地图按比例尺分为大比例尺地图、中比例尺地图和小比例尺地图，习惯上以 1∶10 万和 1∶100 万为划分界限。由于不同行业工作需要的差异，在具体划分大、中、小比例尺地图时，可能存在不同的标准。

1. 大比例尺地图

地图比例尺大于或等于 1∶10 万的地图。

大比例尺地图内容详尽、精确，一般在实测或实地调查的基础上编绘而成，图上量算结果有较好的精度，可供市县及以下行政区各类规划、工程项目设计施工、专业详细调查或专题研究使用，也是编制中小比例尺地图的基础资料。

国家基本地形图系列中，大比例尺地形图有 1∶5000、1∶1 万、1∶2.5 万、1∶5 万和 1∶10 万五种。

2. 中比例尺地图

地图比例尺小于 1∶10 万但大于 1∶100 万的地图。

中比例尺地图内容相对比较简略，精度较大比例尺地图低，一般以大比例尺地图或遥感图像为基本资料编绘而成，可供省区或全国规划、专业普查、区域研究等使用。

国家基本地形图系列中，中比例尺地形图有 1∶25 万和 1∶50 万两种。

3. 小比例尺地图

地图比例尺小于或等于 1∶100 万的地图。

小比例尺地图内容简略，精度较低，侧重表达制图区域总体特征、地理要素分布规律和区域差异，可供一般性参考和教学、科普使用。

国家基本地形图系列中，小比例尺地形图只有 1∶100 万一种。

（四）按地图用途分类

地图按其用途分为通用地图和专用地图。

1. 通用地图

通用地图指可供不同工作需求使用的地图，常用于一般性参考。普通地图及行政区划图、交通图、城市街区图等专题地图都可作为通用地图使用。

2. 专用地图

专用地图指专供特定行业部门或特定工作使用的地图。常见的专用地图有教学地图、旅游地图、军事地图、航海图、航空图等。教学地图专指在各级各类学校有关地理、历史等课程教学中使用的各类地图，是使用者最多、发行量最大的一类地图。根据教学内容需要，普通地图和专题地图都可作为教学地图使用。

（五）按制图区域分类

地图制图区域可以是自然地理区，也可以是人文社会与经济地理区。

1. 按自然地理区划分

以制图区域的自然单元分类，如世界地图（或称全球图）、半球地图、大洲大洋地图、流域地图等。

2. 按人文社会与经济地理区划分

以行政区等级或经济地理单元分类，如国家图、省（自治区、直辖市）图、县市图、乡镇图、经济区图、规划区图等。

（六）按其他指标的地图分类

地图按使用方式分为桌图、挂图、便携图；按感受方式分为视觉地图、触觉地图、多感知地图；按承载介质分为纸质图、丝绸图、塑料图、缩微胶片图、磁介质图、光介质图等；按图幅数量分为单幅地图、系列地图和地图集。

四、地图功能和应用

地图既是表达自然和人文社会经济要素时空分布的工具，又是分析研究地理事物和现象分布规律及时空格局的方法和手段，具有地图信息负载、传输、模拟和认知的功能，其应用具有普适性特征。

（一）地图信息

地图信息指能够以图形、色彩、符号及其逻辑关系等图解代码表示的地球或其他天体的空间信息，在信息技术的支持下可以被视觉接受，且保留地图图形的一切基本特征。地图上的图形、色彩、符号、注记等地图内容是地图信息的表现，地图信息是地图表示内容的本质和内涵。

地图信息分为直接信息和间接信息两类。

1. 直接信息

直接信息指可以用地图图形、色彩、符号、注记等直接表示的地图信息，如河流的位置、宽度、流速；居民点的位置、行政等级、人口规模等。地图编绘者掌握能够反映直接信息的制图数据，并采用合适的地图形式表现出来；地图使用者通过直接阅读或简单量算就可获得直接信息。

2. 间接信息

间接信息指隐藏在地图图形、色彩、符号、注记中，须经过解译、分析、逻辑推理等才能获得的地图信息，如隐藏在世界地图上海陆轮廓中的大陆漂移思想和中国人口分布图上色彩差异中的人口密度格局。有的间接信息是地图编绘者所掌握的，有的间接信息则不为地图编绘者所了解。地图使用者通过自己的研究和思考，能够获得隐藏在地图上的间接信息。地图间接信息在发现知识和揭示规律方面具有重要意义。

（二）地图功能

1. 地图信息负载功能

负载和传输地图信息是地图的基本功能。实现地图信息负载功能，一是需要有具体的载体，二是需要将原始制图数据经过加工处理、符号化和地图概括，以图形符号、文字注记或数字信号的形式存储到载体上。纸张、丝绸、塑料、胶片、磁/光存储介质都可以作为载体存储地图信息。

2. 地图信息传输功能

地图作为一种信息媒介，通过信息传输功能实现地图信息的传播和交流。地图信息传输过程可分为三个阶段：第一阶段以地图编绘者为中心，在探索、研究地球表面自然、人文、社会经济事物和现象，形成对地理环境认识的基础上，采用地图制图方法和技术，将数据转换成地图信息；第二阶段以传统出版或现代网络平台为中心，发布、接收地图信息；第三阶段以地图使用者为中心，阅读、解译地图信息，形成对地理环境新的认识，实现地图信息传播。

3. 地图信息模拟功能

地图是按一定比例缩小表达客观世界地理环境的模型。地图编绘不是简单地复制客观世界中的地物和现象，而是利用地图符号系统和地图概括方法，通过科学的抽象和简化，实现对客观世界地理环境的模拟。传统平面地图是二维静态模型，地图信息模拟有很多局限。现代地图借助数学模型、数字模型和计算机技术，能够实现对客观世界地理环境的三维或多维动态模拟，显著增强了地图信息模拟功能。

4. 地图信息认知功能

实地考察、阅读文献和使用地图是地理空间认知的主要手段，其中使用地图具有不可替代的作用。地图信息认知过程包括感知、表象、记忆和思维：感知过程是地图图形作用于人的感知器官，产生对地理事象的感觉和知觉；表象过程是通过回忆、联想，再现感知所产生的图形影像；记忆过程是大脑对表象过程产生的图形影像形成记忆；思维过程是在上述认知过程的基础上，形成关于地理事象本质特征和空间关系的知识。心象地图，又称认知地图，就是通过感知获取地图信息后，在大脑中形成的关于地理环境的抽象图形。

（三）地图应用

地图应用是推动地图产生和不断发展的动力。早期的地图被用于修建水利工程和指挥军事行动，同时也被用于祭祀天地和传播宗教思想。随着科学技术的进步，生产、生活和军事领域对地图的需求越来越高，驱使地图不断改进和完善，地图种类越来越多，地图内容越来越丰富，地图的准确性和可靠性越来越高，地图的应用也随之拓展到所有与地理位置和分布有关的领域。

20世纪中叶以来，遥感技术、卫星导航定位和地理信息系统技术的发展，移动通信和网络技术的普及应用，不仅产生了大量前所未有的新型地图，如影像地图、多媒体地图、网络地图、多维动态地图、虚拟现实环境等，而且使地图应用的重要性和社会普及程度都上升到前所未有的高度。手机地图和导航地图应用已深入千家万户，作为移动互联入口的网络地图成为世界各大网络公司争夺的焦点。

地图应用从查找一个地名、一条线路，到建立地图分析模型进行综合评价、预测，在选择的地图产品、采用的技术方法、获得的信息价值等诸多方面都有很大的差异。根据地图应用的任务、目的和对象，可大致将地图应用方式归纳为四种类型。

1. 作为资料的查阅和检索应用

将地图作为资料查阅和检索是最普通也是最常见的应用方式。查阅、检索地图，一是查找用图者所关心的特定地物位置，了解两地之间的空间位置关系等，例如，在地图上查找一个热点新闻发生的地点在哪里，或在世界地图上查看"一带一路"沿线有哪些国家。二是了解特定区域的地理概况，例如，在普通地理图上系统阅读某省的地理位置、地形、水系、土质植被、居民地、交通、境界与行政区划等内容，可以建立对该省地理概况的一般认识。

2. 作为导航工具的应用

地图导航是地图应用的基本方式。将地图作为导航工具由来已久，利用地形图在野外导航定位是野外工作重要的基本技能，定向越野就是一项深受欢迎的、培养地图野外导航定位能力的活动。随着卫星全球定位技术、移动通信技术的发展，电子地图导航应用已经非常普遍，对于识路记路能力较弱的驾驶员，或在快速发展阶段的城市，移动导航地图都是非常有用的驾驶助手。作为导航工具的地图，还可以扩展应用范围，通过对移动目标进行跟踪，根据移动目标位置提供服务，如基于移动导航地图技术的智能化导游等。

3. 作为分析研究方法的应用

地图是分析地理现象空间分布、时间动态特征的重要工具和方法，将地图作为分析研究方法是地图应用的重要方式之一。在规划设计、预测预警和科学研究工作中，仅一般性阅读地图，对认识研究对象质量、数量的空间特征和动态变化是远远不够的，因此要借助地图分析方法和手段，得到隐藏在简单图形表面之下的有用信息，进而解释现象、发现规律。地图量算分析可以获得地物要素的坐标、长度、面积和体积等数据，地图图解分析可以得到能够直观反映要素空间分布或动态变化特征的剖面图，数字地图模型分析则能够定量描述要素分布规律和相互关系。例如，气温、降水量等气象要素观测都是在气象台站进行的，得到的也是离散的点状数据，利用地图插值方法可以生成气温、降水量等值线图，将点状数据转换为面状数据表达，从而更好地表现气象要素空间分布规律。再如，收集到同一地区两个不同年份测绘的沙漠范围分布图，采用地图叠置分析方法可以得到该地区在这期间沙漠扩张或退缩的具体位置和面积大小，可为进一步分析其特征和成因提供准确、可靠的定量数据。

4. 作为成果载体的应用

地图是准确、直观表达地理现象质量特征、数量特征、动态变化和相互关系不可或缺的手段与载体，将地图作为成果载体也是地图应用的一种基本方式，地图广泛应用于教育宣传、商业广告、规划设计、调查研究等工作中。首先，地图不是机械地复现现实世界，而是根据制图目的、用途、读者对象和区域地理特征，在地图制图理论的指导下，有目的地突出表达某些具有重要意义的要素特征，以达到有效传播某些知识或思想的目的，因此除了教学地图外，还有很多把地图用于广告宣传的例子。其次，对于具有空间分布特征的地理现象，地图表达在精确性和可视化方面有着文字描述不可比拟的优势，所以在规划设计、调查研究等工作中，应用地图表达研究成果成为必然选择。最后，地图表达能更好地反映地理要素的空间完整性和逻辑关系，利用地图作为成果载体，还可以发现调查研究结果的错误和矛盾，提高成果质量。例如，土壤重金属污染主要来自水源，如果无其他因素影响，用被重金属污染的河水灌溉的水稻土，应该比用不受污染的水灌溉的土壤污染严重，如果调研结果违反正常规律，出现了错误，在成果地图制图中就很容易被发现。

五、地图成图方法

地图成图的具体方法较多。根据地图信息获取方法和作业流程的特点，可以将地图成图方法归纳为实测成图法和编绘成图法两大类。

（一）实测成图法

实测成图法采用测量学理论和方法，使用测量仪器设备，在现场直接测量或在图像上间接测算得到地物特征点坐标，结合地物类型信息绘制成地图。实测成图法包括普通地形测图法和摄影测量成图法，主要用于测绘大比例尺地形图。

1. 普通地形测图法

普通地形测图法使用常规测量或卫星导航定位设备，如水准仪、经纬仪、全站仪、实时动态（real-time kinematic，RTK）载波相位差分技术等，在测区现场实施测量作业。作业过程：利用大地测量成果加密控制点，进行控制测量；在各等级控制点上进行碎部测量，记录地物类型名称、特征点坐标；依据制图规范和图式，完成地图绘制。使用卫星导航定位设备测图时，测点之间无须通视，具有测图精度高、速度快的优点。

2. 摄影测量成图法

摄影测量成图法使用摄影测量仪器设备，如航空相机、立体测图仪、数字摄影测量系统等，通过摄影成像手段，对地物进行测量并绘制成图。作业过程：利用飞机或卫星在测区上空实施摄影作业，同时在测区现场测定地面控制点；使用摄影测量软硬件在室内进行空中三角测量加密，重建立体像对所需的地面控制点或像片方位元素；建立测区地面立体模型，提取地面地物类型信息和特征点坐标，依据制图规范和图式绘制地图。摄影测量成图法是我国大比例尺基本地形图测绘的基本方法。

（二）编绘成图法

编绘成图法以地图、遥感图像、统计数据和其他可用于制图的各种文献为制图资料，配合必要的野外调研和外业调绘，对制图资料进行评价、加工、处理和符号化，完成地图编绘。编绘成图法包括常规编图法、遥感制图法和数字制图法，用于中、小比例尺普通地图和专题地图编绘。遥感制图法和数字制图法已成为地图编绘的主要方法。

1. 常规编图法

中、小比例尺地形图编绘，以大比例尺地形图为基本制图资料，依据制图规范要求逐级缩小、概括成图。地理图编绘，以与成图比例尺相同或略大的地形图或地理图为基本制图资料，依据编图设计书的要求缩小、概括成图。专题地图编绘，选择与成图比例尺相同或略大的普通地图，经过取舍、概括编绘底图，然后以底图内容为专题要素定位基础，把经过加工、处理的专题制图资料依编图要求绘制在底图上。在编绘底图时，如无法搜集到合适的普通地图，可利用比例尺比较适宜的专题地图制作。

2. 遥感制图法

以遥感资料为基本制图资料，利用目视解译或计算机图像解译手段提取制图信息，同时利用与成图比例尺相同或略大的地图编绘底图，并将解译的制图信息转绘到底图上。采用计算机图像解译和制图方法，须将底图内容数字化或直接使用数字底图，并对遥感图像进行几何纠正、坐标配准。采用目视解译方法，可对遥感图像做增强处理，改善目视效果，提高解译质量。利用野外调查方法对照、检查图像解译结果，能提高遥感制图的可靠性。

3. 数字制图法

以计算机系统为制图工具，利用硬件设备和地图制图、地理信息系统或其他制图软件，数字化各种制图资料，加工、处理、编辑制图数据，同时制作数字底图，生成新的数字地图，可显示或打印输出。数字制图法采用分层的方法，每一类地图要素为一个图层，图层之间有统一的坐标系控制，分图层单独编辑，多图层叠加显示，所有图层叠加得到全要素地图。

第二节　地　图　简　史

一、地　图　起　源

在文明出现的早期，声音和绘画是人类交流信息的主要途径。地图就起源于原始人类对其居住地及周围环境的绘画。据考古成果，距今 40000～20000 年，人类祖先就有把小石块、树枝等摆放在地面上以表示位置和路线的活动，距今 15000～10000 年，出现了有简单线划符号的原始地图。类似的原始地图在 20 世纪对原始部落的调查中仍有发现，可见地图起源是人类文明进程中的必然结果。

1963 年，考古学家詹姆斯·梅拉特和他的团队在土耳其发现了新石器时代的壁画地图，经碳-14 测年，距今约 8200 年，比出现在两河流域的楔形文字还要早约 2700 年。这幅图画长 275cm，绘出了数十座建筑物、远处正在喷发的双锥形火山和斜坡上炽热发亮的火山岩。

著名的古巴比伦地图（图 1-2）也是现存最早的地图之一，距今约 2600 年。这幅地图刻绘在一块 12.5cm×7.5cm

图 1-2　古巴比伦地图

大小的泥板上，图占泥板的三分之二面积，其他地方是文字说明。古巴比伦地图上方指向北，巴比伦城在图的中心附近，用长方形符号代表，周围是其他 8 个城市，用圆圈符号代表。有学者认为，这幅地图可能是更古老地图的复制品。

在古老的中国，华夏文明也孕育了地图的萌芽。神话故事《河伯献图》，讲述了距今 4000 余年前大禹治水时应用地图的传说：河神河伯献青石于大禹，上有治水用的地图，大禹用以指挥治水，终于成功。据文字记载，历史上曾出现过《九鼎图》、《山海图》，但都已失传。

二、古 代 地 图

随着抽象符号、色彩和注记在地图上得到运用，比例关系的重要性也被制图者所认识，地图的基本特性逐渐形成，使得地图从原始绘画中脱离了出来。

（一）古希腊时代的地图

公元前 6 世纪～公元 4 世纪的古希腊和古罗马时代，是人类文明史上一个重要时期，涌现了大量的伟大学者，在哲学、数学、天文学、地理学等领域取得了辉煌成就。古希腊学者们将数学和天文学成就运用于地图制图，制图理论和方法都取得了突出进展，在整个地图发展史上占有重要地位。

公元前 6 世纪，在古希腊的爱奥尼亚出现了地理学萌芽，以赫卡泰为代表的描述地理学派和以阿那克西曼德为代表的地图学派成为地理学两个重要的分支。绘制有人类居住的世界地图源于哲学的需要，在一张图上画出人们所居住世界的形状是古典地理学的最初目标，因此也被视为地理学家的首要使命。赫卡泰的贡献是建立了以文学形式描述地理现象的范式，被誉为地理学之父；而阿那克西曼德的贡献则是开启了用地图描绘有人类居住的世界之门。公元前 5 世纪，希罗多德就提出了以地图为工具的地理学研究方法，即在地图上记录观察所得，利用地图研究地理现象的分布，并对其地理特性进行描述。

世界的形状和大小是绘制世界地图的学者们必须解决的首要问题。公元前 4 世纪，亚里士多德寻找到证明地球为球体的证据。公元前 3 世纪，时任亚历山大图书馆馆长的埃拉托色尼准确地估算了从位于北回归线上的阿斯旺到靠近地中海的亚历山大的子午线长度，又借助阿利斯塔克发明的费卡斯盘，准确测定了夏至日亚历山大的太阳高度角，从而精确地计算出地球周长为 252000 希腊里，换算成公制为 39600km，这个数字比现代技术测定的地球周长 40030km 仅少 430km，堪称奇迹。埃拉托色尼将地球大小和子午线的概念引入地图，由此开始了比较准确地绘制世界地图的历史。

当发现人类居住的世界是一个球体，如何准确地把球面上的内容绘制在平面上，自然就成为制图者们面前的重要问题。公元前 2 世纪，希帕库斯发展了地图制图的理论和方法，认为精确测定地面点位置是准确绘制地图的基础，为此提出了多种测定地面点纬度的方法。希帕库斯是第一位将圆周划分为 360° 的人，在此基础上建立了由经纬线构成的地图网格。为了解决将地球球面转换成平面的问题，希帕库斯利用平面切于球面的方法发明了两种投影——极射投影和正射投影，并用数学方法准确表达了球面点投影在平面地图上的变形。

公元 1～2 世纪，托勒密建立了以地理坐标系统和经纬网为基础的地图制图体系。他建立了圆锥投影和伪圆柱投影（图 1-3），认为地理学的任务就是按恰当比例测量整个世界，并利用数千个有经纬度观测数据的地面点绘制了新的世界地图，编写完成 8 卷本《地理学指南》。

这部经典著作的第 1 卷阐述了关于地图投影的知识，第 2～7 卷记录了 8100 个地名及其经纬度和地貌特征，第 8 卷是包含 10 幅欧洲地图、4 幅非洲地图和 12 幅亚洲地图的图集。托勒密的思想和地图在地图史上具有划时代意义，影响极为深远。

图 1-3 托勒密的有地图投影的地图

地理学知识的发现与积累是地图内容不断丰富和完善的基础。古希腊地理知识主要来源于旅行者、僧侣、商人、水手和军人。公元前 4 世纪，亚历山大率领马其顿和希腊各邦联军进行远征，丰富了古希腊人的地理知识，扩展了地图上世界的范围。

（二）中世纪的阿拉伯地图和基督教地图

从 5 世纪西罗马帝国灭亡到 13 世纪末至 14 世纪中叶文艺复兴和大航海时代，史称欧洲中世纪。伴随着罗马帝国的衰落，古希腊文明的成果逐渐失传，伊斯兰文明在地中海地区兴起，欧洲则进入发展缓慢的"黑暗时代"。

1. 阿拉伯地图

7～8 世纪，伊斯兰教的信奉者控制了从地中海到波斯的广大地区，在巴比伦废址附近建立巴格达新城，成为新的世界学术中心。由于哈里发哈龙·拉希德授权实施了一个把希腊学者们的著作翻译成阿拉伯文的计划，使得古希腊思想和知识散布到整个伊斯兰世界。9 世纪，托勒密的《地理学指南》被译成阿拉伯文。伊斯兰学者们采用和埃拉托色尼同样的方法，在幼发拉底河平原上测量子午线长度，计算地球的周长，但由于测量误差，计算结果比实际小很多。花剌子密对托勒密地图上的 2402 个地点做了编辑改进，制作了新的地图。

10 世纪，伊斯兰制图界巴尔希学派重要成员伊斯塔赫里编绘了世界旅行路线图集，包括里海图、地中海图、印度洋图和一些范围较小的区域图，地图上南下北，以麦加为中心，反映了伊斯兰社会的美学价值观和宗教观。921 年，另一位伊斯兰学者巴尔基在收集阿拉伯旅行者们关于气候特征观察文献的基础上，编绘了第一部《世界气候图集》。

1154 年，中世纪最负盛名的伊斯兰地理学家伊德里斯耗费 15 年，完成了堪称当时最精确的世界地图，地图色彩运用和象形符号设计精致，山脉为紫色和赭石色，河流为绿色，海洋为蓝色，附有阿拉伯文和拉丁文说明。

2. 基督教地图

中世纪基督教地图的作用不再是表现地理知识或作为地理向导，其目的完全出于宗教和哲学。

6 世纪，克斯马斯·印弟科普勒斯底斯以《圣经》中"圣保罗说摩西的棚屋是整个世界的模式"的表述为基础，构思并绘制了最早的基督教世界地图，对宗教地图的形成和发展产生了重要影响。地图方向上东下西，伊甸园在地图的最东端，这种表现手法成为绘制基督教地图的惯例。7 世纪，塞维利亚神学家伊西多尔将亚洲、欧洲和非洲分给了诺亚的三个儿子闪、雅弗和含，创造了新的基督教世界地图。在这种地图上，世界是一个 O 形的圆或椭圆盘，中央为 T 形的水体，T 形的纵向分支代表划分非洲和欧洲的地中海，横向右支代表划分亚洲和非洲的尼罗河，左支代表划分亚洲和欧洲的黑海、顿河，大多数情况下耶路撒冷位于地图中心（图 1-4）。这类地图被称为"T-O 图"，也称作"寰宇图"。

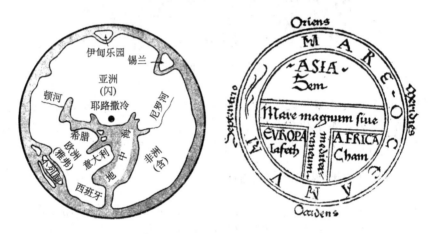

图 1-4　中世纪基督教的 T-O 图

（三）地理大发现时代的地图

12 世纪末，罗盘经伊斯兰世界从中国传入欧洲，到 13 世纪下半叶出现了能配合罗盘导航的航海图。与同时代地图不同，这种航海图上绘制有纵横交错的等角航线和比例尺，以及港口、礁石、沙堤、风向等与航海关系密切的内容。1375 年，亚伯拉罕·克里斯奎斯制作完成《加泰罗尼亚地图集》。图集最初画在 6 卷羊皮上，前 4 卷内容涉及宇宙学、天文学和星相学，包括最早的一套潮汐图表；世界地图绘制在剩余的羊皮上，上南下北，充分利用了已有的资料，真实反映了当时的地理状况，成为那个时代最精确的地图，也成为大航海的前奏。

1406 年，托勒密的《地理学指南》被译成拉丁文传入欧洲，带来了以数学为基础的绘图原理和方法。在启蒙思想、航海探险、罗盘和印刷技术的推动下，到 16 世纪，欧洲的地图水平已经超越托勒密及所有古代和中世纪的地图先驱，地理大发现带来的新知识不断丰富和更新地图内容，地图制图开始成为一项专门的技艺和应用科学。

1492 年，马丁·贝海姆发明地球仪。他在绘制非洲轮廓时参考了葡萄牙航海家的探险成果，把绕过非洲大陆最南端就可到达印度洋的发现表现在地球仪上。1570 年，亚伯拉罕·奥特利斯出版《寰宇全图》，这本图集收入了包括美洲在内的 53 幅地图，附有 35 页文字说明，被译成多种文字，共发行 34 个版本，被认为是世界上第一部具有现代意义的地图集。

墨卡托的伟大贡献是发明了著名的墨卡托投影，在这种投影图上，等角航线被投影为直线，在远洋航海中具有重大意义。1578 年，墨卡托着手编制世界地图集，并特意用 Atlas 作为图集名称。1595 年，墨卡托地图集的完整版出版，地图集收入了早期出版的 74 幅地图，新增 33 幅地图。后来，墨卡托的三儿子鲁莫尔杜斯和 3 个孙子又增补了 1 幅世界地图、1 幅美洲地图及若干幅亚洲和非洲的区域地图。《墨卡托地图集》在 1606～1738 年印刷 30 多次，并被翻译成多种文字，成为 17 世纪地图集的代表作品，Atlas 也成为地图集的专用名词。

（四）中国的古代地图

中国绘制和应用地图的历史非常悠久。在公元前 770～前 221 年的春秋战国时期，就有关于地图的文字记载，例如，《管子》中专列有地图篇，强调"凡主兵者，必先审知地图"；《韩非子》中也有"事大未必有实，则举图而委，效玺而请兵矣"；"图穷匕见"的故事更是广为流传。公元前 221 年，秦始皇统一六国后即尽收各国的地图和典籍；公元前 206 年，刘邦攻入咸阳，萧何派人接收秦保存的地图，掌握了全国山川险要、郡县户口，在随后的楚汉战争中发挥了重要作用。虽然古代统治者很重视地图及其使用，在军事、统治、水利、祭祀、文化、教育等方面均有地图应用的记载，但是明、清两代之前流传至今的古代实物地图非常少。

中国现存最早的实物地图是 1986 年在甘肃天水秦墓发掘出土的放马滩战国秦古地图，距今约 2400 年，绘制在 4 块约 26.7cm×18.1cm 大小的松木板上，7 面绘有地图，虽然图上没有比例尺，但是标注有实际距离，据同时出土的木直尺刻画和记载的秦时尺与里换算关系，估算出该图比例尺约三十万分之一。地图无方位标记，制图区域是秦邦丘（今甘肃天水）及周边地区，地图内容有河流、山地沟谷、关隘、森林和地名等（图 1-5）。

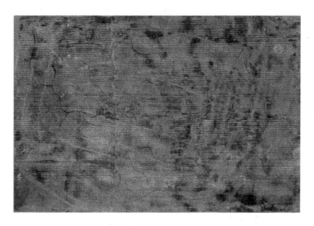

图 1-5　甘肃天水放马滩出土的战国秦古地图

另一件重要的实物古地图是 1973 年在湖南长沙汉墓中发掘出土的马王堆地图，有《地形图》、《驻军图》和《城邑图》3 幅，绘制在绢帛上，范围大致在今湖南南部、广西东北部和广东北部一带，方位上南下北，《地形图》中央部分比例尺约十八万分之一，《驻军图》中央部分比例尺约九万分之一。

3 世纪，中国魏晋时期出现了一位伟大的地图学家裴秀（224—271 年），他提出的"制图六体"是中国最早的地图制图学理论。"制图六体"系统地阐明了地图比例尺、方位和距离的关系，对西晋以后的地图制作技术产生了深远的影响。唐代的贾耽、宋代的沈括、元代的朱思本、明代的罗洪先等制图学家编制的著名地图，都继承了"制图六体"的原则。"制图六体"的具体内容是：一曰"分率"，用以反映面积、长宽之比例，即今之地图比例尺；二曰"准望"，用以确定地貌、地物彼此间的相互方位关系；三曰"道里"，用以确定两地之间道路的距离；四曰"高下"，即相对高程；五曰"方邪"，即地面坡度的起伏；六曰"迂直"，即实地高低起伏与图上距离的换算。

西晋裴秀在总结已有地图绘制经验的基础上，创立了制图六体，编绘《禹贡地域图》18 篇和《地形方丈图》，但均已失传。"制图六体"与"计里画方"一起成为中国古代绘制地图的指南，一直沿用至近代。

在地图上大量使用文字注解是中国古代地图的特点之一。8 世纪，唐代贾耽推崇"制图六体"，绘制了《海内华夷图》，并明确提出附在地图上的或单独组织的文字都有助于充分说明地理区域实际情况的观点，该图上地名古今并注，开创了以两种颜色标注地名的先河。宋代沈括在"制图六体"基础上增加了"互融""傍验"，于 1087 年奉旨完成《天下州县图》编绘。据记载，该图共 20 幅，包括全国总图和分地区图，比例尺约九十万分之一，内容详尽。

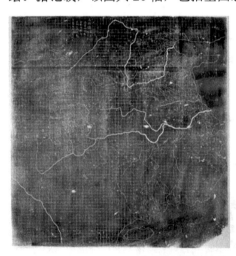

图 1-6　现存于陕西西安碑林的《禹迹图》

将地图刻绘在石板上，是古代保存地图和方便拓印的方法。现存于陕西西安碑林的《禹迹图》1136 年刻绘，据考证原图编绘于 1100 年之前，是我国现存最早的石刻地图之一（图 1-6）。《禹迹图》采用"计里画方"方法，尺寸为 80cm×79cm，绘有方格网，方格边长约等于现在的 100 华里（1 华里=500 米），比例尺约四百五十万分之一，准确度非常高，尤以河流和海岸线突出。在同一块石碑的另一面，还刻有一幅《华夷图》，同年刻绘，成图时间较早，图上约有 500 个地名和河流、湖泊、山脉等内容，但没有比例尺，图上内容也有错误。13 世纪，元代朱思本绘制《舆地图》，16 世纪，明代罗洪先绘制《广舆图》，都采用了"计里画方"网格，《广舆图》还第一次使用了图例。

1405～1433 年，明代郑和七下西洋，绘有长卷《郑和航海图》。该图虽各段比例尺不同，方位也有变化，内容详略不等，但有学者将《郑和航海图》注记方位和距离与现代海图对照，发现大部分正确，表明该图测绘使用了天文观测和罗盘技术。

早在 2 世纪，东汉张衡就提出浑天说，发明并制作了浑天仪；8 世纪初，唐代张遂（法号一行）组织子午线测量，从铁勒回纥部（今蒙古乌兰巴托西南）到林邑（今越南的中部），南北跨度达 33 个纬度，最终得出"三百五十一里八十步，北极高度相差一度"的结论。但是中国古代制图者们始终没有走出"天圆地方"的宇宙观，没有出现类似地图投影的数学制图方法，制图范围也没有走向世界，直到传教士们将欧洲制图理论和方法传入中国，其中原因值得思考。

问题与讨论 1-2

中西方古代地图的发展各有千秋。通过阅读，比较古希腊和古代中国在绘制地图方面各自的特点。

三、近代地图

工业革命带来了人类社会发展的重大变化。蒸汽机的出现和热动力机械在军事、航海、运输、工程等领域的大量使用，对地图内容的精确性和完备性提出了新的要求。测量理论发展和光学测量仪器的应用，将地图推上了一个新的发展时代。

（一）实测地形图

17 世纪，望远镜的出现推动了天文观测和地图测绘方法的变革。1608 年，荷兰人汉斯·里佩发明望远镜，意大利学者伽利略对望远镜做了改进；1640 年，英国学者加斯科因为了使望远镜能够精确瞄准目标，在望远镜上加装了十字丝。

1617 年，荷兰学者威理博·斯涅尔创立三角测量法。1730 年，英国机械师西森发明经纬仪，促进了三角测量法的应用。1806 年和 1809 年，法国学者勒让德和德国学者高斯分别提出最小二乘准则，奠定了平差基础。三角测量法和平差理论的出现，以及经纬仪的改进，使基于三角测量法的实测地形图技术逐渐成为地图制图的主流。

1730～1780 年，卡西尼兄弟最早在法国实测地图。18 世纪末，法国大革命后不久，法国即完成全国五万分之一地形图，是当时最精确和详细的地图。到 19 世纪，西欧各国相继开展了本国的地形图测绘，成为地图发展史上的一个里程碑。

（二）国际统一地图

经度测量是困扰航海的难题。1598～1716 年，西班牙、荷兰、英国和法国都先后重金悬赏征求解决经度测量的办法。直到 18 世纪 60 年代初，英国钟表匠哈里森耗费 42 年制造出可供海员携带和使用的计时仪器，终于解决了海上测定经度的问题。

为了确保地图上经度的统一和航海安全，1884 年在美国华盛顿召开的国际经度会议上通过决议案，规定出席会议的各国政府应采用通过英国格林尼治天文台子午环中心的子午线作为本初子午线，提倡采用世界时，世界日以本初子午线的零时为起点。本初子午线的确定，为编制国际统一标准的地图提供了可能。

1891 年，德国地图学家彭克提出倡议，建议世界各国按照统一标准编制本国的百万分之一地图，即国际百万分之一地图。在此后的数十年，英国、法国、德国、美国、日本等国都编制了国际统一分幅、统一地图投影的本国百万分之一地图，英国、法国、美国等国还编制了非洲、南美洲和亚洲部分国家的百万分之一地图。

（三）航空摄影测量制图

摄影技术的发明对地图测绘产生了重大影响，航空摄影测量成为整个 20 世纪快速大面积测绘地形图最有效的技术方法。

1839 年，法国人尼普斯、塔尔伯特和达盖尔发明了摄影技术。1858 年，法国人塔尔纳乔昂利用载人热气球完成了人类第一次空中摄影。1903 年，美国人莱特兄弟发明飞机，为航空摄影测量提供了理想的平台。第一次世界大战初期，英国开始利用航空摄影获取军事情报。随后，以立体像对建立地面几何模型为基础的模拟航空摄影测量技术得到快速发展，航空摄影测量进入广泛应用阶段。

1957 年，海拉瓦提出利用计算机进行解析测图的思想；到 20 世纪 60 年代，解析空中三角测量方法和解析测图仪逐步成熟，并开始应用于地形图测绘。

（四）中国近代地图

17 世纪，近代地图测绘技术传入我国。康熙在接触西方近代地图后认识到清地图的粗略、模糊，亟须借鉴西方技术实测地图，于是在 1708 年组织开展第一次全国大地测量，以天文观测为基础，应用三角测量方法，历经 10 年初步完成《皇舆全览图》编绘。《皇舆全览图》是我国第一部实测地图，比例尺为四十万分之一，采用伪圆柱投影，汉、满两种文字注记，按省分幅，共计 41 幅。

乾隆后复又采取消极保守的闭关锁国政策，地图绘图方法也退回到"计里画方"时代，总体再无发展。直到 1903 年，清政府设置京师陆军测地局，并于 1904 年建立京师陆军测绘学堂，才重新开始学习近代测图技术和开展地形图测绘。

四、现 代 地 图

现代地图是信息时代的产物。第二次世界大战之后，电子计算机技术、航天技术等迅速发展，以遥感技术、卫星导航定位系统和地理信息系统（geographic information system，GIS）为核心的地理信息技术得到实际应用。同时，气候变化、环境污染、能源和粮食等困扰人类持续发展的全球性问题日益突出，多学科、跨领域交叉和综合成为解决这些重大问题的必然途径。在这样的背景下，数字化、网络化、全球化和综合性成为现代地图鲜明的特征。这一时期，地图制图的中心转移到了美国。

（一）计算机制图

数字化是现代地图的重要标志。1939 年，美国学者阿坦纳索夫和贝里发明并制造出第一台电子计算机。20 世纪 50 年代，美国华盛顿大学的托布勒等学者开始探索利用计算机和绘图仪绘制地图的技术；60 年代初，罗杰·汤姆林森提出地理信息系统的概念，并着手研制第一个地理信息系统。到 80 年代，商业化的计算机地图制图软件和地理信息系统软件出现，地图数字化和地图数据库技术逐渐成熟，各种数字地图、电子地图层出不穷。

（二）卫星遥感和全球导航定位系统制图

卫星遥感和全球导航定位系统成为现代地图的主要数据来源。

1957 年，苏联成功发射第一颗人造地球卫星。1972 年，美国发射第一颗地球资源技术卫星，从第二颗卫星起改名为陆地卫星。陆地卫星获得的大量关于地球表面的制图信息，推动了遥感系列制图技术的产生和发展，美国国家航空航天局（National Aeronautics and Space Administration，NASA）在国际制图领域也占据了重要位置。现在，由美国、中国、欧盟等研发的各种对地观测卫星，正在为编制世界各地多种比例尺的地图和动态地图制图提供数据支持。

　　1959 年，美国霍普金斯大学开始研制子午星卫星导航系统。1973 年，美国启动全球定位系统（global positioning system，GPS）的卫星授时测距导航与全球定位系统研制，并于 1995 年建成。俄罗斯、中国、欧盟也相继建立了各自独立的卫星导航定位系统。卫星导航定位系统实时提供的位置信息，从根本上改变了导航地图的概念，使导航地图成为一种应用十分普及的工具。

（三）网络地图

　　网络地图是随着 Internet 的发展而出现的一种新的地图产品。以网络和移动通信技术为基础的网络地图，改变了传统地图的传播和使用方式。

　　早在 1969 年，美国国防部为军事实验目的建立了阿帕网（ARPANet）；1986 年，在美国国家科学基金会（National Science Foundation）的支持下，用高速通信线路把分布在各地的一些超级计算机连接起来，以 NSFNet 接替 ARPANet，进而发展形成 Internet。

　　20 世纪 90 年代以来，在 Internet 技术快速发展的动力牵引下，通过网络传播的地图产品迅速增长，产生了能在网上发布、使用的电子地图，即网络地图。利用 Internet 和 Web 发布空间数据，为用户提供空间数据浏览、查询和分析的功能，已经成为地图学和地理信息系统重要的领域。

　　与此同时，移动通信技术的发展也异常迅猛，地图也开始出现在手机、掌上电脑等各种移动终端上。在卫星导航定位、多媒体数据传输与管理等相关技术的推动下，可以在移动网络上传输和使用的网络地图显示出强大的生命力和应用前景，以手机导航地图和车载导航地图为基础的新型移动网络地图产品不断涌现，正在深刻地改变着大众对地图的认识和地图本身。

　　问题与讨论 1-3

　　现代地图的应用领域非常广泛，尤其网络地图、手机导航地图更是处处可见其踪影。根据你的亲身体验，简要总结一下你所接触过的现代地图的特点和不足。

第三节　　地图学概要

一、地图学溯源与寻踪

　　顾名思义，地图学（cartography）是与地图有关的一门学科，涉及地图的制作技术、应用方法、认知和传输理论等。因为地图的历史源远流长，所以不难推断，地图学是一门非常古老的学科，其内涵、外延及牵扯到的理论、技术等随时代发展而变化。学者们在每一历史时期对地图学概念的认识，与当时的哲学、数学和科学技术水平息息相关，给地图学的概念和定义打上了深深的"时代烙印"。

　　古代的地图学是地理学的辅助与工具，作为地理学的一个分支而存在，主要任务是制作地图，独立的地图学概念尚未形成。公元 2 世纪，地理学家托勒密给地图学所下的定义是"以线状形式显示地球上所有迄今已知的部分及其附属的东西"，说明那个时代曾把地图学和地理学看成统一的整体。中世纪的地图学仍然保持着叙事性质，从再版的托勒密《地图学》和 16～

17 世纪的荷兰地图集中，都可以看到地图和文字记述是并重的。其后，地图学的进一步发展表现在创制了许多新的地图投影，编制了若干新型地图并开始了大面积系统测图，加强了地图学与土地测量学之间的联系等。

到了 18 世纪，虽然地图学仍属于地理学的学术范畴，但随着制图任务的日益复杂，地理学以往所包括的范围已概括不了地图学的新发展。18 世纪下半叶和 19 世纪初期，军队迫切需要完整的大面积精密地图，促使测量工作迅速发展。从这时起，地球表面的几何研究便成为一门特殊的科学对象，即测量学。19 世纪初，测量学分为高等测量学（大地测量学）和普通测量学（地形测量学）两个科目，前者研究地球形状和建立作为地形测量基础的天文大地网和水准网，后者研究测图。编制派生的地图被视为建立经纬网，以及在其中填绘地区轮廓缩小的表象，即把地图制图工作归结为现象的简单的几何记载。因此，曾有人把地图学看成是测量学的一部分，或者认为地图学研究局限于地图投影方面。把地图学从属于测量学的观点，成为地图学向前发展的障碍。在 19 世纪初期，自然科学的迅速分化和发展，促使大量的地质图、土壤图、气象图、经济图及其他地图出现，随之产生了叙述这些概念与知识的特殊方法和手段，同时也使得制作地图的方法更加完善和复杂化。

到了 20 世纪初期，地图学便形成为一个专门研究编绘和复制地图的方法与过程，包括地图概论、地图投影、地图编制、地图整饰、地图制印等分支学科的独立学科体系。整个 20 世纪，地图学获得了空前的发展，地图编制与应用逐渐渗透到人类活动的各个领域，地图的人均占有量开始成为国家社会进步的重要标志之一。随着技术进步，地图学科的内涵也进一步扩展。在这期间，地图编绘、地图制印技术不断进步，成图周期大大缩短，地图应用方法也出现了质的变化。

（一）传统地图学

20 世纪 50 年代末和 60 年代初，地图学作为一门独立的学科，通常称为传统地图学。这个时期的地图学，在总结之前关于地图制作、地图应用理论和技术的基础上，形成了系统而完善的关于地图制作的技术、方法、工艺和理论。

传统地图学的研究对象是地图及其编制和应用，重点是地图制作的理论、技术和工艺。传统地图学的特点和局限性主要表现在以下方面。

（1）传统地图学对地图概念的理解过于狭隘，局限于把地图当作现实地理环境的平面缩写，对地图的内在实质研究不多，因此传统地图学并没有完全脱离地理学的学科体系。

（2）传统地图学以地图生产和编制为主要目的，把研究重点放在地图生产和编制工艺及技术上，地图的使用范围比较狭窄，功能比较简单。

（3）传统地图学中的制图者主要致力于研究和完善制图的工艺和技术，需要更多经验上的积累和完善，强调地图的艺术性，但缺乏科学性，导致传统地图学中地图生产的效率较低。

（4）传统地图学作为一门独立的学科，其学科体系包含的内容比较单一，缺乏其他横断学科的介入和充实，同时对其他学科的影响也较小，对地图的研究相对比较肤浅，没有形成完整的理论体系。

（二）现代地图学

20 世纪 60 年代以后，学者们对地图学内涵的研究不断深入，认识的视角也更为广泛、多样。1967 年，苏克霍夫从信息论观点提出地图学是空间信息图形传递的科学；国际地图制图学协会（International Cartographic Association，ICA）出版的多语种制图术语辞典把地图学定义为"根据有关科学获得的资料进行有关地图和图形生产时所进行的科学、技术和艺术全部工作的总称"。20 世纪 70 年代末，南京大学、北京大学、中山大学和西北大学四所综合大学地理系在其合编的教材《测量学与地图学》中，给地图学的定义是："地图学是关于地图的科学。它研究地图的实质、地图各要素的表示方法及其发展特点，探讨地图编绘和复制的理论与技术方法以及地图的使用等问题。"这个定义提出了地图学体系结构、理论、技术和应用的雏形，但受当时的时代限制，没有概括出地图学的研究核心和诸多时代特征。其后，廖克在《中国大百科全书》（测绘卷）中把地图学定义为"研究用地图图形反映自然界和人类社会各种现象的空间分布、相互联系及其动态变化，具有区域性学科和技术性学科的两重性"。

20 世纪 80 年代中期，在现代地图学理论和制图技术进步的背景下，高俊给出了地图学的定义："地图学是以地图信息传递为中心，研究地图的理论实质、制作技术和使用方法的综合性科学。"1984 年，苏联学者萨里谢夫从模型论角度出发，认为地图学是"用特殊的形象符号模型来表示和研究自然与社会经济现象的空间分布、组合和相互关系及其在时间中变化的科学。"1989 年，美国学者鲁宾逊则从几何观点、技术观点、表示法观点、艺术观点和传输观点 5 个方面对地图学概念作了论述：按几何观点，地图学既强调资料收集过程，又强调制图过程；按技术观点，强调的是技术过程；表示法观点集中于设计方面；艺术观点强调用图者的反映；而传输观点则侧重于设计和读图过程。这 5 个观点不是互相矛盾，而是互相联系与补充，共同组成了地图学的概念体系。

20 世纪 90 年代，计算机制图技术的发展使地图数据可视化的概念得到了加强。1994 年，ICA 主席泰勒就强调了地图可视化是地图传输、地图认知和计算机与多媒体技术应用的核心。2000 年，王家耀对地图学进行了定义，认为地图学是"一门研究利用地图图形科学地、抽象概括地反映自然界和人类社会各种现象的空间分布、相互联系、空间关系及其动态变化，并对空间地理环境信息进行获取、智能抽象、存储、管理、分析、处理和可视化，以图形和数字形式传输空间地理环境信息的科学与技术。"这个定义体现了现代地图学许多明显的技术特征与功能。2004 年，祝国瑞在《地图学》中给出地图学的定义是：地图学研究地理信息的表达、处理和传输的理论与方法，以地理信息可视化为核心，探讨地图的制作技术和使用方法。2007 年，袁勘省等在《现代地图学教程》中将现代地图学定义为：现代地图学是以地学信息传输与地学数据可视化为基础，以区域综合制图与地图概括为核心，以地图的科学认知与分析应用为目的，研究地图的理论实质、制作技术和使用方法的综合性科学。

可以看出，20 世纪 60 年代后的地图学受到信息论、系统论、传输论等横断学科的影响而跨界于多门学科，现代地图学的概念由此产生，且呈现出了与传统地图学不同的新特点：

（1）现代地图学在理论上结束了传统地图学以经验总结为主、以地图产品输出为主要目的的封闭体系，形成了以地球系统科学为依据，融合控制论、系统论、信息论等横断学科为一体的跨学科的开放体系。

（2）现代地图学在地图功能上实现了从信息获取一端向信息智能化加工和使用的最终产

品生成一端的转移，即向用户端的转移。随着地图数据库技术、地理信息系统技术、现代野外地面测量技术、卫星导航定位测量技术、数字摄影测量技术和遥感技术的发展，现代地图学认为地图不只是信息载体，而且是科学深加工之后创新的知识，应该由以往传统地图学中地图是"前端产品"的观念向地图是"终端产品"的观念转移。在信息化时代，用户不满足于原始的数据材料，迫切需要的是经过深加工、综合集成的精品，因此将地图的功能极大地扩展和延伸了。

（3）现代地图学把地图可视化和虚拟现实（visual reality）作为其研究的两大热门技术。1986 年科学计算可视化的概念提出之后，可视化理论和技术就对地图信息可视化表达、分析产生了很大影响，可视化与地图学有机结合成为地图可视化这门独立的学科分支。可视化技术给原有的地图学理论带来了新的思维，传统意义上的地图侧重于知识的综合和表示，科学可视化侧重知识的发掘而不是数据存储。地图可视化把侧重地图视觉传输转移到了侧重地图视觉思维和认知分析上。虚拟现实技术是利用计算机技术为用户提供一种模拟现实的操作环境，使用户可以"进入"地图，实现人机交互。虚拟技术在现代地图学中的主要应用就是虚拟地图。虚拟地图打破了地图作为平面产品为用户提供信息的固有观念，提供了一个虚拟的地理环境，使人可以沉浸其中，并通过人机交互工具进行各种空间地理分析。显然，虚拟技术对现代地图学发展的意义是深远的。

（4）现代地图学的地图产品呈现品种多样、形式各异、实现手段多样化等特点。现代地图学的地图产品已经不仅仅是纸质的平面地图，而是出现了电子地图、网络地图、虚拟地图等多种形式的地图。现代地图学更注重获取和传输地图数据，随着数字化生产方式的普及，大量地图数据库被建立来储存海量地理数据。

二、地图学学科体系

认识地图学学科体系，有利于明确地图学研究的方向与内容，推动学科向纵向发展。但是，地图学是一门文科、理科、工科交叉的综合性学科，学科体系涉及面很宽，也很复杂，地图学家们对它的认识依然分歧较多。因此，下面以讨论的形式展示地图学界对地图学的学科实质、学科特性、学科体系的诸多观点，不做定论。

（一）地图学的学科实质

近数十年，地图学者对地图学实质的认识存在三种观点。

1. 综合性观点

持本观点的学者认为地图学是综合性学科。该学派以高俊院士为代表，认为地图学横跨几个学科部门，地图的生产工艺和过程是以自然科学和数学为基础的，地图内容的选择和处理涉及社会科学，研究地图的视觉和使用效果，探索地图的认识规律与思维科学和人体科学有密切的联系。把地图的制作与使用当成一个传输系统，则又与系统科学发生联系。因此，地图学是以地图信息传输为中心，探讨地图的理论实质、制作技术和使用方法的综合性学科。

2. 传输论观点

持本观点的学者将传输论作为地图学的核心问题。该学派以美国的鲁宾逊和莫里森、波兰的拉多斯基，以及我国的祝国瑞为代表，认为地图学是空间信息图形传递的科学。地图从制作到使用是由一个传输系统联系起来的，这个系统由七个主要因素组成，即客观存在、制图对象、制图者、制图语言、地图、用图者、用图者根据地图所认识的客观存在。他们认为，地图既是空间信息的载体，又是信息传输的通道。为了充分发挥这种传输的效率，制图者要研究地图图形的视觉变量和感受性能、地图信息特点、地图符号系统、地图模型理论等专题，这些是本学科的应用基础，而地图投影、地图设计、制图工艺技术、地图复制，则被视为生产地图的技术方法。

3. 符号学观点

持本观点的学者将地图图形表示法的共同规律当作地图学的核心问题。该学派的代表人物是苏联的萨里谢夫，认为地图学是探讨图形特征显示的科学，作为制图语言的地图符号学是本学科的基础理论。地图符号学由三个部分组成，即语法学、语义学和语用学。语法学探讨地图符号及其系统的构成特点和规律，语义学研究地图符号与所表示对象之间的对应关系，语用学则阐明符号的性质、信息价值、用途和可理解性。符号学观点虽然触及了地图学的本质问题，却未能明确地图学的具体任务。

（二）地图学的学科特性

一门学科的体系构建源于解决本学科的各种理论、技术和方法等问题。地图学学科的设立也是为了解决地图设计、制作与应用中的问题。总体来看，地图学学科具有实践性、交叉性和综合性的特点。

1. 实践性

地图学是应解决地图设计、制作与应用之需而产生，在实践过程中逐渐发展的。从地图学理论萌芽时期的"制图六体"理论，到现在发展成为内容丰富、体系庞大的现代地图学学科，无一不与实践紧密联系。设计、制作出具有科学性、实用性和艺术性的地图并为科学地应用地图提供理论指导，乃是地图学学科设立的根本宗旨。换言之，只有贴近地图制图与应用实践的学科体系才是合理的体系，反之则不然。

2. 交叉性

因为地图设计与编制实践中有许多问题需要借助多种学科理论与方法来解决，所以，地图学在其发展过程中还会不断地吸收和运用其他学科的理论与技术方法。数学、地理学、测量学、计算机科学、地球信息科学、美学、心理学、艺术学、设计学、信息论、系统论、传递理论等多种学科理论在地图学中都有应用，使得地图学具有很强的学科交叉性。在地图学的发展过程中，各种其他学科的理论、原理、概念、技术、方法等被吸收，融入地图学自己的学科体系之中。但是交叉性并不意味着相关理论都具有同等重要的地位，不同学科与地图制作的相关度不同，应当有重点、有层次地吸收。关系密切的可以单独设立学科，关系较远的可以吸收其中一些有价值的理论，未必单独设立学科。

3. 综合性

站在地图学角度看，它与某些其他科学之间不只是交叉，而是融合。地图学在自己的发展过程中，积极吸收相关学科的理论、技术和方法进行综合性研究，为自己所用，以此来完善自己。融合的结果是地图学包含多种学科的相关理论，具有了综合性特征。

（三）地图学的学科体系

地图学的学科体系形成经历了一个发展和逐渐完善的过程。20 世纪 30～50 年代，地图学的学科体系逐渐形成。地图学最初是由数学制图、地图编制和地图制印三个分支学科组成，后来增加到了地图概论、地图投影、地图编制、地图整饰、地图制印、地图分析与应用六个分支学科。20 世纪末，地图信息论、地图信息传递论、地图感受论、地图图形符号论和地图模型论等新的学说也被当作地图学的基本理论来看待。地图学的学科体系目前仍然在不断发展之中，随着制图技术的发展及地图应用领域的不断扩大，学科理论也会发生变化。

表 1-1 呈现了我国两位著名地图学家王家耀院士和廖克教授对现代地图学学科体系的观点。两位学者都将地图学划分为理论地图学、地图制图学、应用地图学三个板块，每一个板块包含了较多的分支学科，其内容基本涵盖了地图学所要解决的问题，如地图学基础理论、基本技术、地图设计、制作和应用等。

表 1-1　两种地图学的学科体系比较

现代地图学的学科体系（廖克，2003）		地图学的学科体系（王家耀，2006）		
理论地图学	地图信息理论	理论地图学	基础理论	地图空间认知理论
	地图传输理论			地图信息传输理论
	地图模式理论			地学信息图谱理论
	地图认知理论		应用理论	地图信息论
	地图可视化原理			地图模型论
	数学制图原理			地图感受论
	地图语言学（符号学）			地图符号学
	地图感受理论			地图信息综合理论
	地图概括（综合）理论			地理信息理论
	综合制图理论		地图学史	国家地图学史
地图制图学	普通地图制图学			世界地图学史
	专题地图制图学		模拟地图制图	地图设计
	遥感制图学			地图编制
	计算机制图学			地图投影
	地图印制学与计算机出版系统			地图出版
	多媒体电子地图与网络地图设计与制作	地图信息工程学	数字地图制图	地图数据库
应用地图学	地图功能			机助制图
	地图评价			地图生产一体化
	地图分析与研究方法		地理信息系统	GIS 基础软件
	地图使用方法			GIS 应用软件
	地图信息自动分析与处理系统	应用地图学		GIS 应用系统
	地图应用		模拟地图应用	可视化与虚拟现实技术
	数字地图应用			地图（模拟、数字）应用
			数字地图应用	地理信息系统应用
			GIS 分析与应用	地理环境仿真与虚拟现实应用

综合关于地图学学科体系的观点，作者认为地图学由理论地图学、地图制图学和应用地图学三大学科分支构成。

1. 理论地图学

理论地图学描述地图学的基础理论和概况，包含了地图学中的空间认知、信息传输、信息图谱等支撑性理论，也涵盖了地图信息论、自动地图制图理论、地图符号学、地图模型论和地图感受论等地图应用中的理论，还包括了探究地图学在全球及中国发展、演进的历史脉络的地图学史。

2. 地图制图学

地图制图学论述地图设计、地图制作、地图印刷出版、地图传播的理论、方法和技术。地图设计是指为了编制地图，建立一个切实可行的实施方案，并用明确的手段表示出来的一系列行为。一张地图或者一本地图集的制作，首先要编制设计书，而制作则是具体的实施过程。如同建筑设计一样，设计的成败对地图的质量有举足轻重的作用。地图设计是地图生产的关键环节，是地图学理论的主体，内容包括地图数学基础设计、地图内容设计理论（含制图综合）、地理信息表示法设计、地图符号设计、地图色彩设计、地图艺术设计、地图设计美学、地图设计心理学、地图设计经济等设计理论。地图制作指按照地图设计书的要求，将各种编图资料的有关内容采用一定的技术方法，通过加工处理，制成新地图的具体过程，是真正意义上的地图制作过程。地图制作侧重于具体的操作方法，包括作者原图编绘、编绘原图和出版原图绘制、地图复制及制版印刷等相关知识。因为地图制图技术在不断发展变化，所以它是地图学中最不稳定的内容。例如，从手工制图到计算机制图，在技术方法上是翻天覆地的变化。目前，地图制作内容包括普通地图制图、专题地图制图、遥感制图、计算机地图制图等。地图印刷出版是探究地图以某种载体，如纸张、电子媒介等，将地图作品呈现给读者的技术和方法，包括了地图制印技术、电子地图出版技术等。地图传播是地图学在多媒体和自媒体时代的新发展，主要研究地图以何种方式、技术、载体等在用户中分发和传播。

3. 应用地图学

应用地图学是关于地图应用的理论与方法的分支学科，包括地图评价与分析、地图使用方法等，有的学者也称它为地图应用学。地图评价与分析是地图应用的一部分，包括对地图的特性与质量评价，对地图内容的政治思想性、完备性、详细性、可靠性、地理对应性和现势性、数学精度、艺术性、可用程度与使用价值的评价，地图分析的意义、原则与方法等。地图使用方法主要包括纸质地图和电子地图等不同类型地图的使用方法、地图信息自动分析与处理方法、地图在不同领域的应用方法等。

三、地图学的近邻学科

地图学科的诞生、发展、成长、壮大都有赖于诸多近邻学科，如地理学、地理信息系统、测量学、遥感科学与技术、数学、美学、心理学、计算机科学等。下面就它们与地图学的关系分别进行简述。

（一）地理学

地图是用符号及图像来传输各种事物和现象空间分布的工具，被广泛地应用在许多科学领域。与其他学科相比，地图学与地理学的关系更为密切，这是由两门学科的特性所决定的。

地理学研究地球表层空间里的自然、人文现象及其相互间的关系，认识和表达这些事物和现象的分布位置及其组合和结构在地域上的差异，是地理学研究的基本内容。地图学的任务在于研究如何把地球表层各种事物或现象的位置、组合及结构用图像和符号直观地表现出来，这恰恰满足了地理学的需要。因此，地理学者与地图学者是天然的盟友，地图也被认为是地理学的第二语言。地理学者在研究、写作、教学工作中不去充分运用被称为"视感上第一手信号"的地图将是巨大的损失；同样，地图学者不以地理学来武装自己，必将停步不前，使自己沦为工艺性的操作者。

（二）地理信息系统

地理信息系统脱胎于地图学，是地图学中的一个重要部分，也是其在信息时代的新发展。地图学和地理信息系统都研究地理空间信息的存储、表达、显示等问题，地图数据库是地理信息系统数据库的核心，广义上看，一幅地图也可被认为是一个地理信息系统，但是二者的区别也是明显的。地图学侧重于地理空间信息的可视化表达方法，而地理信息系统则更加偏重于地理空间信息的分析。

（三）测量学

在现代学科体系中，测量学和地图学均属于测绘科学与技术一级学科的范畴，是真正的兄弟学科。从原理上看，测量的理论与技术给地面目标的精确定位提供了可靠的依据，也就为高精度的地图目标表达提供了基础。例如，当代工程测量技术的飞速发展，使得精确的工程地图绘制变得方便而简单；测量学中大地测量理论与方法的发展，将把球面转换成平面的理论变为一门严密的学科，即地图投影学。反过来看，地图学对测量学也有诸多帮助。例如，大比例尺测图过程需要依赖于地图符号系统、地图编绘和综合理论等；在电子地图技术与全球定位技术紧密结合的当代，出现了非常丰富的电子导航产品，如车载导航仪、手机导航系统等。应该说，测量学和地图学在未来必将互为"营养"，相辅相成地发展和壮大。

（四）遥感科学与技术

遥感技术提高了地图信息源的数量与质量。遥感是人眼的延伸，具有大面积同步观测、多光谱探测、受地面条件限制少等特征，已经广泛应用于军事侦察、地球资源普查、环境污染监测、农作物病虫害和作物产量调查等领域，极大地提高了地图制图的内容。随着航空、航天及无人机立体成像技术的应用与普及，遥感成为编绘普通地图的主要信息来源。同时，地图是表达遥感所探测地表信息的重要载体。遥感通过地表发射或反射电磁波能力的差异获得地物形状、地球资源及环境等信息，直接识别遥感图像所记录的地表信息需要非常专业的知识，而且在很多情况下是很困难的工作。因此，利用地图表达遥感获取的地表信息分布及其变化特征，是反映遥感成果和便利遥感应用最基本的途径。

（五）数学

地图学自产生起就是根植于数学的科学，地图学的发展也始终离不开数学。地图上的经纬网、方里网等本身就是数学的产物。从古到今采集地图数据的测量学方法、作为当代地图信息主要来源的遥感和摄影测量技术等，都依赖于三角几何学、代数学等；地图投影学又被称为地图数学。到了信息时代，地图符号库的描述与表达、地图数据库的构建、地图自动综合的算法等，需要图论、离散数学、代数学等数学分支学科的支持。

（六）美学

地图学既是科学，也是艺术，其艺术性很大程度体现在地图学与美学的关系上。人们并非把地图作为单纯的寻找地理位置的产品，而是对地图的艺术性有很高的要求，读者在接受地图信息的同时也希望获得美的享受。因此，地图设计中的艺术性就成为地图学家们非常关心的重要问题之一。首先是地图的设计，它与平面构成、符号设计、书法等艺术理论和技法紧密相关；其次是色彩的运用，色彩在地图作品中的作用举足轻重，色彩运用得当，会使地图作品图面丰富且具有语言性，这种特殊的语言不仅形象直观，视觉传达力强，还可增强地图作品的艺术性，使其更具感染力；最后是地图的印刷和装订，例如，在地图集（册）封面的组合印刷中，可混合使用柔印、丝印、凸印、胶印等多种印刷工艺，使用得当不仅能够充分突出主题、增强视觉和触觉的层次，还能够使人感受到精美印刷所带来的舒适感。

（七）心理学

地图总是为特定的读者对象服务的。对于地图设计和制作者而言，在地图生产过程中，需要掌握不同类型读者对象的心理需求，才能在地图上更好地回答“他们喜欢什么色彩”“什么样的线条更好”“图面如何布局更能吸引读者”等问题。另外，地图学的研究工作也有赖于心理学理论和方法的支持。例如，地图感受论、地图符号学等研究地图读者心理和视觉感受问题时自然离不开心理学的基础；在地图自动综合的许多算法研究中，地图学者们就用到了格式塔心理学和认知心理学的原则和方法。

（八）计算机科学

信息时代的地图学深耕于计算机科学与技术。显而易见，当代地图产品的生产、传播和分发离不开计算机技术，计算机地图制图、地图数据库、电子地图学、网络地图等分支领域和课程就是地图学与计算机科学直接结合的产物。同时，地图学也成为计算机科学与技术新的“营养源”，丰富了其学科内涵，拓展了其学科外延，这一点从目前 IT 技术中闪耀的脱胎于地图学的地理信息系统可见一斑。

四、地图学前瞻

社会需求和科技革命推动地图学不断发展。虽然学科的未来存在不确定性而难以预测，但是因时代的需求和技术的进步，新时期的地图学必然将产生新的研究课题。作者从地图学者们关注的研究热点和近些年与地图学有关的各类报告、学说中，管窥蠡测到地图学发展趋势，并整理出来，供有兴趣的读者进一步阅读和参考。

除了已经或正在发生的几个方面，如模拟地图向数字地图的转变、二维地图向高维地图的变化、地图产品的多样化和产业化等，地图学学科还将可能在以下几个方面产生重大变化。

（一）地图自动化和智能化综合理论与技术

制图综合既是科学的认识论，又是科学的方法论。制图综合的基本理论、方法和综合指标计量化的研究，是实现空间数据综合智能化的基础。在传统地图制图学时代，制图综合是"三大"理论（地图投影、制图综合和地图表示法）之一。在数字化地图制图学和信息化地图制图学时代，空间数据的自动综合仍是国际上该领域最具挑战性和创造性的研究难题。

自动综合发展的必要性来自四个方面：①地理信息系统中空间数据多尺度表达的需要；②多尺度地理空间数据库自动派生的需要；③系列比例尺地图生产的需要；④多尺度地理空间数据库联动（一体化）更新的需要。

地图综合中包含了大量人类创造性思维，并导致了地图数据自动综合的复杂性和困难性。空间数据表达的特点、空间思维的特点和综合的主导方向，使地图信息处理具有相当的难度，存在知识推理速度慢、自身理论不完善和知识难以形式化等人工智能目前难以克服的问题。经过长期的探索和研究，人们还是克服困难取得了可喜的成果，而且地图综合呈现出广阔的前景。

要想从根本上实现前述四个方面的需要，就必须进一步研究空间数据综合的智能化，包括制图综合的基本理论和方法、综合指标的计量化、制图综合模型、算法和知识及基于知识的推理，把自动综合作为一个包含全要素、全过程、可控制的整体，进行过程控制与质量评估。

（二）多模式时空综合认知理论

空间认知（spatial cognition）是认知科学的一个主要研究领域，主要研究人们怎样认识自己赖以生存的环境，包括其中各事物、现象的相关信息，空间分布，依存关系，以及它们的变化和规律。20 世纪 90 年代，空间认知受到了包括地图学在内的地学界的关注和重视。

多模式时空综合认知强调"多模式"、"时空"与"综合认知"三个关键词。"多模式"是指地图、地理信息系统和虚拟地理环境，强调基于地图、GIS、虚拟地理环境（virtual geographical environment，VGE）的空间认知；"时空"是指认知的对象是多维的、具有空间位置或空间分布特征的、随时间变化的，即它们存在于时空环境之中；"综合认知"是指多模式空间认知的集成，即综合地图、地理信息系统、虚拟地理环境等多模式各自的空间认知特点，形成更全面、更系统、更深刻和科学的地理环境认知。

多模式时空综合认知将成为地图学和地理信息科学与工程学科的基础理论。这是因为多模式时空综合认知贯穿于地理信息传输的全过程，即贯穿于地图学和地理信息科学与工程的全过程。认知科学研究的目的就是说明和解释人在完成认知活动时是如何进行信息加工的；认知科学的进步与突破，将为人类教育、社会、经济发展和信息科技带来革命。同样，多模式时空综合认知的进步与突破，也会促进地图学和地理信息科学与工程的发展。

地图的空间认知是多模式时空综合认知的基础。地图空间认知就是利用地图学方法来实现对地理空间环境的认知。把认知科学引入地图学和地理信息科学与工程研究的目的有三个：一是弄清楚"地图既是人类认识地理空间环境的结果，又是进一步认识地理空间环境的工具"这一科学命题；二是弄清楚地图设计与制作的思维过程，并设法描述它们，实际上是研究地图制作者和使用者的空间认知规律；三是弄清楚地图空间认知与地理信息系统、虚拟地理环境的关系。

"多模式时空综合认知"与过去提及的"地图空间认知"是有所区别的。从地图制图到地图应用的过程，就是传输地理信息的过程，而"多模式时空综合认知"是贯穿地理信息传输过程始终的。以多模式时空综合认知为核心的地图视觉感受论、地图模型论、地图语言学、地理本体论等，将构成地图学和地理信息科学与工程学科的理论体系，需要长期研究且不断深化。地图视觉感受论是进行多模式时空综合认知的基础，要突破地图符号化的局限性，向三维、动态、可"进入"方向发展；地图模型论是进行多模式时空综合认知的方法论；地图符号学是从地图语言学（语法、语义、语用）的角度支撑多模式时空综合认知；地理本体论通过认知对象的形式化本体描述、总结异构语义转换规划、构建语义自动转换"适配器"，实现异构语义的自动转换，支撑多模式时空综合认知。

（三）面向"草根"的微地图理论与技术

从信息传输方式来看，地图学发展主要经历了两个阶段：一是地图信息的线性传播阶段，二是地图信息"由点到面"的中心发散传播阶段。这两个阶段可以统称为地图信息的"广播"式传播阶段。在前一个阶段，印刷术尚未出现，地图载体主要是纸张、石碑、墙壁、布帛等可见实体，地图以"孤本"的形式存在，如最早的古巴比伦地图，信息传播能力极其受限。到了后一个阶段，出现了印刷地图和电子地图，地图信息传播和地图制作技术有了很大进步。但是，受当时条件限制，地图学理论和技术仍存在缺陷：地图制作成本高、周期长，更新速度慢；地图由专业人员或平台制作，图面表达严肃有余而活泼不足，缺乏个性；地图制作人员入门门槛较高，要求必须掌握专业的地图学知识，经过专门的地图制图训练；地图上表示的信息和用户需要的信息不一致，这种不一致表现为信息量和内容上的不一致，导致对用户而言出现地图信息冗余和不足共存的弊端；地图多由权威的部门来发布，传播速度慢，不能满足用户快速、多变、灵活响应的需求。

信息传播已经进入自媒体（We Media）时代。公民能够以电子化手段向不特定的大多数或者特定的个人传递规范性及非规范性的信息，自媒体的公民信息"淹没"了传统媒体信息。自媒体信息传播的特点是平民化、个性化、低门槛、易操作、微内容（micro-content）、交互强、传播快等，其表现形式包括博客、微博、微信、贴吧、电子公告服务等。显然，与自媒体相比，当前作为地理空间信息载体的地图则共性强、制作门槛高、内容多、更新难、传播慢，不能满足自媒体时代大众对地理信息传播的需要。

为了适应自媒体时代的信息需求，地图在制作上应该有大众用户的实时参与（平民化），在内容上不必追求大而全（微内容），在分发和传播上需要及时、方便、快捷（速度快），在信息传播时不但要具有由点到面的"广播"功能，而且要具有由点到点和由面到面的"互播"功能（能互播）。可见，自媒体时代地图的概念与微博、微信等非常一致，可以把它命名为"微地图"。微地图是一种面向平民大众的"草根"地图，其对精度等数学基础要求不高，制作者无须进行严格的专业培训，地图用户也能够随时参与地图制作，地图可以如微信、微博一样在电脑、手机等个人电子设备上方便、快捷地交互传播和应用。

微地图与传统地图相比，主要有以下两点区别。

（1）传统地图的信息传输基本限于广播式传播；微地图的信息传输可以是广播式传播，但主要形式是在个体之间进行点对点的互播。

（2）传统地图的制作者和用户界限清楚，对地图制图者的专业素养要求高，地图内容一般大而全，且特别强调地物、地貌及专题要素在地图上表达的数学精度和标准化；微地图的制作相对要求低，内容以满足"本次"需要为标准，其制作者和用户没有明确划分。

微地图非常有可能成为未来地图新的普及形式。所以，关于微地图理论、制作和传播技术的研究将成为地图学的一个新课题。

（四）地图哲学

在古希腊时代，绘制世界地图的思想起源于哲学。在地图学得到很大发展的今天，仍有必要从哲学的高度来思考更深层次的问题。地图是对客观世界的高度概括和抽象，是客观世界规律的总结，所以地图本身就已具有了哲学的含义。地图学家们从认识论、方法论、感知论、实践论等层面或侧面研究地图学问题，进行着关于地图学的哲学思考。

"什么是地图哲学"是地图哲学的首要问题，目前并未得到满意的答案，需要地图学者共同解答。此外，地图哲学在地图学中的地位问题、地图哲学的特征或特性、地图哲学的研究内容等，均属于地图哲学未来研究的重要问题。

（五）地图文化学

地图与文化有着密不可分的内在联系，文化孕育了地图，地图是文化的产物。一方面，地图受文化的制约，与地图相关的活动离不开一定的文化背景；另一方面，这些活动又直接影响到整个社会文化的面貌，使地图对文化的发展产生促进作用。可以认为，地图活动已经形成了可被称作地图文化的特殊的亚文化。

地图文化研究是一个新的领域，是以文化视野诠释地图，用地图解读文化。地图文化作为一种科学文化，与人类社会的演进及生产力的发展、社会科学技术的进步、地图历史、地图哲学、地图产业等密切相关，对探讨地图演化规律，推动地图科学、技术、工程和产业发展，具有重要而深远的意义。地图文化研究，包括地图文化的定义、作用、特性，地图文化与地图编制、地图设计、地图评价和欣赏等的关系，地图文化与地图哲学、地图学史等的相互作用和影响，新媒体与地图文化传播的关系，等等。

第二章　空间参照系

地理位置是人类活动中不可或缺的重要地理信息。在日常生活中，大多数人依靠地名、地址等位置信息就可以满足需要。但是在如领土争端、精确制导、重大工程等事务中，精确的地理坐标是不可缺少的基础信息资源。

地理坐标非常重要，那么怎么才能准确定义地球表面上物体的坐标呢？由于地球是一个不规则球体，要确定其表面某一点的坐标位置，首先需要寻找一个非常接近真实地球的规则球体，然后建立科学的空间参照系。本章将从地球的自然表面开始，系统讲解建立地球空间参照系的知识。

第一节　地球体与地球椭球

一、自然表面与地球体

我们生活的地球，用人类的眼睛观察，其自然表面起伏不平，有高山大川，有平原盆地，一些地方地势平坦，另外一些地方崎岖不平。陆地上的最高峰是位于喜马拉雅山脉的珠穆朗玛峰，峰顶高出平均海水面 8848.86m；海洋里的最深处是位于西太平洋的马里亚纳海沟，最深处低于平均海水面约 11022m。地球表面的最大高差近 20km。现代测量成果表明，地球的赤道半径大于极半径（地心到极点的距离），两者相差 21.4km；地球南、北极半径也不相同，但相差甚微，仅数十米。这样一个被地球自然表面包裹着的、赤道略鼓的球体，就是地球体。

问题与讨论 2-1

从希腊学者柏拉图最早提出人类生活的世界是球形的以来，地球的形状一直受到关注，并随着科学技术的进步，认识越来越准确。如果把地球缩小到直径为 10cm 的球体，与地球平均半径 6371km 相比较，表面 20km 的高差、赤道半径与极半径约 21km 的差异在这个小球体上有多大？如果站在月球上看地球，地球的形状应该是什么样子的？

图 2-1 采用夸张的手法展现了地球表面的高低起伏。为了突出地球体的某些特征以便于讲解，本章插图中的地球形状大都采用了类似的夸张手法。

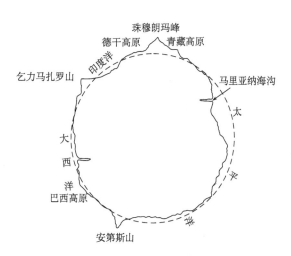

图 2-1　起伏不平的地球自然表面

二、大地水准面与大地体

地球体显然很不规则。为了找到一个比较规则的替代物，人类想到了静止的水面，它在地球表面重力场的作用下，形成一个处处与重力方向垂直的连续曲面，这个曲面被称为水准面。

地球表面约 71% 的区域为海洋所覆盖。假设海水面是静止的，将多年平均的静止海水面扩展到陆地部分，穿过陆地、岛屿，就形成了一个接近地球自然表面但相对比较规则和光滑的曲面。这就是大地水准面（图 2-2）。大地水准面是一个重力等位面，当物体沿着大地水准面运动时，重力并不做功。被大地水准面所包裹的球体称为大地体，它非常接近地球体的形状。

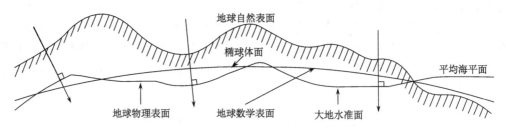

图 2-2　地球自然表面、大地水准面与椭球体面

大地水准面是地球的物理表面，作为大地测量基准之一，具有重要意义。大地水准面的形状反映了地球内部物质结构、密度和分布等信息，对地球物理学、海洋学、地震学、地质勘探等相关领域的研究和应用也有着重要作用。

与地球自然表面相比较，大地水准面表现得规则和平滑。由于地球内部物质质量的分布并不均匀，地球表面不同位置的重力场分布也不规则，因而决定了大地水准面仍然是一个有高低起伏的不规则曲面。尽管这个曲面不可能用一个统一的数学公式表达，但是为构建一个可以用统一的数学公式表达的曲面奠定了基础。

三、地球椭球体

（一）地球椭球体的建立

大地水准面尽管是一个不规则的曲面，但它与一个椭圆绕着它的短轴旋转而成的椭球体已非常接近，人们便用这个旋转椭球体代替地球体，称为地球椭球体，也称旋转椭球体。地球椭球体的表面——旋转椭球面，是一个形状规则的数学表面，适合进行严密计算，而且所推算的元素（如长度与角度）同大地水准面上的相应元素非常接近。因此，利用地球椭球体描述地球形体，就能够满足测量成果计算和测图工作的需要。地球椭球体面的数学表达为

$$\frac{X^2}{a^2}+\frac{Y^2}{a^2}+\frac{Z^2}{b^2}=1 \tag{2-1}$$

式中，a 为椭球长半径，近似等于地球赤道半径；b 为椭球短半径，即极轴半径，近似等于南极或北极到赤道面的距离；X、Y、Z 分别为椭球面空间直角坐标系的坐标。

地球椭球体的形状和大小，通常用长半径 a、短半径 b 和一个扁率 f 表示，它们之间的关系为

$$f=\frac{a-b}{a} \tag{2-2}$$

为了推求准确的地球椭球体参数，必须对大地水准面的实际重力进行多地、多次的大地测量，还要经过大量统计平差。为此，需要消除垂线偏差和大地水准面差距这两个量带来的影响。垂线偏差即地面点的铅垂线同其在椭球面上对应点的法线之间的夹角，大地水准面差距即大地水准面同参考椭球面之间的距离。由于所用资料、年代、方法及测定的地区不同，对地球椭球体参数推求的结果并不一致。世界主要国家先后推算出许多不同的地球椭球体参数（表2-1）。

表 2-1 主要椭球体描述参数

椭球体名称	年份	长半轴/m	扁率	使用地区
德兰布尔（Delambre）	1800	6375653	1：334.000	法国
埃弗瑞斯（Everest）	1830	6377276	1：300.801	英国、印度、缅甸、巴基斯坦
艾黎（Airy）	1830	6376542	1：334	英国
贝塞尔（Bessel）	1841	6377397	1：299.152	德国、奥地利、荷兰、瑞典、日本
克拉克（Clarke）I	1866	6378206	1：294.978	美国、加拿大、墨西哥、埃及
克拉克（Clarke）II	1880	6378249	1：293.459	英国、俄国、法国、加拿大
海福特（Hayford）	1910	6378388	1：297.000	美国、西欧各国、巴西、中国
克拉索夫斯基（Krassovsky）	1940	6378245	1：298.300	苏联、东欧各国、中国
IUGG/IAG-67	1967	6378160	1：298.247	1967年国际第二个推荐值
IUGG/IAG-75（GRS75）	1975	6378140	1：298.257	1975年国际第三个推荐值
IUGG/IAG-80（GRS80）	1979	6378137	1：298.257	1979年国际第四个推荐值
WGS-84（GPS用）	1984	6378137	1：298.257222563	美国
CGCS 2000	2008	6378137	1：298.257222101	中国

我国在1952年以前，采用海福特椭球体；1953年后，改用克拉索夫斯基椭球体；1980年，采用国际大地测量与地球物理联合会/国际大地测量协会（International Union of Geodesy and Geophysics//International Association of Geodesy，IUGG/IAG）推荐的GRS75椭球体；2008年后，开始使用2000国家大地坐标系（China Geodetic Coordinate System 2000，CGCS 2000）椭球体。

（二）地球椭球体上的重要点、线和面

地球椭球体上的重要点、线和面有旋转轴、极点、法线、子午面与子午线、纬线、赤道面与赤道等（图2-3），它们是进行椭球定位、空间参照系建立、地图投影计算的基础。

1. 旋转轴

旋转轴又称地轴，指椭球体旋转时所绕的短轴NS，它通过椭球中心O。

2. 极点

极点指旋转轴与椭球面的交点，在北端为北极N，在南端为南极S。

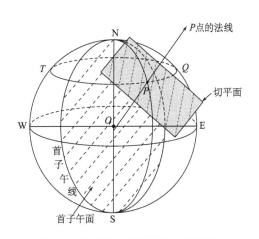

图 2-3 椭球体上的重要点、线和面

3. 法线

法线指过椭球面上任一点（如图 2-3 中的 P 点）且垂直于该点切平面的直线。赤道上的点和极点的法线必然通过椭球中心；在椭球面其他位置上，点的法线一般不通过椭球中心。

4. 子午面与子午线

子午面指含旋转轴 NS 的任一平面；子午线指子午面与椭球面的交线，又称为经线。子午面与椭球面相交而成的大圆称为经线圈，经线圈被南北两极点分割成两个半圆，就是经线。子午面有无数多个，通过英国格林尼治天文台的子午面，称为首子午面或起始子午面，是经度的起算面。首子午面与椭球面的交线称为首子午线，也称为起始子午线、本初子午线。子午面有天文子午面和大地子午面之分。包含观测点铅垂线并与地轴平行的平面称为天文子午面，对应的子午线即天文子午线；包含椭球体短轴及观测点法线的平面称为大地子午面，对应的子午线即大地子午线。

5. 纬线

纬线指垂直于旋转轴 NS 的任一平面与椭球面的交线，如图 2-3 中的 *TPQ* 圈。

6. 赤道面

赤道面指过椭球中心 O 且垂直于旋转轴 NS 的平面。赤道面与椭球面的交线称为赤道。所有纬线圈平行于赤道面；赤道是最大的纬线圈。

四、参考椭球与总地球椭球

（一）椭球定位

地球椭球体是一个假想的椭球，在地面上是看不见、摸不着的。这样一个特殊的椭球，它与真实地球的位置关系是怎样的呢？这就需要通过"定位"来解决。

椭球定位，就是按照一定的条件，确定给定参数的椭球与大地体的相对位置。椭球定位是确定地球椭球体与大地体最佳拟合位置的过程，经过椭球定位才能建立测量计算的基准面。

椭球定位包括定位和定向两个方面，先定位，后定向（图 2-4）。

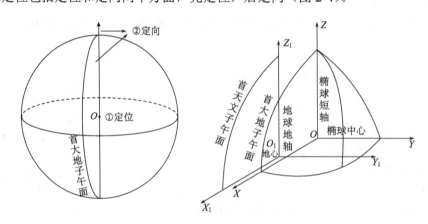

图 2-4　椭球定位

1. 定位

定位是确定椭球中心的位置，有局部定位和地心定位两种方法。局部定位要求在一定范围内椭球面与大地水准面有最佳拟合,但对椭球中心位置无特殊要求。地心定位要求在全球范围内椭球面与大地水准面有最佳拟合,同时椭球中心与地球质心一致或最为接近。

2. 定向

定向是确定空间直角坐标轴的方向,即确定椭球短轴的指向。无论是局部定位还是地心定位,定向时都应满足两个条件:一是椭球短轴平行于地球自转轴;二是首大地子午面平行于首天文子午面。这两个平行条件是人为规定的,其目的在于简化大地坐标、大地方位角同天文坐标、天文方位角之间的换算。

(二)参考椭球

具有确定参数,即有确定的长半径 a 和扁率 f,经过局部定位和定向,能与某一地区大地水准面最佳拟合的地球椭球体,称为参考椭球。以参考椭球为基准建立的坐标系称参心坐标系。

受到技术条件的限制,以前很难勘测整个地球椭球的大小,只能用个别国家或局部地区的大地测量资料推求椭球体参数,如轴半径、扁率等。考虑到根据这些推算数据得到的椭球有局限性,只能作为地球形状和大小的参考,故称为参考椭球。某一国家或地区为了处理测量成果,一般选用与大地体形状、大小最接近,又适合本国或本地区要求的地球椭球体,通过椭球定位建立自己的参考椭球。地球表面的不规则性,决定了适用于不同地区的参考椭球的大小、形状、定位和定向都有所不同。

参考椭球面是具有区域性质的地球数学模型,只有几何意义而无物理意义。参考椭球面是严格意义上的测量计算基准面,也是研究大地水准面形状的参考面,其概念具有非常重要的意义。

(三)总地球椭球

在确定椭球参数时,考虑全球范围内与大地体最密合的地球椭球,同时满足地心定位和两个平行条件定向的地球椭球体,称为总地球椭球(图2-5)。

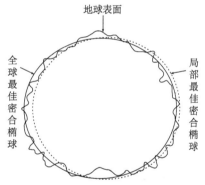

图2-5 局部与全球最佳密合椭球示意图

以总地球椭球为基准建立的坐标系称为地心坐标系。

问题与讨论 2-2

为什么在地理学研究中,经常用正球体而不是椭球体来描述地球的形状?当用正球体代替地球椭球体时,一般采用与椭球体体积相等或与椭球面面积相等的正球体。如果使用正球体代替克拉索夫斯基椭球体,这个正球体的半径又是多少呢?

第二节 地球空间参照系

描述一个事物的位置和运动状态,须先指明以什么作为参考。事物在地球表面的位置是其重要的空间特征,而位置依赖于既定的坐标系来表示。地球空间参照系就是测量与标定地球空间点位的坐标系。

一、地球坐标与大地基准

（一）天球坐标系与地球坐标系

地球空间参照系有天球坐标系和地球坐标系两种。天球坐标系是固定在宇宙空间的空间参照系，用于描述星球的运动状态和轨迹；地球坐标系是与地球固联的地球空间参照系，用于描述地面点的空间位置。相对于天球坐标系，地球坐标系随着地球的运动而运动，更有利于表达地球表面上事物的相对位置，是地图学所采用的空间参照系。

从几何表达的角度，地球坐标系有地理坐标系和地球空间直角坐标系两种。地理坐标系采用经度和纬度描述地面点的位置，是一个球面坐标系统；地球空间直角坐标系以地球中心为原点 O，采用 x、y、z 三维坐标描述地面点的位置。

问题与讨论 2-3

借助中学数学和地理知识，分别绘图示意地理坐标系和地球空间直角坐标系。在测绘地图时，采用地理坐标系和地球空间直角坐标系各有什么优点和缺点？

采用球面坐标系统时，还需要借助一种高程系统的配合，才能描述地球空间中目标点的唯一位置。建立统一的地理坐标系和高程系，通过坐标位置的精确控制，就可以实现不同地理信息的叠加显示，进行各种空间分析（图 2-6）。

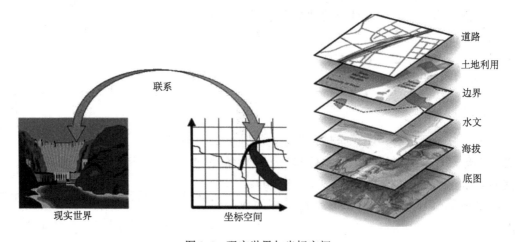

图 2-6　现实世界与坐标空间

（二）大地基准与大地基准面

大地基准是建立地球坐标系的基础。基准指为描述空间位置而定义的点、线、面。大地基准是指能够最佳拟合地球形状的地球椭球参数、椭球定位和定向。

大地基准面是一个理论上与大地水准面能最佳密合的椭球曲面，是利用特定椭球体对特定地区或整个地球大地水准面的逼近。大地基准面由椭球体本身、椭球体和地球表面被视为大地原点的一点之间的关系定义。因此，选择的椭球体不同，所定义的大地基准面不同；选择同一椭球体，采用不同的大地原点，所定义的大地基准面也不相同。可见，椭球体与大地基准面是一对多的关系，大地基准面建立在椭球体的基础上，但是椭球面不能代表大地基准面，同样的椭球体可以定义不同的大地基准面。例如，苏联的 Pulkovo1942、索马里的 Afgooye 和我国的 BJ54，虽然都采用了克拉索夫斯基椭球体，但这些大地基准面显然是不同的。

大地原点是地理坐标的起算点和基准点，故也称为大地基准点或大地起算点。椭球体和大地原点间的关系是定义大地基准面的重要内容，这种关系通常主要用大地纬度、大地经度、原点高程、原点垂线偏差之两分量、原点至某点的大地方位角等六个量来确定。

二、地理坐标系

地理坐标系是建立在一定的大地基准上，用于表达地球表面空间位置及其相对关系的数学参照系。地球表面模型是建立地理坐标系的依托，包括一个地球椭球面和一个大地水准面。依据大地水准面确定的地理坐标，称为天文地理坐标；依据地球椭球面确定的地理坐标，称为大地地理坐标。不同国家和地区、不同历史时期，因为采用不同的基本参数，所以地表同一目标点的地理坐标值会有所不同。

（一）天文地理坐标

天文地理坐标是以大地水准面和铅垂线为基准，通过天文测量方法获得地面点天文经度、纬度和方位角建立的地理坐标系。

1. 天文地理坐标系主要点、线定义

天文地理坐标系中，天文经度是指观测点子午面与首天文子午面的夹角，常以 λ 表示，首子午面以东为正，以西为负。天文纬度是指过观测点的铅垂线与赤道面的夹角，常以 ϕ 表示，赤道面以北为正，以南为负。精确的天文测量成果，包括天文经纬度和方位角，可作为大地定向控制起始点的坐标与校核数据。

如图 2-7 所示，外面的大圆表示天球，以地心（地球质量中心）为坐标原点，Z 轴与地球平自转轴重合，ZOX 是首天文子午面，以格林尼治天文台所在的子午面定义。OY 轴与 OX、OZ 轴组成右手坐标系，XOY 为地球平均赤道面。地面垂线方向是不规则的，它不一定指向地心，也不一定同地轴相交。

2. 天文经度、纬度和方位角测定

天文经度、纬度和方位角是确定天文地理坐标的基本参数，一般通过天文测量方法测定。天文测量通常在天文点的测站上进行。

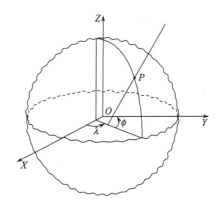

图 2-7　天文地理坐标

测定天文点天文经度，即测定同一瞬间测站点地方时与首子午线上地方时之差。测站点上的时刻可使用经纬仪、中星仪、棱镜等高仪及照相天顶筒等仪器测定；首子午线上的地方时则可通过收录无线电信号求得。

测定天文点天文纬度，等同于测定测站点的天极高度。测站点天极高度可使用带有纬度水准的经纬仪、天顶仪、棱镜等高仪及照相天顶筒等仪器测定。

测定天文点方位角，即测定测站点的子午线方向。具体方法是通过观测恒星，测定其时角并算出其方位角，然后测定该瞬间恒星与测站之间的水平角，得到天文点方位角。

（二）大地地理坐标

1. 大地地理坐标的定义

大地地理坐标是以参考椭球面、首子午面和赤道面为基准，用大地经度和大地纬度确定地面点在椭球面上位置的地理坐标系。

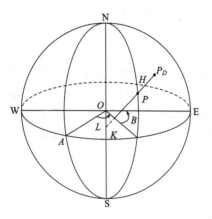

图 2-8　大地地理坐标

如图 2-8 所示，WAE 为椭球赤道面，NAS 为大地首子午面，P_D 为地面任一点，P 为 P_D 在椭球上的投影。大地经度为大地首子午面与通过球面点的大地子午面之间的二面角，以大地首子午面起算，向东为正，向西为负，常以 L 表示；大地纬度为地面点 P_D 对椭球的法线 P_DPK 与赤道面的交角，从赤道面起算，向北为正，向南为负，常以 B 表示。

在大地测量中，所有的观测值均应尽可能定位到参考椭球面上，即用大地经度（L）、大地纬度（B）和大地高（H）来表示。

2. 参心坐标与地心坐标

大地地理坐标有参心大地地理坐标和地心大地地理坐标两类。参心大地地理坐标系以参考椭球的几何中心为基准建立。地心大地地理坐标系以地球质心为基准，以椭球中心与地球质心相重合、椭球短轴与地球自转轴相重合为前提建立。

大地水准面是一个表面凸凹不平的不规则球面，而地球椭球面是一个表面平滑的规则球面，这两个面不可能找到一种唯一的关系，使得各处都能实现最佳的密合。因此就有两种不同的策略：一种是在某个局部地区实现椭球面与大地水准面尽可能的密合，另一种是在全球范围内达到椭球面与大地水准面的最佳密合。在实践中，第一种策略通过参考椭球实现，其定义的大地基准所建立的地理坐标称为参心地理坐标，简称参心坐标；第二种策略通过总地球椭球实现，其定义的大地基准所建立的地理坐标称为地心地理坐标，简称地心坐标。

与参心坐标系相比，地心坐标系在大地测量、地球物理、天文、导航和航天应用等方面具有自身的优势。随着遥感、卫星导航定位等空间技术的发展和推广应用，地心坐标显得更加重要。

3. 1984 年世界大地坐标系

1984 年世界大地坐标系（World Geodetic System-1984 Coordinate System，WGS-84）是美国 20 世纪 80 年代建立的地心大地坐标系，在国际上应用非常广泛。

该坐标系采用 IUGG/IAG 第 17 届大会推荐的测量常数，以地球质心为坐标原点，其地心空间直角坐标系的 Z 轴指向国际时间局（Bureau International de I'Heure，BIH）1984.0 定义的协议地极（conventional terrestrial pole，CTP）方向，X 轴指向 BIH 1984.0 的零子午面和 CTP 赤道的交点，Y 轴与 Z 轴和 X 轴垂直，构成右手坐标系（图 2-9）。

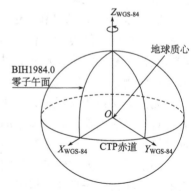

图 2-9　WGS-84 坐标系示意图

问题与讨论 2-4

通过网络资源，你能查到几种具体的参心坐标和地心坐标？绘制表格，比较它们主要特征的异同。

天文地理坐标和大地地理坐标都是用经纬度表示地面点的坐标位置，但是由于大地水准面的不规则性，天文地理坐标难以在地图学中应用，多应用于大地测量中。而椭球面是规则的，可以通过数学方法对应到平面上，因此在地图学中通常用大地地理坐标表示地表点的位置。

（三）地心经纬度

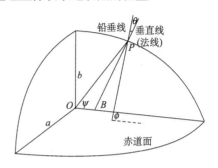

在地理学研究和小比例尺地图制图中，因为对地球形状精度的要求不高，所以用正球体近似替代椭球体，常用地心经纬度表示地理经纬度。在地心经纬度中，经度等同于大地经度，纬度则定义为参考椭球面上任意一点到椭球中心的连线与赤道面的夹角。

图 2-10　三种经纬度关系示意图

如图 2-10 所示，天文地理坐标、大地地理坐标、地心经纬度三种地理坐标系的主要区别在于：地心纬度由参考椭球面上一点 P 到椭球中心 O 的连线 OP 定义（ψ）；大地纬度由过椭球表面上一点 P 的法线定义（B）；因为在大地体上，铅垂线一般既不通过地心，也不与地轴共面，所以天文纬度难以用两面角定义；ϕ 是过椭球面上一点 P 的铅垂线与法线的夹角。

问题与讨论 2-5

同一地面点，其在三种地理坐标系中的经纬度数值通常不同。你能确定三个纬度值两两之间的大小顺序吗？地心纬度总是小于大地纬度的说法确切吗？天文纬度和大地纬度有确定的大小关系吗？

三、地球空间直角坐标系

地球空间直角坐标系是一种以地心为坐标原点的三维直角坐标系。由于对地心原点的定义不同，地球空间直角坐标系又分为参心空间直角坐标系和地心空间直角坐标系两类。

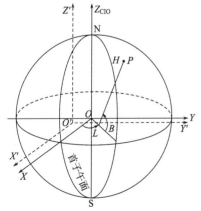

图 2-11　地球空间直角坐标系

（一）参心空间直角坐标系

参心空间直角坐标系以参考椭球为参照基准建立。如图 2-11 所示，参心空间直角坐标系的原点位于椭球中心 O，Z 轴与椭球的短轴重合，向北为正，X 轴位于起始大地子午面与赤道面的交线上，Y 轴与 XZ 平面正交，构成右手坐标系。

在建立参心空间直角坐标系时，因为观测范围所限，不同国家或地区采用的参考椭球面与局部大地水准面有不同的最佳拟合，也就是说参考椭球不是唯一的，所以参心空间直角坐标系又称为非地心坐标系、局部坐标系或相对坐标系。

参心空间直角坐标系在处理局部区域数据时产生的变形较小，故在经典大地测量中应用十分广泛。

（二）地心空间直角坐标系

地心空间直角坐标系以大地体为参照基准建立。如图 2-11 所示，地心空间直角坐标系的原点位于大地体质量中心 O'，Z' 轴与地球旋转轴重合，向北为正，X' 轴位于首天文子午面与赤道面的交线上，Y' 轴与 $X'Z'$ 平面正交，构成右手坐标系。

天文地理坐标、地心大地地理坐标和地心空间直角坐标同属地心坐标系，根据大地测量和球面天文学相关理论，这三种坐标可以不涉及任何观测历元而实现相互转换。

地心大地地理坐标系和地心空间直角坐标系是卫星导航定位常用的坐标系统。

四、投影平面坐标系

地理坐标是一种球面坐标，坐标计算公式非常复杂。将椭球面上的元素归算到平面上，建立平面坐标系，更便于实际应用。因为椭球面不可直接展开成平面，所以要采用地图投影的方法建立投影平面坐标系。

水平面是与水准面相切的平面。根据地球曲率对水平距离、水平角观测误差的影响，当测量或制图范围面积小于 25km^2 时，可在该区域内将椭球面视为水平面，使用平面坐标系进行测量和制图工作。

常用投影平面坐标有平面直角坐标系和平面极坐标系两类。

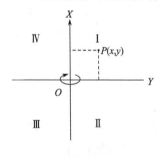

图 2-12　平面直角坐标系

（一）平面直角坐标系

测绘中通常采用左手笛卡儿平面直角坐标系，4 个象限的顺序与数学上的右手平面直角坐标系相反，X、Y 轴方向与数学上的坐标系也不相同。如图 2-12 所示，纵轴为 X 轴，向上（北）方向为正，向下（南）方向为负；横轴为 Y 轴，向右（东）方向为正，向左（西）方向为负；X 轴与 Y 轴的交点 O 为坐标原点，坐标象限自纵轴北方向顺时针顺序编号；平面上任意点 P 的坐标位置用 (x, y) 表示。

问题与讨论 2-6

测绘学的平面直角坐标系为什么要规定纵轴为 X 轴？为什么象限要规定顺时针顺序？这样规定在测量实践中能带来哪些便利？

（二）平面极坐标系

平面极坐标系是以极径 ρ 和极角 θ 构成的二维平面坐标系，平面点的位置用角度和距离确定。如图 2-13 所示，在平面内取一定点 O，称为极点，自极点 O 引一条射线 OX，称为极轴，即建立了平面极坐标系。当平面点的位置绕极点移动时，极径

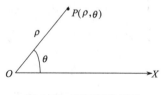

图 2-13　平面极坐标系

ρ 和极角 θ 的大小会随之变化，角度单位通常为弧度。这样，平面上 P 点的位置就可被唯一对应的（ρ，θ）坐标值标定下来。

平面极坐标系常在碎部测量中补充使用，地图投影中也经常用极坐标法表示投影公式。

五、高程参照系

地理坐标是地面点在大地水准面或参考椭球面上投影的位置。如果要准确表达地面点的实际位置，必须增加一个量——高程。

（一）高程与高差

高程是指地面点到某一参考基准面的垂直距离。高差是指地面点之间的高程之差。

地面点到大地水准面的垂直距离称为绝对高程，或称海拔。地面点到其他任何一个水准面的垂直距离称为相对高程。

如图 2-14 所示，设定 P_0P_0' 为大地水准面（黄海平均海水面），P_1P_1' 为任意水准面（假定高程起算面）。则地面点 A、B 到 P_0P_0' 的垂直距离 H_A、H_B 分别为该两点的绝对高程；地面点 A、B 到假定高程起算面 P_1P_1' 的垂直距离 H_A'、H_B' 分别为该两点相对于假定高程起算面 P_1P_1' 的相对高程。

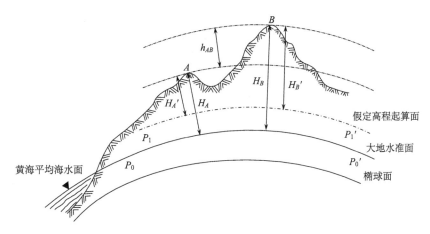

图 2-14　高程基本概念示意图

地面点 A、B 的高差即该两点的垂距 h_{AB}，可由该两点的绝对高程或相对于同一任意水准面的相对高程相减求得

$$h_{AB} = H_A - H_B \qquad (2-3)$$

高差有正、负之分。如图 2-14 所示，以 A 点为起算点，B 点为测点或目标点，这时测点高于起算点，高差 h_{BA} 为正；反之，以 B 点为起算点，A 点为测点或目标点，这时测点低于起算点，高差 h_{AB} 为负。

问题与讨论 2-7

铅垂线和水准面是测绘、建筑等诸多工作中需要确定的重要线和面。试举例说明你所知道的在实地确定铅垂线和水准面的方法。

（二）高程基准面与高程系

从高程的概念不难看出，确定大地水准面是测定绝对高程的基础。高程基准面就是地面点高程的统一起算面，因为大地体是与整个地球最为接近的体形，所以通常采用大地水准面作为高程基准面。

大地水准面是假想海洋处于完全静止的平衡状态时，海水面延伸到大陆地面以下所形成的闭合曲面。事实上，海洋受潮汐、风力等的影响，永远不会处于完全静止的平衡状态，总是存在着不断的升降运动。那么，怎么来确定大地水准面的位置呢？通常人们是通过测定海岸某点的平均海水面来定义大地水准面的。

平均海水面指某地一定时期内每小时海面高度的算术平均值，它是大地测量和海道测量的高程起算面，又称零点面或基准面。在海洋近岸选择一个合适的地点，竖立水位标尺，长期观测该点海水面水位的升降变化，根据观测结果求出该点处海洋水面的平均位置，即平均海水面作为大地水准面的位置，以此确定高程的基准面。

长期观测海水面水位升降的工作称为验潮，进行验潮工作的场所称为验潮站。地球不是一个均质球体，各地验潮结果也表明，不同地点的平均海水面之间存在着差异。因此，对于一个国家来说，只能根据一个验潮站所求得的平均海水面作为全国高程的统一起算面。

高程基准面是传递高程的起算点，为了长期、准确地表示其位置，必须建立稳固的水准原点。采用精密水准测量方法，将水准原点与验潮站的水准标尺进行联测，以高程基准面为零，推求水准原点高程，将此高程作为推算其他地面点高程的依据。

高程系就是在统一高程基准面的基础上，通过确定高程起算点和建立高程控制网所构成的一个完整的高程参照系统，是测绘和计算地面点高程的基本参照。

第三节　我国大地坐标系和高程参照系

由于历史、经济和国家安全等诸多原因，不同国家和地区一般都建立了自己的大地基准，采用各不相同的地理坐标系。

1949 年之前，我国并未建立一个自主、完整、统一的大地基准和地理坐标系。中华人民共和国成立之初，为满足国防和国民经济建设的需要，我国开始着手建立适应我国实际的大地基准和高程参照系，完成了 1954 年北京坐标系、1980 国家大地坐标系、2000 国家大地坐标系、1956 年黄海高程系和 1985 年黄海高程系。

一、三种大地坐标系

我国先后建立和使用了两种参心坐标系和一种地心坐标系。两种参心坐标系分别是 1954 年北京坐标系和 1980 国家大地坐标系，地心坐标系是 2000 国家大地坐标系。

（一）1954 年北京坐标系

20 世纪 50 年代初，采用苏联克拉索夫斯基椭球体，通过与苏联大地测量成果联测和平差计算，将以普尔科沃为大地原点的苏联 1942 大地坐标系引伸到我国，于 1954 年建立了以北京为大地原点的参心大地坐标系，定名为 1954 年北京坐标系（Beijing Geodetic Coordinate System l954，BJ54），简称 54 坐标系。

1954 年北京坐标系的建立，填补了我国没有统一大地坐标系的空白，在国防和国民经济建设中发挥了重要作用。从 20 世纪五十年代到八九十年代，我国的大地测量和地图编绘工作，大多都采用了该坐标系。但是，1954 年北京坐标系存在先天性缺陷：第一，它的椭球面普遍低于我国大地水准面，在全国范围内平均相差约 29m，在东部沿海和东北地区相差较大，最大可达 65m；第二，该坐标系的大地控制点多为局部平差逐次获得，不能连成一个统一整体；第三，椭球体在我国没有严格明确的定位和定向，存在轴指向含糊不清等问题。

（二）1980 国家大地坐标系

为根本解决 1954 年北京坐标系的先天性缺陷问题，我国自该坐标系建立之初，即着手开始建立一个符合我国实际的大地坐标系。在先后完成全国天文大地网布设、整体平差、确定椭球体参数工作的基础上，于 1978 年建立了新的参心大地坐标系——1980 国家大地坐标系（National Geodetic Coordinate System 1980），简称 80 坐标系。因该坐标系的大地原点距离西安不远，故也称作 1980 西安坐标系。

1980 国家大地坐标系采用 1975 年 IUGG/IAG 推荐的地球椭球体，大地原点位于陕西省泾阳县永乐镇，以中国地极原点 JYD 1968.0 系统为椭球的定向基准，综合利用天文、大地与重力测量成果，以我国范围内高程异常值的平方和最小为原则求解参数进行椭球定位，使地球椭球面在我国境内与大地水准面达到最佳切合。

与 1954 年北京坐标系相比，1980 国家大地坐标系具有以下优点：①坐标原点位于我国的陕西省内，有效地减少了坐标传递所带来的误差。②采用了精确的地球椭球体。③地球椭球面与大地水准面在我国境内有最佳拟合。

但是，随着时代的发展和科学技术的进步，人们发现 1980 国家大地坐标系存在以下不足：①不能提供高精度三维坐标。1980 国家大地坐标系是经典大地测量成果的归算及其应用，其表现形式为平面二维坐标，而且表示两点之间的距离精确度也比用现代手段测得的低很多。如果将现代技术获得的高精度点的三维坐标表示在原有地图上，不仅会造成点位信息的损失（三维变二维），同时也会造成精度上的损失。②采用的 IAG1975 椭球与 IERS 推荐的椭球相比，长半轴多了 3m，这可能引起约 $5×10^{-7}$ 量级的长度误差。③椭球短轴指向 JYD1968.0 极原点，与国际上通用的不一致，不便于与国际接轨。④椭球定位没有顾及占中国全部国土面积近三分之一的海域范围。⑤随着技术的发展，新技术应用日趋广泛并将逐步取代非地心坐标系技术，维持非地心坐标系下的实际点位坐标不变的难度不断加大。

（三）2000 国家大地坐标系

到 20 世纪中后期，以传统测量技术为基础的参心大地坐标系已不能满足国防和经济建设需要。同时，国际上也出现了地心大地坐标系，并逐步得到广泛应用。为适应科技发展和社会需求，我国在参照 WGS-84 坐标系的基础上，建立了 2000 国家大地坐标系（China Geodetic Coordinate System 2000，CGCS2000）。

2000 国家大地坐标系采用 CGCS2000 参考椭球体，该椭球体的扁率与 WGS-84 采用的椭球体扁率有极微小的差异，在赤道上相差仅 1mm；以包括海洋和大气在内的整个地球质量中心为坐标原点，地球空间直角坐标系的 Z 轴指向国际地球自转服务（International Earth Rotation System，IERS）参考极方向，X 轴指向 IERS 参考子午面与通过原点且同 Z 轴正交的

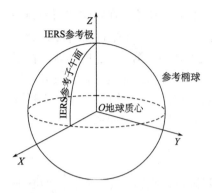

图 2-15　2000 国家大地坐标系示意图

赤道面的交点，Y 轴与 X 轴和 Z 轴垂直，构成右手坐标系（图 2-15）。

与前两个国家大地坐标系相比，2000 国家大地坐标系具有以下优点：①具有更高的精度；②有利于对以三维大地测量为基准的空间物理位置的描述和表达；③采用国际上普遍接受的椭球参数和物理参数，更有利于国际科研合作和成果共享。

除上述三个国家坐标系之外，因建设、规划和科研需要，在局部地区也需要建立相对独立的平面坐标系，这些坐标系统称为独立平面坐标系。为了便于必要时能够实现与国家坐标系的坐标转换，建立独立平面坐标系时，通常都要与国家坐标系进行联测。

二、黄海高程系

（一）青岛验潮站与黄海平均海水面

我国在 1949 年之前，曾采用不同地点的平均海水面作为高程基准面。由于高程基准面不统一，在使用高程资料时相当混乱。1957 年，我国将具备地理位置适中、外海海面开阔、海底平坦且无密集岛屿和浅滩、水深在 10m 以上等有利条件的青岛验潮站确定为国家基本验潮站。青岛验潮站建在地质结构稳定的花岗岩基岩上，在验潮井附近的观象山埋设有永久性的水准原点（图 2-16）。

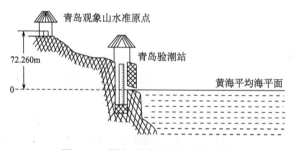

图 2-16　国家水准原点位置示意图

由青岛验潮站观测得到的平均海水面为黄海平均海水面，将其作为全国统一的高程基准面。依据黄海验潮站观测数据，我国先后建立和使用了 1956 年黄海高程系和 1985 国家高程基准。

（二）1956 年黄海高程系

1956 年黄海高程系是指以青岛验潮站 1950～1956 年的验潮资料推算的黄海平均海水面作为高程起算面，以测定的青岛观象山水准原点为其原点而建立的国家高程系统。该水准原点的高程为 72.289m。

建立 1956 年黄海高程系，在一定历史时期对我国的国防建设、经济建设和科学研究起了重要作用。但是，因为确定该高程系的平均海水面所采用的验潮资料时间较短，从潮汐变化周期看，1 个潮汐周期一般为 18.61 年，7 年时间还不到潮汐变化的半个周期，同时验潮资料中也存在粗差，所以，当条件成熟时必须重新确定新的国家高程基准。

（三）1985 国家高程基准

1985 国家高程基准是指根据青岛验潮站 1952～1979 年的验潮资料计算黄海平均海水面，以青岛观象山水准原点为其原点的国家高程系统。经国家批准，该基准于 1988 年 1 月 1 日正式启用。

水准原点高程的变化是高程基准面变化的反映。新的国家高程基准水准原点高程为 72.260m，与旧的 1956 年水准原点高程 72.289m 相比，降低了 29mm，据此可对高程点进行新旧高程的转换。因为新旧水准原点高程变化非常微小，所以对大部分已成地图上的等高线高程的影响则可忽略不计。

三、不同大地基准面坐标转换

坐标转换有两种含义：一是将空间位置描述从一种坐标系的坐标转换为另一种坐标系的坐标；二是在同一种坐标系下将一种投影坐标转换为另一种投影坐标。本节提到的坐标转换是指不同坐标系之间的转换，也称为不同大地水准面坐标转换。投影坐标的转换将在下一章讲授。

坐标转换是很多从事地图学及相关行业的人员在工作中经常遇到的实际问题。例如，当把用 GPS 采集的数据直接叠加在 BJ54 坐标地图上显示时，就会发现所采集的点的位置与地图上的并不一致，这是因为 GPS 采用了不同的坐标系——WGS-84，这时就需要把 GPS 采集的数据从 WGS-84 坐标转换成 BJ54 坐标。

WGS-84 与 BJ54 各自采用了不同的大地基准面和不同的参考椭球体，是造成地面上同一个点坐标不同的根本原因。可见，WGS-84 与 BJ54 的坐标转换问题，实质上是从 WGS-84 椭球体到 BJ54 椭球体的转换问题。同理，西安 80 坐标系与 BJ54 坐标系的转换，实质上仍然是从一种椭球体到另一种椭球体的转换问题。

那么，两个椭球体之间的转换又如何实现呢？一般而言，比较严密的方法是采用 7 参数法，即 3 个平移因子（X 平移，Y 平移，Z 平移），3 个旋转因子（X 旋转，Y 旋转，Z 旋转），1 个比例因子（K，也称为尺度变换因子）。因为我国不同地区的椭球体参数并未公开，所以在求算一个地区的 7 参数时，需要获得该地区 3 个以上已知点的坐标，通常要求最远点间距离不大于 30km，然后通过一定的数学模型求解。若多选几个已知点，通过平差方法可以获得较好的精度。还可以用 3 参数法，即只考虑 3 个平移因子，而将旋转因子和尺度变换因子视为 0。3 参数法是 7 参数法的一个特例。

在不同椭球体之间进行坐标转换并不十分严密，因此不存在一套可以通用的转换参数，每个地方有不一样的转换参数。

CGCS2000 与 WGS-84 采用的参考椭球非常接近，扁率差异引起椭球面上的纬度和高度变化最大值为 0.1mm，在通常的测量精度范围内可以忽略。因此，采用 WGS-84 与 BJ54 的转换方法，就可以完成 CGCS2000 与其他坐标系的转换。

不同大地水准面坐标转换可以在软件上完成。如 ArcGIS 软件就提供了 3 参数法和 7 参数法的坐标转换功能。

问题与讨论 2-8

1954 年北京坐标系和 1980 国家大地坐标系的坐标如何转换？它们又如何能转换成 CGCS2000 坐标？

第四节　地　理　格　网

随着地理信息系统技术的发展和广泛应用，以格网形式组织和应用自然与社会经济信息的实例已不鲜见。为了适应科学的技术发展，支持地理数据共享共建，满足地理信息应用需求，方便多源、多尺度地理空间信息的整合与应用分析，我国于 1990 年发布了第一个版本的《地理格网》国家标准（GB12409—1990）。此后，在参考《美国国家格网》和《英国国家格网参考系统》等标准的基础上，于 2009 年发布了新的《地理格网》国家标准（GB/T 12409—2009），为地理信息管理和应用提供了科学、一致和实用的地理空间定位格网系统。

一、地理格网概念

地理格网参照系指依据数学规则，将地球表面按照一定经纬度或水平长度进行分割成规则多边形，并通过统一编码所构成的多级格网体系。在地理格网中，每个多边形称为格网单元。地理格网是一种科学、简明的定位参照系统，是对现有测量参照系、行政区划参照系和其他专用定位系统的补充（图 2-17）。

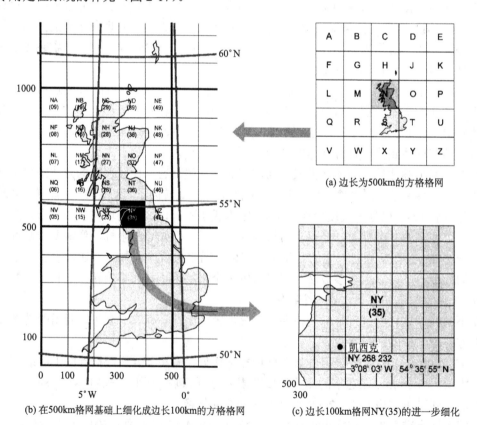

(a) 边长为500km的方格格网

(b) 在500km格网基础上细化成边长100km的方格格网

(c) 边长100km格网NY(35)的进一步细化

图 2-17　英国国家格网参考系统示意图（据 Kraak 和 Ormeling，2014，有修改）

地理格网可以按经纬度坐标系统划分，构成经纬坐标格网；也可以按直角坐标系统划分，构成直角坐标格网。在同一个标准体系中，两种格网通常具有较严密的数学关系，可以相互转换。我国的经纬坐标格网采用国际上惯用的经纬度定位坐标系统，以 2000 国家大地坐标系为基础；直角坐标格网采用高斯-克吕格投影系统的直角坐标系统。高斯-克吕格投影是我国大于或等于 1∶50 万地形图采用的地图投影，该投影及其直角坐标系统的知识将在第三章详细讲述。

经纬坐标格网适用于宏观研究需要，其特点是便于大区域乃至全球性拼接，格网位置不随地图投影系统的改变而改变，但相同经纬差所构成的格网单元大小不均匀，高纬度地区较小而低纬度地区较大。直角坐标格网适用于区域研究或工程建设需要，其特点是格网单元实地大小均匀，便于量算和图上作业，但格网所对应的实际位置会随地图投影的不同而改变。

地理格网系统一般由若干等级格网构成，格网分级呈一定的递归关系，形成完整的格网分级系列。为了便于使用，格网系统的分级及编码应尽可能简化，既能严格、快速、方便地实现格网之间的转换，又能完成各级格网间的数据合并和细分处理。

问题与讨论 2-9

你以前接触过地理格网数据吗？除了利用经纬度坐标和直角坐标构建地理格网系统之外，还有没有其他建立地球地理格网系统的途径？

二、经纬坐标格网

经纬坐标格网按经、纬差分级，通过设定分级和编码规则唯一确定。下面以《地理格网》（GB/T 12409—2009）为例，说明经纬坐标格网的分级和编码规则。

（一）分级规则

我国经纬坐标格网系统以 1° 经差、纬差构成的格网作为分级和编码的基本单元，在此基础上再逐级扩展出间隔为 10′、1′、10″ 和 1″ 的格网，构成 5 级基本格网体系（表 2-2）。各级格网的间隔为整倍数关系，同级格网单元的经差、纬差间隔相同。

表 2-2　经纬坐标格网分级系统

格网间隔	1°	10′	1′	10″	1″
格网名称	一度格网	十分格网	分格网	十秒格网	秒格网

根据实际需要，可以在基本单元格网基础上向更大格网间隔延伸，例如，以一度格网为基础，可延伸出二度格网、五度格网等；也可以在基本单元格网基础上按一定间隔细分出基本格网之外的格网，如五分格网、二十秒格网等。一般情况下，细分格网间隔与相邻基本格网的间隔以成倍数关系为宜。

（二）编码规则

经纬格网代码由 4 种基本元素和 1 种可选元素组成，其中基本元素包括象限代码（南北半球代码和东西半球代码）、格网间隔代码、间隔单位代码和纬经度代码（纬度代码和经度代码），可选元素为格网代码。基本元素代码长度共 10 位；可选代码因格网间隔不同，长度可为 0 位、4 位或 8 位（图 2-18）。

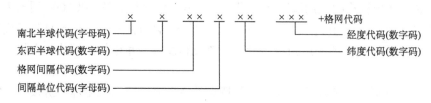

图 2-18　经纬坐标格网编码结构图

1. 象限代码

以赤道和首子午线的交点为原点，将全球分为西北、东北、西南、东南 4 个象限。象限代码由南北半球代码和东西半球代码组成，分别用 1 位字母码组成，第 1 位表示南北半球，用"N"表示北半球，"S"表示南半球；第 2 位表示东西半球，用"E"表示东半球，"W"表示西半球。全球 4 个象限的代码分别表示为"NW""NE""SW""SE"。我国位于北、东半球，象限代码为"NE"。

2. 格网间隔代码

格网间隔代码表示格网的经、纬度间隔大小，由 2 位数字码构成。当间隔数值不足 2 位时，空缺位置为 0。如格网间隔为 1′ 时，表示为"01"；格网间隔为 10″ 时，表示为"10"。

3. 间隔单位代码

格网间隔单位有度、分、秒三种。间隔单位代码由 1 位字母码构成，"D"表示格网间隔以度为单位，"M"表示格网间隔以分为单位，"S"表示格网间隔以秒为单位。

4. 纬经度代码

纬经度代码表示格网的经纬度位置，由纬度代码和经度代码组成，分别取纬度和经度的整度数值计算生成。纬度代码在前，用 2 位数字码表示；经度代码在后，用 3 位数字码表示。当纬度整度数值不足 2 位、经度整度数值不足 3 位时，空缺位置补 0。

5. 格网代码

格网代码表示格网的经纬度位置，由纬度和经度的非整度数值计算生成。以度为间隔单位的格网无格网代码，代码长度为 0 位；以分为间隔单位的格网，格网代码由纬度和经度的十分位数值（十分格网）或分位数值（分格网）计算生成，长度为 4 位；以秒为间隔单位的格网，格网代码由纬度和经度的十秒位数值（十秒格网）或秒位数值（秒格网）计算生成，长度为 8 位。

（三）编码举例

已知某点的地理坐标为 75°41′15″N，143°02′35″E，求其各级基本格网代码。

1. 一度格网代码

根据编码规则，该点位于北半球和东半球，故象限代码为"NE"；格网间隔代码为"01"，间隔单位代码为"D"；纬度整数值为 75°，经度整数值为 143°，纬经度代码为 75143。由此可得该点所在一度格网的代码为 NE01D75143。

2. 其他基本格网代码

相同地理坐标点的其他基本格网与一度格网具有相同的象限代码和纬经度代码。格网间隔为 1′和 1″时，间隔代码为"01"，间隔为 10′和 10″时，间隔代码为"10"；十分格网、分格网的间隔单位代码为"M"，十秒格网、秒格网的间隔单位代码为"S"；十分格网、分格网的格网代码，由纬度和经度值减去整度数值后，取整分值得到；十秒格网、秒格网的格网代码，由纬度和经度值减去整度数值后，将整分值换算成秒，再加上不足分的秒值得到。具体结果如下。

十分格网代码为 NE10M751430400；分格网代码为 NE01M751434102；十秒格网代码为 NE10S7514302470015；秒格网代码为 NE01S7514324750155。

扩展格网代码可参照上述规则进行编码。仍以地理坐标为 75°41′15″N、143°02′35″E 的点为例，扩展的五度格网、五分格网和二秒格网的代码如下。

五度格网代码为 NE05D15028；五分格网代码为 NE05M751430800；二秒格网代码为 NE02S7514312370077。

三、直角坐标格网

直角坐标格网按横、纵坐标差分级，通过设定分级和编码规则唯一确定。下面以我国《地理格网》（GB/T 12409—2009）为例，说明直角坐标格网的分级和编码规则。

（一）分级规则

我国直角坐标格网采用高斯-克吕格投影直角坐标系统，以 100km 作为基本单元，在此基础上按 10 的倍数关系逐级扩展出间隔为 10km、1km、100m、10m、1m 的格网，构成 6 级基本格网体系（表 2-3）。各级格网的间隔为整倍数关系，同级格网单元在 X、Y 方向的间距相等。

表 2-3　直角坐标格网分级系统

格网间隔/m	100000	10000	1000	100	10	1
格网名称	百公里格网	十公里格网	公里格网	百米格网	十米格网	米格网

根据实际需要，可以在基本单元格网基础上按一定间隔细分出基本格网之外的格网，如五十米格网、五米格网、分米格网等。细分的格网间隔与相邻基本格网的间隔成倍数关系为宜。

（二）编码规则

直角坐标格网由 3 种基本元素和 1 种可选元素组成，其中基本元素包括南北半球代码、高斯-克吕格投影带号代码、百公里格网代码，可选元素为坐标格网代码。基本元素代码长度共 7 位；可选代码因坐标格网间隔不同，长度可为 0 位、2 位、4 位、6 位、8 位或 10 位（图 2-19）。

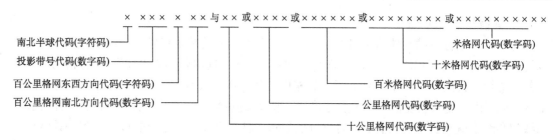

图 2-19 直角坐标格网编码结构图

1. 南北半球代码

南、北半球代码采用 1 位字母码，南半球用"S"表示，北半球用"N"表示。

2. 高斯-克吕格投影带号代码

简称投影带号代码，用 3 位数字码表示。高斯-克吕格投影按 6°或 3°分带，相关知识将在第三章"地图投影"的第三节"地形图投影及其分幅编号"中详细讲授，这里仅阐述投影带号的编码规则。采用 6°分带时，全球共分为 60 个投影带，在投影带号前用 0 补足 3 位，投影带号代码分别为 001~060。采用 3°分带时，全球共分为 120 个投影带，给所有投影带号加 100，投影带号代码分别为 101~220。

3. 百公里格网代码

百公里网格代码采用 1 位字母与 2 位数字混合编码，字母码表示横坐标（东西方向）位置，数字码表示纵坐标（南北方向）位置。自西向东，每百公里用 1 位字母表示，采用 6°分带时取值 A~H，采用 3°分带时取值 C~F。由南向北，每百公里用两位数字表示，取值 00~99。

4. 坐标格网代码

坐标格网代码由横、纵坐标构成，横坐标在前，纵坐标在后。坐标格网等级不同，代码字位长度也不同。十公里格网代码为 2 位，由横、纵坐标的十公里字位数值取整构成；公里格网代码为 4 位，由横、纵坐标的公里字位数值取整构成；百米格网代码为 6 位，由横、纵坐标的百米字位数值取整构成；十米格网代码为 8 位，由横、纵坐标的十米字位数值取整构成；米格网代码为 10 位，由横、纵坐标的米字位数值取整构成。

（三）编码举例

已知某点位于 39°55′N, 116°30′E，其 6°带投影带号为 20，该点直角坐标的横坐标值为 457251.1m，纵坐标值为 4420395.9m。求其各级基本坐标格网代码。

1. 百公里格网代码

根据编码规则，该点位于北半球，南北半球代码为"N"；投影带号代码为 020；百公里格网东西方向代码取 D（400~500km），百公里格网南北方向代码取 44。由此可得该点所在百公里格网的代码为 N020D44。

2. 其他基本坐标格网代码

相同直角坐标点的其他基本坐标格网与百公里格网具有相同的南北半球代码、投影带号代码、百公里格网代码，区别在于坐标格网代码。根据上述坐标格网代码编码规则，不难从横、纵坐标值得到其他各基本坐标格网的代码。具体结果如下。

十公里格网代码为 N020D4452；公里格网代码为 N020D445720；百米格网代码为 N020D44572203；十米格网代码为 N020D4457252039；米格网代码为 N020D445725120395。

第五节　地图比例尺

要把地球表面的事物描绘到图纸上，必然会遇到"地球大、地图小"的矛盾，地图比例尺是解决这一矛盾的有效途径。空间尺度是衡量空间区域大小的常用概念。为了使地图制作者能按表达空间区域实际需要的比例制图，也为了使地图使用者正确把握地图与研究区域的空间比例关系，有关空间尺度与地图比例尺方面的知识是必不可少的。

一、地理空间尺度与地图比例尺

（一）地理空间尺度

尺度是客体或过程空间维和时间维大小程度的量度，可用分辨率和范围来描述，它标志着对所研究对象细节了解的水平。地理尺度包括空间尺度和时间尺度。地理环境中的自然或人文过程与格局相当复杂，其中尺度效应的作用是不容置疑的。

1. 地理空间尺度——空间比例尺的定性描述

地理学研究的空间尺度主要分为"宏观"、"中观"和"微观"（表 2-4）。空间尺度是对空间比例尺的定性描述。

表 2-4　地理学的三种空间尺度

研究尺度	研究内容	研究对象空间规模	研究对象等级水平	地理规律	空间尺度
宏观	全球性物质、能量和信息循环与转换	全球、大洲、大洋、国家 $1 \times 10^6 km^2$ 以上	国家级	纬度或非纬度地带性	小比例尺 $<1 : 100$ 万
中观	地区性物质迁移、能量转换、信息流动	区域、地区 $1 \times 10^3 \sim 1 \times 10^5 km^2$	省市（有时含县）级	水平地带性垂直地带性	中比例尺 $1 : 10 \sim 1 : 100$ 万
微观	地方性物质形态转化和状况变化	地方 $10 \sim 1 \times 10^3 km^2$	县、乡镇级	地方性地理形态和变化	大比例尺 $>1 : 10$ 万

地理研究都是建立在具有不同空间比例尺的地理资料的基础上的。某一区域在某种空间比例尺条件下的地理资料，如地貌图，不但代表了在该种空间比例尺条件下对于该区域地理空间结构的抽象和概括，而且也代表了在该种比例尺条件下对于该区域的地理功能机制的抽象和概括，这样的地理资料实际上限制了其所能进行的地理研究的性质。因此，不同空间比例尺的地理资料具有不同的"模型"性质，正是在这种意义上，空间比例尺对于地理研究的性质具有决定意义。

2. 地理时间尺度——地理事件发生变化的频度

研究地理现象随时间变化的模式，选择合适的时间尺度很重要。地理学是寻求人和地理环境在特定的空间和时间上复杂关系的一门科学，地理学的时间概念与其他领域中的时间概念是不同的，既不像物理学、化学时间那样"短"，也不像社会学、历史学的时间那样"长"。地理学时间是一种"切过时间量度的断面"，简称"地理时间断面"，并且这个时间断面是"具有一定的厚度"的。

（二）地图比例尺

地图比例尺是衡量地图与相应地面范围缩小倍数的尺度。地图比例尺通常被定义为"图上某线段的长度与实地相应线段的水平长度之比"。比例尺的分子总是被表示为 1，这样比例尺可采用下式计算：

$$\frac{1}{M} = \frac{d}{D} \tag{2-4}$$

式中，d 为地图上线段的长度；D 为地面上相应直线距离的水平长度；M 为地图比例尺分母。

地图的产生过程可以理解为，首先将地球缩小为地球仪，然后再将这个地球仪投影在平面上。将地球缩小为地球仪的比例就是通常认为的比例尺；将地球仪投影为地图则是通过地图投影完成的。但是，通过地图投影将三维曲面转换为二维平面的过程中，不可避免地会出现变形，而且变形的大小在不同点位甚至同一点位不同的方向上不同，这些知识将在第三章详细讲解。因此，从理论上讲，任何地图都不存在适用于整个图幅的统一比例尺。换句话说，按照同一比例尺将地球缩小制作而成的"地图"只能是地球仪，而地球仪并不是严格意义上的地图。

由此可见，地图比例尺在地图上是因位置、方向而变化的，上述地图比例尺的定义具有一定的局限性，地图比例尺的严格定义必须考虑它在图面上的变化。对地图比例尺的准确定义是：地图上某方向微分线段与地面上相应微分线段的水平长度之比。

经过投影之后的地图，只有在无变形点和无变形线上才能保持将地球缩小为地球仪的比例，这些无变形的点和线上的比例尺称为主比例尺，其余的称为局部比例尺。地图上通常只标注出一个比例尺，就是主比例尺。

因为大比例尺地图投影变形很小，图上各处的比例尺变化极微小，可忽略不计，所以可以使用标注比例尺直接量测图上任意两点间的距离。但在小比例尺地图上，这样做就会有比较大的误差，有时误差可能会很大，进行图上量测时应给予考虑。

总之，比例尺赋予了地图可量测性，为用户提供了明确的空间尺度概念，而且还隐含着对详细程度和精度的描述。在电子地图与数字地图普遍使用的今天，地图比例尺不再是一成不变的，而是可以任意改变的。这样，比例尺对地图图面大小的约束作用就自行消失了，它更多地隐含了对原始制图数据精确程度与详细程度的描述。同时，人们可以借助比例尺来确定对地球表面观察的界限。

在数字制图条件下，根据某一大比例尺的电子地图，可以生成任意级别比例尺的地图，存储数据的精度和详细程度都明显高于所生成的其他比例尺本身的要求，这一类数字/电子地图也被称为无级别比例尺地图。

（三）地图比例尺与空间尺度

人们对地理现象的研究往往是以不同比例尺的地图资料为基础的。因为不同比例尺地图对地理实体的属性和相互关系的抽象与综合程度不同，所以不同尺度的地理现象就应采用与其尺度相适宜的地图比例尺，其地图形式的研究结果也应选择适宜的比例尺来表达。当对地理现象进行定位与模型研究时，应选择相应的尺度范围和地图比例尺的地理观察及统计资料，这样才能正确表达地理现象的规模大小及与其关联的区域变异特性的一致性。比例尺与尺度的关系还能用于正确指导地图概括的实施，相关内容将在第五章"地图概括"中讲述。

二、地图比例尺的形式

传统地图比例尺的形式有三种：数字比例尺、文字比例尺和图解比例尺。

（一）数字比例尺

数字比例尺是用阿拉伯数字形式表示的比例尺。可以用分子为 1、分母为 10 的倍数的分数形式表示，例如 1/100000，也可写成比的形式，例如 1∶100000 或 1∶10 万。

数字比例尺简单易读，便于运算，有明确的缩小概念。

（二）文字比例尺

文字比例尺是用文字注解的方法表示的比例尺。例如，"一比一百万""百万分之一""图上 1 厘米相当于实地 10 千米"等。

比例尺的长度单位，在地图上通常以厘米（cm）或毫米（mm）计，在实地上以米（m）或千米（km）计。文字比例尺单位明确，计算方便，比较通俗和大众化。

（三）图解比例尺

图解比例尺是用图形加注记的形式表示的比例尺。它又分为直线比例尺、斜分比例尺和复式比例尺 3 种。直线比例尺是其他形式图解比例尺的基础。

1. 直线比例尺

以直线线段形式标明图上线段长度所对应的地面距离的比例尺形式（图 2-20）。直线比例尺由尺身和尺头两部分构成。由"0"注记处向右为尺身，尺身上有长度相等的若干个大分划，每一分划称为比例尺的基本单位。为了便于使用，基本单位长通常按比例尺换算成实地距离后为整数。由"0"注记处向左一个基本单位为尺头，通常细分为 5 等分或 10 等分，以提高直接读数精度。简化的直线比例尺可以省去尺头部分。最简化的形式仅需保留一个基本单位分划。

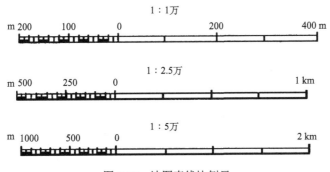

图 2-20　地图直线比例尺

直线比例尺有两个优点，一是使用分规或直尺量算时，能直接读出实际长度值而无须计算，二是比例尺和量算对象印刷在同幅图上，可避免因图纸伸缩而引起的量算误差，因而被普遍采用。但是，直线比例尺只能直接量测到基本单位的 1/10，精度较低。若要直接量测到基本单位的 1/100，则需采用斜分比例尺。

2. 斜分比例尺

在直线比例尺的基础上，根据相似三角形原理绘制的图解形式的比例尺，称为斜线比例尺或对角线比例尺，通常刻制在金属或塑料板上，用于对精度要求较高的量测（图2-21）。利用斜分比例尺尺头的分划，可以直接准确读取比例尺基本单位的 1/100，估读到 1/1000。

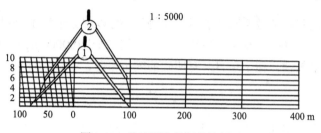

图 2-21　地形图上的斜分比例尺

斜分比例尺的使用：首先在图上用两脚规的两脚卡出欲量线段的长度，然后再用斜分比例尺去比量。比量时应从最下方的一条水平线量起，务必使两脚规的两个脚位于同一水平线上，每上升一条水平线，尺头斜线的偏值将增加 0.01 个基本单位。读数时，两脚规右脚所指分划读取基本单位的整倍数，左脚所指尺头水平分划读取基本单位的 1/10，垂直位置读取基本单位的 1/100。在图 2-21 中，两脚规①量测的数据为 100+80+0=180（m），两脚规②量测的数据为 100+60+3=163（m）。

问题与讨论 2-10

参考图 2-21，理解绘制斜分比例尺的原理，归纳制作斜分比例尺的方法步骤，并尝试制作一个 1∶1000 的斜分比例尺。

3. 复式比例尺

复式比例尺是为了消除投影变形的影响，按投影特性绘制的图解比例尺。该比例尺由主比例尺的尺线和局部比例尺的尺线组合而成，故也称为经纬线比例尺，适用于小比例尺地理图。复式比例尺有经线比例尺和纬线比例尺两种。如图 2-22 所示，（a）图是正轴等角割圆锥投影的纬线比例尺，其中 8°和 40°纬线为标准纬线，这两条线的比例尺是主比例尺，其他纬线都是局部比例尺；（b）图是墨卡托投影（正轴等角切圆柱投影）的纬线比例尺，0°纬线是标准纬线，其他纬线都是局部比例尺，且随纬度增加比例尺不断增大。

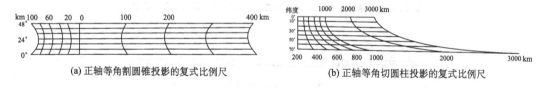

(a) 正轴等角割圆锥投影的复式比例尺　　(b) 正轴等角切圆柱投影的复式比例尺

图 2-22　复式比例尺

在小比例尺地图上，不同位置的比例尺不相同，因此要用相应经度或纬度处的局部比例尺进行量算。因为小比例尺地图一般只用作了解区域概况，对较高精度量算的需求很少，所以在地图上较少见到复式比例尺。

（四）特殊比例尺

地图比例尺除了传统的表现形式外，还有特殊的表现形式。

1. 变比例尺

当制图的主区比较分散且间隔的距离比较远时，为了突出主区和节省图面，可将主要区域以外部分的比例尺适当缩小。另外，出于保密或政治原因，或为了地图整体的美观，人为调整和改变制图区域中有些景物之间的比例关系，也属于变比例尺的情况。

2. 无级别比例尺

在数字制图技术支持下，以地图数据库所存储的精度较高和内容较详细的地图为基础，就可以按任一比例尺显示地图内容，而没必要固定某一比例尺。这种地图数据库称为无级别比例尺地图数据库。

三、地图比例尺的作用

（一）决定符号图形及对应物体大小

当实地面积一定时，地图比例尺决定了实地面积对应的图上符号面积的大小。在图 2-23 中，同样表示地面 $1km^2$ 大小的地方，在 1：10 万比例尺图上相应面积为 $1cm^2$，在 1：100 万地图上则为 $0.01cm^2$。可见，同一地区，比例尺越大，对应图上物体的面积越大，地图图形也越大；反之，则相反。

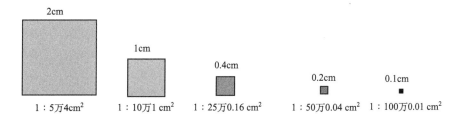

图 2-23　地面上 $1km^2$ 在 1：5 万～1：100 万比例尺图上的相应面积

当地图幅面大小一定时，比例尺决定了图幅所包括的实地物体面积大小。比例尺大，图幅对应的实地面积小，但符号图形大；比例尺小，图幅对应的实地面积大，而符号图形小。这关系着地图制作时的符号设计，大比例尺图应当用较大的符号，小比例尺图应当用较小的符号；同时也关系到地图的使用条件和方式。

（二）决定地图概括的详细程度

地图比例尺是影响地图概括的主要因素，也是引起地图概括的根本原因之一。在同一区域或同类型的地图上，比例尺决定着内容要素表示的详细程度和图形符号的大小。比例尺大，对应图上面积大，地图容量和符号尺寸就大，地理事物的综合程度就小；比例尺小，对应图上面积小，地图容量和符号尺寸就小，地理事物的综合程度就大。因此，随着地图比例尺的变化，地图内容的详尽性和图解精度也随之变化。比例尺大，内容详尽，图解精度高；比例尺小，内容概括程度高，图解精度较低。

（三）影响量测的精度

地图不能像航空像片或卫星图像那样不加取舍地反映地面状况，在制图时必须顾及人眼所能看清的程度，即要求在各种比例尺地图上都能清晰地反映地理事物或现象。

正常人的视力只能分辨出地图上不小于 0.1mm 的两点间的距离。因此，地面距离按比例尺缩绘到图上时会不可避免的产生 0.1mm 的误差。这种相当于图上 0.1mm 的地面水平长度，称为比例尺精度，或极限精度。由此可知，在比例尺大小不同的地图上，比例尺精度是不一致的。根据比例尺精度，不但可以知道在实地测量水平距离时究竟要准确到什么程度，反过来又可以按照测量地面水平长度规定的精度来决定采用多大比例尺的地图。例如，测制 1∶1 万比例尺地形图时，实地水平长度测量精度只能达到 1m。又如，要在地图上显示出地面 0.5m 大小的物体，理论上所采用的比例尺就不应小于 0.1/0.5×1000 =1/5000。由此可见，比例尺越大，图上量测的精度就越高。一幅地图上，若没有注明比例尺，用图者想要获得比较准确的数量特征信息是比较困难的。

第三章 地图投影

地球是一个巨大的"球形体",地球仪是地球形状缩小后的模型。但是,为了易于携带、便于计算和方便使用,常见的地图大都是表现在平面上的。没有办法把地球球面经过压缩、摊平等手段变成平面,球面转换成平面只能通过地图投影的方法实现。

地图投影不只是把球面上的轮廓形状转绘到平面地图上。采用什么样的地图投影,决定着地球上的大陆、国家将出现在地图上的什么位置,轮廓会有什么样的变化。在常见的世界地图上,可能会看到 216.6 万 km^2 的格陵兰岛比 769.2 万 km^2 的澳大利亚还要大,好像澳大利亚是"岛",而格陵兰更像是"大陆"。欧美人编绘世界地图时,习惯将大西洋投影在地图中央,而我国出版的世界地图一般将太平洋投影在地图中央。

不同地图投影具有不同的变形性质,面向不同的应用。导航要求方向准确,土地交易要求面积正确。以航海为例,13 世纪指南针就传入欧洲,但是大洋航行只有指南针而没有海图是不行的,大航海需要能够正确表示方向以配合指南针使用的海图。1568 年,荷兰地图学家墨卡托发明了一种地图投影,不仅图上角度没有变形,而且航线在图上是直线,非常便于导航,直至现在还在广泛使用。

由此可见,不论绘制地图还是使用地图,了解所使用地图投影的特征,都是极其重要的。有些时候可能还要将一种投影转换成另一种投影,以满足某些特殊需要。本章先从地图投影原理入手,讲述地图投影的概念、变形、分类和转换,然后介绍地图投影的选用依据,讲解各种常用的地图投影,最后介绍在军事行动和工程建设中应用最为广泛的图种——地形图所使用的地图投影和分幅编号知识。

第一节 地图投影原理

一、地图投影概念

(一)地图投影定义

若要把像乒乓球一样的球面直接展开为平面,必然发生裂开或重叠。地球表面也是这样,如果沿着等经度间隔的经线将地球表面展开,再拼接起来,则表面会在低纬度区域重叠,在高纬度区域裂开(图 3-1)。如果沿着纬线展开再拼接起来,也会遇到同样的情况。显然,这种方式展开的面上是不能绘制完整的地图的。

地图投影是地图在平面上反映地球表面事物与现象空间位置和相互关系的唯一科学途径。

投影面是将地球表面地物投影于其上的承受面。投影面是平面,或可展成平面的几何面。如果沿着圆柱或圆锥表面的一条母线切开,它就可以展开成平面(图 3-2),因此圆柱面和圆锥面就是可展成平面的几何面,常被用作投影面。

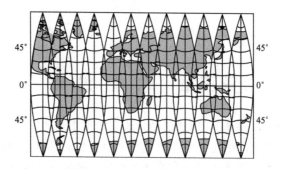

图 3-1　球面到平面转换示意图

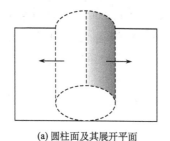

(a) 圆柱面及其展开平面　　　　(b) 圆锥面及其展开平面

图 3-2　圆柱面和圆锥面及其展开形状

设球面上任意一点的位置用地理坐标 (λ, φ) 表示，该点在平面上的位置用平面直角坐标 (x, y) 或极坐标 (ρ, θ) 表示。若想要把地球表面的点转移到平面上去，就必须采用一定的数学方法来确定其地理坐标与平面直角坐标或极坐标之间的关系。这种关系可用以下通式表达：

$$\left.\begin{array}{l} x = f_1(\lambda, \varphi) \\ y = f_2(\lambda, \varphi) \end{array}\right\} \tag{3-1}$$

式中，f_1，f_2 为单值、连续且有限的函数。

根据平面直角坐标与极坐标之间的函数关系，可将平面直角坐标转换为极坐标。由于投影的性质和条件不同，投影的具体公式多种多样。这种在地球球面与平面之间建立点与点之间对应函数关系的数学方法，称为地图投影。

（二）地图投影基本方法

地图投影基本方法可以归纳为几何透视法和数学解析法两类。

1. 几何透视法

几何透视法指以平面、圆柱面、圆锥面为投影面，利用透视关系将地球椭球面上的经纬网投影到平面上的一种方法，如图 3-3 所示。几何透视法不需要经过复杂计算就可以绘出经纬网，是比较简单和原始的方法。

采用不同类型的投影面，几何透视得到的平面经纬网形式各不相同；采用相同的投影面，但投影面与椭球面的相对位置关系不同，几何透视得到的平面经纬网形式也各不相同。图 3-4 自左向右分别是圆柱面切于赤道、圆锥面切于北半球某一纬线、平面切于北极点时，相对应的几何透视投影经纬网形式示意图。

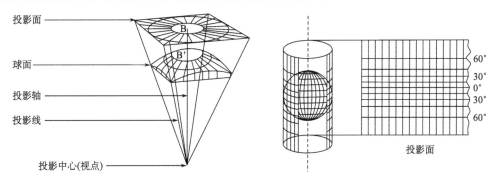

图 3-3　几何透视法原理示意图

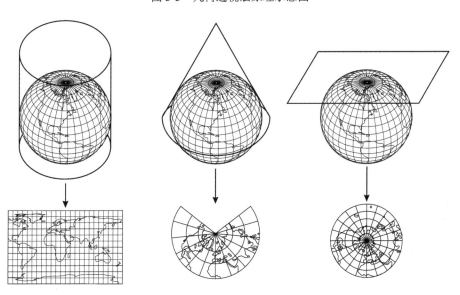

图 3-4　几种几何透视投影的经纬网

2. 数学解析法

数学解析法指根据一定的假设条件，通过数学方法建立球面点与投影面点之间的函数关系，以确定经纬线交点的平面坐标位置，从而得到平面经纬网的一种方法。

因为几何透视法的投影数量是有限的，难以满足制图实践对地图投影多样化的需求，所以采用数学解析法生成地图投影更加受到关注。当然，几何透视法的投影也可以用数学解析法推出，用数学解析式表达。

问题与讨论 3-1

除了平面、圆柱面和圆锥面，你还能想出其他的能够展成连续、完整平面的投影面吗？如果能，请说出它是什么样的；如果不能，是不是正好说明了平面、圆柱面和圆锥面这三类投影面的适宜性？

3. 从实际地表到地图平面的一般过程

地面上地物的位置是用经纬线网表达的，实现了经纬线网的转换，也就实现了各种地物位置的转换。因此，地图投影也可以说是把地球椭球面上的经纬线网转绘到平面上的方法。

从真实地球到地图平面大致要经历四个步骤：①选择一个近似地球形状的椭球体；②以椭球体为根据，测量及记录地形地物的位置；③将椭球体及记录的位置缩小；④将球面投影到地图平面上（图3-5）。

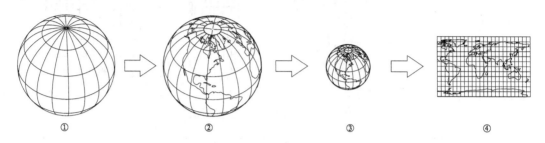

① ② ③ ④

图3-5 从真实地球到地图平面过程示意图

二、地图投影变形

（一）地图投影变形基本概念

地球球面是一个不可展平的曲面，这个曲面上的元素，如果按某个方向的一段距离、一个角度或某块区域投影到平面上，必然与原来的距离、角度（方向）、形状、面积相比产生差异，这一差异就是投影变形。

通过对比地球仪和地图上的经纬网，不难发现这些变形。图3-4是经过了投影的两幅地图，由于存在投影变形，两幅图上的经纬网不能保持与原来球面上对应经纬网在形状和大小上的一致，甚至彼此之间有很大的差别。如图3-6（a）所示，球面上同一纬度带中经差相等的经纬网格形状和大小是完全相同的，但是图中同一纬度带经差相等的3个经纬网格 A、B、C 在长度、面积和形状上却都有着明显的差异。又如图3-6（b）所示，在地球仪不同位置上放置的几个实心小圆，经过投影后大多都变成了椭圆形状。

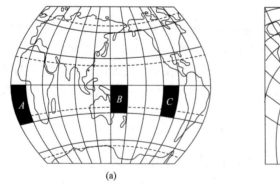
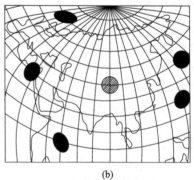

(a) (b)

图3-6 地图投影变形在地图上的表现

这就是说，经过投影的地图，不能实现距离、角度、面积与地球仪上对应图形完全地相等和形状完全相似。这是由于地球球面是不可展的曲面，要将其完整地表示到平面上，必须将破裂的部分予以拉伸，重叠的部分予以压缩，从而产生了各种变形。由此可见，地图投影的变形是不可避免的，而且在同一幅地图上不同地区的变形也是不同的。图 3-7 利用人的侧面头像图形，生动地展现出不同投影、相同投影不同部位的变形情况。

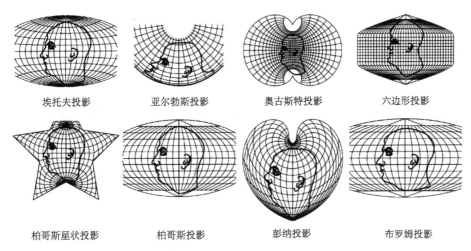

图 3-7 人的侧面头像在不同投影上的变形比较

问题与讨论 3-2

假如世界上存在一幅在距离、面积和角度都没有变形的"世界地图"，那这个"地图"是什么样的呢？从地图的概念来判断，地球仪算地图吗？

地图投影变形可归纳为长度变形、面积变形和角度变形。

1. 长度比与长度变形

椭球面上线段实际长度按主比例尺缩小后与图上相应线段长度之差，称为长度变形。长度变形可用长度比描述。

长度比指投影面上一微分线段 ds' 与地球椭球面上相应微分线段 ds 之比，常用 μ 来表示：

$$\mu = \frac{ds'}{ds} \tag{3-2}$$

一般用长度比与 1 之差作为衡量长度变形的相对量，即

$$V_\mu = \mu - 1 \tag{3-3}$$

当 $\mu > 1$ 时，V_μ 为正，说明投影后长度增长；当 $\mu < 1$ 时，V_μ 为负，说明投影后长度缩短；当 $\mu = 1$ 时，$V_\mu = 0$，说明投影后长度无变形。

问题与讨论 3-3

长度比是指投影面上一微分线段与地球椭球面上相应微分线段之比，可以看出，它与地图比例尺的概念比较接近。那么它们之间有什么区别呢？

2. 面积比与面积变形

椭球面上任一闭合图形实际面积按主比例尺缩小后与图上对应图形面积之差称为面积变形。面积变形可用面积比描述。

面积比指投影面上一微分面积 dF' 与地球椭球面上相应微分面积 dF 之比：

$$P = \frac{\mathrm{d}F'}{\mathrm{d}F} \tag{3-4}$$

面积比与 1 之差为衡量面积变形的相对量,即

$$V_P = P - 1 \tag{3-5}$$

当 $P>1$ 时,V_P 为正,说明投影后面积增大;当 $P<1$ 时,V_P 为负,说明投影后面积减小;当 $P=1$ 时,$V_P=0$,说明投影后面积没有变化。

3. 角度变形

椭球面上任两方向线的夹角 β 与投影到平面上相应两方向线的夹角 β' 之差称为角度变形:

$$V_\beta = \beta - \beta' \tag{3-6}$$

(二)变形椭圆

1. 变形椭圆实验

地图投影中的变形是随地点而改变的。在一幅地图上,很难笼统地说这张图有什么变形,变形有多大。为此,需要取地面上的一小部分,如一个微分圆,这时可以忽略地球曲率,把微分圆看成平面,便于分析其投影后变形的情况。

如图 3-8(a)所示,用铁丝网做成一个半球经纬线网模型,在模型的极点和某一条经线上放置几个大小相同的小圆,使模型的极点与投影面相切,然后在模型的球心处放置一盏灯。当灯光照射经纬线网模型时,投影平面上将会投影出模型的经纬线网格。观察可以发现,模型上的小圆投影后,除了极点处的小圆没有变形外,其余的圆都变成了椭圆,而且椭圆的长短轴都比模型上的小圆直径长。若将灯光沿着与投影平面垂直的方向远移,则椭圆逐渐变小,长短轴之差也逐渐缩小;当灯光移至模型的另一极点处,模型上小圆的投影都变成正圆,但其直径都比模型上小圆的直径长;若把灯光再远移,投影平面上的小圆又变成了椭圆。

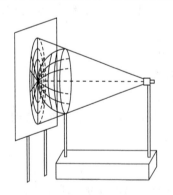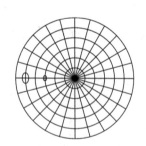

(a) 把半球模型投影到平面上　　　　　(b) 投影后的经纬网线形状及变形椭圆

图 3-8　投影变形与变形椭圆示意图

上述实验证明,无论灯光在何处,半球经纬线网模型与投影平面相切处的小圆投影后均无变形;离切点越远,小圆投影的变形越大,有的方向上逐渐伸长,有的方向逐渐缩小,如图 3-8(b)所示。球面上的微分圆投影后一般为椭圆,特殊情况下为圆。球面上的小圆经投

影后变成的大小不同的圆或形状大小都不同的椭圆，统称为变形椭圆。

问题与讨论 3-4

在变形椭圆实验中，"当灯光移至模型的另一极点处，模型上小圆的投影都变成正圆"，说明小圆的经线长度比和纬线长度比相等，亦即小圆在这两个方向上的直径长度相等。你能用几何学的方法证明这一点吗？

2. 变形椭圆的数学证明

将圆看作椭圆的一个特例，用数学方法可以证明小圆投影后必然变成椭圆。如图 3-9 所示，设 OX、OY 为通过圆心 O 的一对正交直径并作为坐标轴。为了便于讨论，把这两条直径视作过 O 点的经线和纬线的微分线段，并在此圆周上取一点 M。该微分圆圆心 O 及直径 OX、OY 和圆周上的 M 投影后分别为 O'、$O'X'$、$O'Y'$ 和 M'。一般情况下，$O'X'$ 和 $O'Y'$ 不正交，设其夹角为 θ，则构成以 $O'X'$ 和 $O'Y'$ 为斜坐标轴的一个斜坐标系。

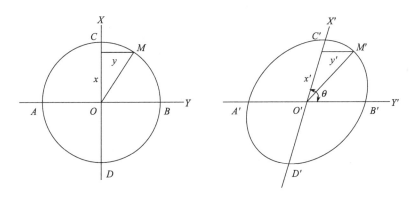

图 3-9 微分圆和变形椭圆

设 m、n 分别为沿 $O'X'$、$O'Y'$ 方向的长度比，即经线和纬线方向的长度比，则

$$x'=mx, \quad y'=ny$$

即

$$x = \frac{x'}{m}, \quad y = \frac{y'}{n} \tag{3-7}$$

以 O 为圆心、OM 为半径的微分圆方程为

$$x^2+y^2=r^2 \tag{3-8}$$

令微分圆的半径为 1，则 $x^2+y^2=1$。将式（3-7）代入式（3-8），则得到投影后的表象方程式为

$$\left(\frac{x'}{m}\right)^2+\left(\frac{y'}{n}\right)^2 = 1 \tag{3-9}$$

式（3-9）正是以 O' 为原点，以经线和纬线为两共轭直径且其交角为 θ 的斜坐标椭圆方程式。

由此证明，地球表面一微分圆投影到平面上一般为微分椭圆，微分圆的任意两个相互垂直的直径投影后为微分椭圆的共轭直径。

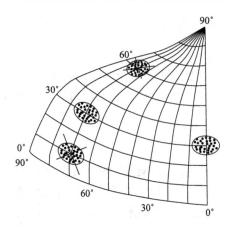

图 3-10　变形椭圆在不同位置的表象

3. 变形椭圆的意义

变形椭圆不仅在性质不同的投影中表现为不同的形状和大小，而且在同一性质投影中，不同位置也表现为不同的形状和大小（图 3-10）。

变形椭圆可以用来确定地图投影的变形情况。若变形椭圆为面积相等而形状不同的椭圆，则该投影面积无变形；若变形椭圆为大小不同的圆，则该投影角度无变形；若变形椭圆为面积不等、形状不同的椭圆，则该投影长度、面积和角度都有变形；若变形椭圆的某一半径与微分圆的半径相等，则该投影在这个轴方向上长度无变形。

（三）极值长度比与主方向

由变形椭圆可知，图上一点的长度比通常是随方向变化而变化的。在实际工作中，一般不逐个研究各个方向的长度比，只研究一些特定方向的长度比，主要有最大长度比 a（变形椭圆长轴方向长度比）、最小长度比 b（变形椭圆短轴方向长度比）、经线长度比 m 和纬线长度比 n。其中，最大长度比和最小长度比统称为极值长度比。

经纬线长度比与极值长度比的关系是怎样的呢？由前述所知，球面上一微分圆的任意两条相互垂直的直径，投影后成为微分椭圆的两条共轭直径。但其中有一对相互垂直的直径投影后仍为一对正交的直径，它们是微分椭圆的长半径与短半径，即 O 点两个极值长度比的方向。

根据解析几何中的阿波隆尼亚定理，经纬线长度比 m、n 与极值长度比 a、b 的关系为

$$\begin{cases} a^2 + b^2 = m^2 + n^2 \\ ab = mn\sin\theta \end{cases} \tag{3-10}$$

由上式不难得出：

$$\begin{cases} a + b = \sqrt{m^2 + n^2 + 2mn\sin\theta} \\ a - b = \sqrt{m^2 + n^2 - 2mn\sin\theta} \end{cases} \tag{3-11}$$

在球面上，某点的两条相互垂直的微分线段，投影到平面上仍保持垂直的两个方向，称为主方向。主方向具有极大和极小长度比。在地球椭球面上，经线和纬线是相互垂直的，当其投影到平面上仍保持垂直关系，即 $\theta = 90°$ 时，则经纬线方向就是主方向。此时，最大和最小长度比、经线和纬线长度比的关系就简化为

$$\begin{cases} ab = mn \\ a + b = m + n \\ a - b = m - n \end{cases} \tag{3-12}$$

在大多数正轴投影中，经纬线为正交，其极值长度比与经纬线长度比是一致的。

（四）变形椭圆与面积比

设 r 为微分圆半径，a、b 为主方向长度比，则变形椭圆长半径为 ar，短半径为 br。根据面积比定义，则有

$$P = \frac{\pi \cdot ar \cdot br}{\pi r^2} = ab = mn\sin\theta \tag{3-13}$$

若经纬线投影后仍为正交，则经纬线方向为主方向，$\theta = 90°$，则

$$P = ab = mn \tag{3-14}$$

（五）变形椭圆与角度变形

过变形椭圆中心的任意两条方向线均可构成一个夹角。因此，在讨论某一点上的角度变形时，一般只选择变形最大的夹角或经纬线之间的夹角。

如图 3-11 所示，将微分圆与变形椭圆套合在一起，先观察第Ⅰ象限内的角度变形。沿经线方向（纵轴），变形椭圆与微分圆的直径重合，即方位角 $\alpha = 0°$，投影后的方向无变形；随着方位角增大，变形椭圆上的方向（1′、2′、3′）和微分圆上相应的方向（1、2、3）的差异也在变化；当 $\alpha = 90°$ 时，投影后的方向也无变形。所以，在第Ⅰ象限中，总可以找到一个变形最大的方向。

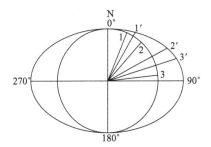

图 3-11　角度变形示意图

根据变形椭圆的对称性，可知第Ⅱ象限也有一个变形最大的方向，其变形值与第Ⅰ象限最大变形方向的变形值相等，可记为 $\alpha-\alpha'$。当 $\alpha-\alpha'=90°$ 时，有最大角度变形 ω：

$$\omega = 2(\alpha-\alpha') \tag{3-15}$$

由变形椭圆的性质，最大角度变形 ω 也可用下式表达：

$$\sin\frac{\omega}{2} = \frac{a-b}{a+b} = \sqrt{\frac{m^2 + n^2 - 2mn\sin\theta}{m^2 + n^2 + 2mn\sin\theta}} \tag{3-16}$$

当 $\omega=0$ 时，投影后无角度变形。

角度变形与变形椭圆的长短轴之差成正比。当变形椭圆长短轴差异增大时，角度变形随之增大，并引起变形椭圆与微分圆形状差别的增大。可见，角度变形是形状变形的具体反映。

（六）标准线和等变形线

标准线指地图投影面上没有变形的线，即投影面与地球椭球面相切或相割的那一条或两条线。离标准线越远，投影变形越大。等变形线指投影变形值相等点的连线，有面积等变形线和角度等变形线之分。等变形线与标准线组成投影变形分布系统，表示地图投影变形的分布情况。

在投影略图上绘出等变形线，构成变形分布图，用来表示投影的变形分布情况，辅助判别投影变形的特征和使用的优劣。图 3-12 是各种投影的投影变形分布图，图中用虚线绘出了等变形线，用箭头所指方向表示变形增加的方向。

等变形线的形状在一些投影中是规则的，如与纬线形状一致，或表现为以投影中心为圆心的同心圆等。但大多数情况下，等变形线是不规则的曲线。

计算地图上经纬网格交叉点的长度比、面积比和最大角度变形，绘制成投影变形表，也可以表示投影的变形分布。

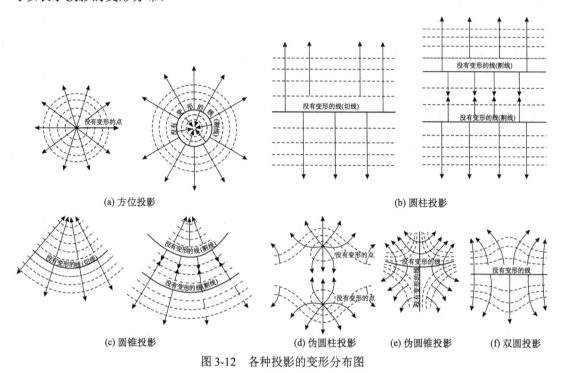

图 3-12　各种投影的变形分布图

问题与讨论 3-5

变形椭圆、等变形线、变形分布表在表示地图投影变形分布时各有什么优缺点？你认为它们各在什么场合下使用比较合适？

三、地图投影分类

地图投影的种类很多，分类方法不尽相同。通常采用的分类方法有两种：一是按投影的变形性质分类；二是按投影的构成方式分类。

（一）按投影的变形性质分类

地图投影按投影的变形性质分为等角投影、等积投影和任意投影三种类型。图 3-13 是等角投影、等积投影和任意投影及其变形分布的示例。

1. 等角投影

等角投影指没有角度变形的地图投影。在等角投影的地图上，最大长度比和最小长度比相等，即 $a=b$，最大角度变形 $\omega=0$，变形椭圆呈圆形。

从小范围看，等角投影能保持无限小图形在投影前后形状相似，故等角投影又被称为正形投影。需要引起注意的是：等角投影虽然在一点上任何方向的长度比都相等，但在不同点上的长度比却是不同的，其结果就是在不同点上投影成圆的变形椭圆的大小可能不相同。因此，从大范围看，等角投影的图形轮廓与球面实际轮廓形状并不完全相似，如图 3-13（a）所示。

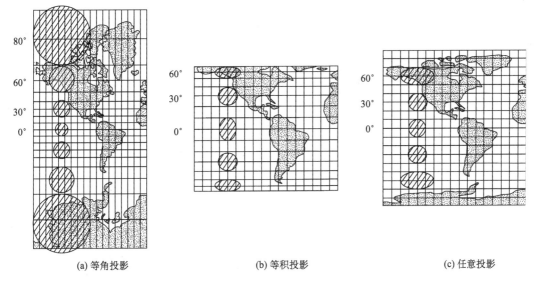

(a) 等角投影　　　　　　　(b) 等积投影　　　　　　　(c) 任意投影

图 3-13　等角投影、等积投影和任意投影及其变形分布

等角投影常用于要求图上方向正确的地图，如航海图、洋流图、风向图等。等角投影图上面积变形很大，不宜在等角投影地图上量算面积。

问题与讨论 3-6

（1）等角投影从小范围看能保持无限小图形投影前后形状的相似，但从大范围看投影图形与球面实际形状并不完全相似，这是为什么？

（2）我们知道，等角投影的经纬线都是正交的，但经纬线正交的图却不一定就是等角投影，那么当我们遇到经纬线正交的地图时，应该如何判断其是否为等角投影？

2. 等积投影

等积投影指没有面积变形的地图投影。在等积投影的地图上，面积比等于1，即 $ab=1$，最大长度比和最小长度比互为倒数，存在 $a=1/b$ 的关系，变形椭圆呈椭圆形。

保持面积没有变形，必然以更大的形状变形为代价。从变形椭圆的形状变化看，当变形椭圆的长轴不断拉长，其短轴就必须不断缩短，这样才能始终保持互为倒数的关系。这会使图上位于不同位置的变形椭圆面积保持一致，而最大角度变形相差很大，引起非常明显的形状变形，如图 3-13（b）所示。

等积投影常用于要求面积量算精度较高的地图，如植被类型图、土地利用图、行政区划图等。不宜在等积投影地图上量测角度或方向。

3. 任意投影

任意投影指图上同时存在角度变形和面积变形的地图投影。除等角投影、等积投影以外的所有地图投影都属任意投影。

等距投影是任意投影类型中的一个特例。等距投影指在某个特定方向无长度变形的地图投影。在等距投影图上，除无长度变形的这个特定方向外，其他方向仍然存在着长度变形。图 3-13（c）是等距投影的一个例子，在该图上沿经线方向没有长度变形，不同纬度上的变形椭圆在经线方向具有相同的直径。

任意投影的角度变形小于等积投影，面积变形小于等角投影，因此常用于要求各种变形相对比较适中的较大区域的地图，如教学用地图、科学参考用地图和通用世界地图等。

综上所述，首先，在任何投影图上均存在着长度变形，长度变形是引起面积变形和角度变形的根本因素；其次，在等积投影图上不能保持等角特征，在等角投影图上不能保持等积特征；最后，等积投影的形状变形比较大，等角投影的面积变形比较大。只有熟悉各种地图投影的变形性质和分布规律，才能正确使用地图投影，有效避免其不利影响。

（二）按投影的构成方式分类

地图投影按投影的构成方式分为几何投影和解析投影两类，解析投影又称为条件投影或非几何投影。

1. 几何投影

几何投影是以几何面为投影面而构成的。按投影几何面的不同，几何投影一般分为方位投影、圆柱投影和圆锥投影三种大的类型，每一大类按照投影面与椭球面的位置关系，再分为正轴投影、横轴投影和斜轴投影（图 3-14）。此外，投影面与椭球面有两种接触情形，相切时为切投影，相割时为割投影。任何一个几何投影都是上述状态的综合，完整的投影名称由几何状态综合与投影变形性质共同构成，如编绘中国全图常用的正轴等积割圆锥投影、斜轴等角切方位投影等。

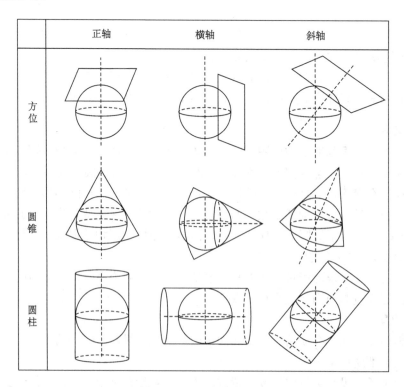

图 3-14 几何投影的类型

1）方位投影

方位投影指以平面作为投影面，使平面与椭球面相切或相割，将椭球面经纬线网投影到平面上而成的投影。在方位投影图上，以平面与球面的切点或平面与球面割线的圆心为投影中心，从投影中心向各方向的方位角与实地相等。

方位投影的等变形线是以投影中心为圆心的同心圆，切点或割线上无变形，离切点或割线越远，变形越大。割线为无变形线时，割线外侧变形为正，内侧变形为负。

根据投影变形性质，方位投影包括等角方位投影、等积方位投影和任意方位投影，其中任意方位投影以等距方位投影最为常见。根据投影面与椭球面的位置关系，方位投影有正轴方位投影、横轴方位投影和斜轴方位投影。

问题与讨论 3-7

投影面由圆锥面或圆柱面构成的投影称为圆锥投影或圆柱投影。为什么投影面由平面构成的投影不称平面投影，而称为方位投影？

（1）正轴方位投影是以南、北两极点为切点，或以接近极点的某一纬线圈为割线的方位投影，故又称为极地投影。投影图上经线为交汇于极点的放射状直线，纬线为以极点为中心的同心圆［图 3-15（a）］。该类投影适合绘制极地地图和南、北半球图。

（2）横轴方位投影是让投影面与赤道上的一点相切，或与以该点为圆心的圆相割而成的方位投影，又称为赤道投影。投影图上中央经线（过切点的经线）和赤道为互相正交的直线，其他经线为对称且凹向中央经线的曲线，纬线为对称且凸向赤道的曲线。当采用平行光线投影时，纬线投影为平行于赤道的直线，这种投影被称为正射投影。该类投影适合绘制赤道地区地图和东、西半球图［图 3-15（b）］。

（3）斜轴方位投影是以除赤道和两极点之外的任意一点为投影中心，让投影面与该点相切或与以该点为圆心的圆相割投影而成的方位投影。投影图上中央经线为直线，其他经线为对称且凹向中央经线的曲线，纬线为凹向南北极中一极点的曲线［图 3-15（c）］。该类投影适合绘制中纬度地图和水、陆半球图。

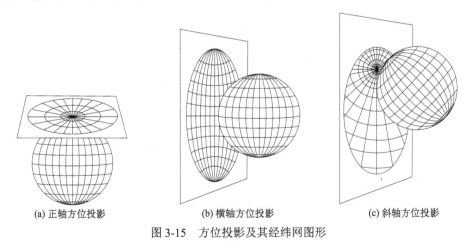

(a) 正轴方位投影　　　　　(b) 横轴方位投影　　　　　(c) 斜轴方位投影

图 3-15　方位投影及其经纬网图形

问题与讨论 3-8

在方位投影中有几个特殊的投影，如正射投影、球面投影、球心投影。正射投影的光源在无限远处，投影光线是一组平行直线；球面投影的光源在与切点相对称的球面另一端；球心投影的光源则在球心位置。想一想，假设在横轴投影条件下，这几种特殊的方位投影的经纬线网是什么形状的？有什么特点和作用？

2）圆柱投影

圆柱投影指以圆柱面作为投影面，使圆柱面与椭球面相切或相割，将椭球面经纬线网投影到圆柱面上，然后将圆柱面沿一条母线切开展成平面而成的投影。

圆柱投影的等变形线是两组相互垂直的平行直线，切线或割线上无变形，离切线或割线越远，则变形越大。割圆柱投影时，两条割线内侧变形为负，外侧变形为正。

根据投影变形性质，圆柱投影有等角圆柱投影、等积圆柱投影和任意圆柱投影。根据投影面与椭球面的位置关系，圆柱投影理论上有正轴圆柱投影、横轴圆柱投影和斜轴圆柱投影（图 3-16），但在实际应用中，斜轴圆柱投影图的经纬网形式比较复杂，因此应用较少，常见的有正轴圆柱和横轴圆柱投影。

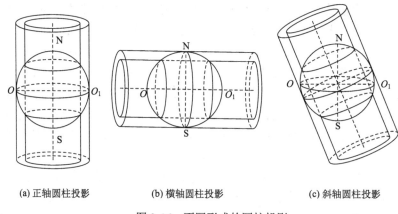

(a) 正轴圆柱投影　　　　　(b) 横轴圆柱投影　　　　　(c) 斜轴圆柱投影

图 3-16　不同形式的圆柱投影

（1）正轴圆柱投影是以赤道为切线，或以两条对称于赤道的纬线为标准线相割投影而成。投影图上纬线为一组与赤道平行的直线，经线为垂直于纬线的另一组平行直线，经差相等的经线间距相等。该类投影适合绘制赤道附近东西向延伸地区的地图，也常见于世界地图。

（2）横轴圆柱投影是以任意一经线圈为参照线，让圆柱面与该线相切或与对称于该线的两个圆相割投影而成。投影图上中央经线为直线，其余经线为对称于中央经线的曲线；赤道为垂直于中央经线的直线，其余纬线是对称于赤道的类似椭圆形的曲线（图 3-17）。该类投影适合绘制南北方向延伸地区的地图；若按照固定经差分带投影，可有效控制该投影的变形，常被用于大比例尺地形图的投影。

问题与讨论 3-9

（1）在正轴圆柱投影中，等角投影的纬线间隔总是从低纬向高纬逐渐增大，而等积投影的纬线间隔却是从低纬向高纬逐渐减小，为什么？

（2）符合"纬线间隔从低纬向高纬逐渐增大"的正轴圆柱投影一定是等角投影吗？类似地，符合"纬线间隔从低纬向高纬逐渐减小"的一定是等积投影吗？

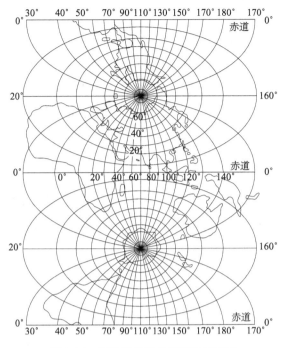

图 3-17 横轴等角圆柱投影经纬网图

3）圆锥投影

圆锥投影指以圆锥面作为投影面，使圆锥面与椭球体面相切或相割，将椭球面经纬线网投影到圆锥面上，然后将圆锥面沿一条母线切开展成平面而成的投影。

圆锥投影的等变形线是以圆锥顶点的投影为圆心的同心圆弧，切线或割线上无变形，离切线或割线越远，变形越大。割圆锥投影时，两条割线内侧变形为负，外侧变形为正。

根据投影变形性质，圆锥投影包括等角圆锥投影、等积圆锥投影和任意圆锥投影。根据投影面与椭球面的位置关系，圆锥投影理论上有正轴圆锥投影、横轴圆锥投影和斜轴圆锥投影。但在实际应用中，因横轴圆锥投影和斜轴圆锥投影图的经纬网形式比较复杂，故常见的只有正轴圆锥投影。

正轴圆锥投影以圆锥面与赤道和两极点之间的任一条纬线相切或两条纬线相割投影而成（图 3-18）。投影图上经线为相交于极点的放射状直线束，纬线是以极点为圆心的同心圆弧。在制图时，一般选择制图区域居中的经线为中央经线，经线之间的夹角与地面上相应的经差成正比，且小于地面上相应的经差值。

因为正轴圆锥投影的变形自标准纬线起，向高纬度增长快，向低纬度增长慢，且沿经线方向的长度比差别较大，所以在制图区域较大时，多采用割圆锥投影以减小投影的变形。

正轴圆锥投影广泛应用于中纬度地区地图，尤其适合制图区域东西方向延伸的中纬度地区。

4）几种正轴投影的数学表达

（1）正轴方位投影的数学表达。用平面极坐标表达的正轴方位投影的一般形式为

$$\begin{cases} \delta = \alpha \\ \rho = f(z) \end{cases} \tag{3-17}$$

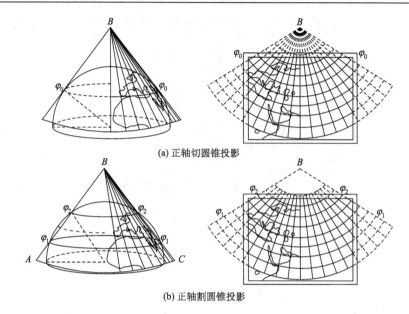

(a) 正轴切圆锥投影

(b) 正轴割圆锥投影

图 3-18　圆锥投影示意图

式中，α 和 z 为以极点为原点的球面极坐标，分别与经度 λ 和纬度 φ 相关，由地理坐标变换为球面极坐标可求得 α、z 值。

如果将极坐标转换为用平面直角坐标表示，则有

$$\begin{cases} x = \rho\cos\delta \\ y = \rho\sin\delta \end{cases}$$
（3-18）

可见，方位投影性质主要取决于 ρ 的函数形式，不同函数形式的 ρ 得到不同的方位投影。

（2）正轴圆锥投影的数学表达。用平面极坐标表达的正轴圆锥投影的一般形式为

$$\begin{cases} \delta = \alpha\lambda \\ \rho = f(\varphi) \end{cases}$$
（3-19）

以中央经线 λ 为 x 轴，投影区域最南纬线 φ_s 与中央经线的交点为原点，则正轴圆锥投影的直角坐标表达式为

$$\begin{cases} x = \rho_s - \rho\cos\delta \\ y = \rho\sin\delta \end{cases}$$
（3-20）

（3）正轴圆柱投影的数学表达。用平面直角坐标表达的正轴圆柱投影的一般形式为

$$\begin{cases} x = f(\varphi) \\ y = \alpha\lambda \end{cases}$$
（3-21）

问题与讨论 3-10

从几何意义上，方位投影和圆柱投影可以看作圆锥投影的特殊情况，你怎么直观地理解这一观点？能否从正轴方位投影、正轴圆柱投影与正轴圆锥投影的一般数学表达式中发现一些端倪？

2. 解析投影

解析投影是根据制图的具体要求，在假设前提条件的约束下，应用数学解析方法确定球面与平面之间对应点函数关系而成的投影，又称为条件投影。解析投影不借助几何面，直接用解析方法解算得到投影方程，故也称为非几何投影。解析投影大多是在几何投影的基础上，通过设定某种条件加以改进而成。所以，根据与几何投影经纬网格形状的相似性，解析投影分为伪方位投影、伪圆柱投影、伪圆锥投影和多圆锥投影几种类型。解析投影根据需要设定了某种投影条件，针对性比较强，因此在实践中的应用也比较广泛。

1) 伪方位投影

顾名思义，伪方位投影是在方位投影基础上变化而来的。与方位投影的经纬线网形状相比，在正轴投影情况下，伪方位投影的纬线形式没有变化，为以极点为圆心的同心圆；除中央经线为直线外，其余经线变化为对称于中央经线的曲线，且相交于纬线的共同圆心，经纬线不正交（图 3-19）。在横轴或斜轴投影中，经纬线都变化成较为复杂的曲线。

伪方位投影经纬线形状的定义决定了不可能有等角投影和等积投影，只可能是任意投影。该类投影适合编制小比例尺参考地图，如大洋图等。

2) 伪圆柱投影

伪圆柱投影主要以正轴圆柱投影为基础变化而成。在伪圆柱投影图上，纬线形式没有变化，仍为平行直线；除中央经线为直线外，其余经线均投影成对称且凹向中央经线的曲线（图 3-20）。伪圆柱投影的经线形式一般选

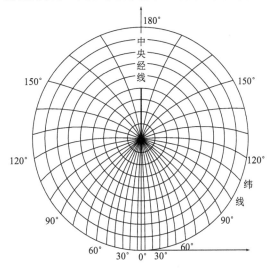

图 3-19 伪方位投影的经纬线形状

用正弦曲线、椭圆线、抛物线、双曲线等，其中以采用椭圆曲线的摩尔维特投影和采用正弦曲线的桑逊投影最为著名。

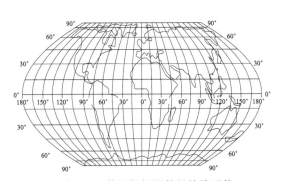

图 3-20 伪圆柱投影的经纬线形状

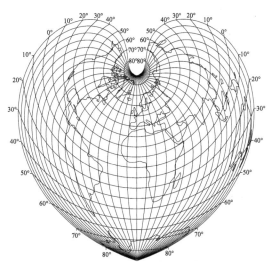

图 3-21 心形伪圆锥投影的经纬线网格

由于该投影的纬线为平行直线，而经线为任意曲线，故两者不能正交，无等角投影，只有等积投影和任意投影。该投影适合编制小比例尺地图，如世界地图、分洲地图等。

3）伪圆锥投影

伪圆锥投影主要以正轴圆锥投影为基础变化而成。在伪圆锥投影图上，纬线形式没有变化，仍为同心圆弧；中央经线为通过各纬线共同中心的直线，其他经线为对称且凹向中央经线的曲线（图3-21）。

因为伪圆锥投影的经纬线不能正交，所以不可能有等角投影，只有等积投影和任意投影。彭纳投影是等积伪圆锥投影的代表，因曾为法国地形图投影而著名。该类投影适合编制小比例尺地图，尤其是中纬度国家或地区地图。

4）多圆锥投影

由正轴圆锥投影原理可知，圆锥面与球面相切的纬线为标准纬线，投影后无变形，离标准纬线越远其变形越大。通过增加与圆锥面相切的标准纬线数是否可以改变这一缺点呢？答案是肯定的。多圆锥投影就是假设用许多圆锥面按预定间隔与椭球面相切，将椭球面上的经纬线网投影到各圆锥面上，然后沿某一经线将各圆锥面切开展平而成的投影，其原理如图3-22所示。

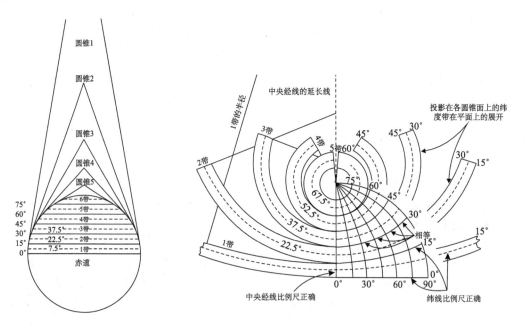

图 3-22　多圆锥投影原理

在多圆锥投影中，中央经线投影为直线，且保持长度无变形，其余经线为对称且凹向中央经线的曲线；纬线为同轴圆弧，圆心在中央经线及其延长线上；各标准纬线都保持投影后无长度变形，且与中央经线正交（图3-23）。

多圆锥投影按变形性质有等角多圆锥投影和任意多圆锥投影两种。其中，常见的有普通多圆锥投影、等差分纬线多圆锥和正切差分纬线多圆锥投影等。前一种广泛应用于美国，故也称为美国多圆锥投影，后两种是我国编制世界地图的常用投影。

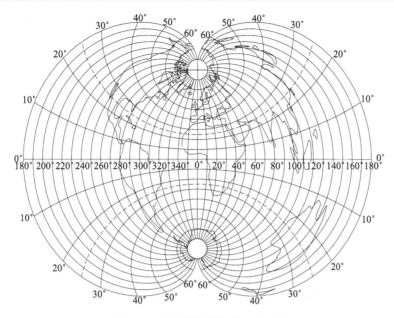

图 3-23　多圆锥投影的经纬线形状

四、地图投影转换

在地图编制过程中，经常会遇到资料地图与新编地图投影不一致的问题，需要对地图投影进行转换；在数字地图分析应用中，也常遇到地图投影不一致，需要通过转换统一地图投影的情况。

地图投影转换的本质是建立两个投影平面之间点一一对应的关系。

（一）传统地图的投影转换

在传统手工制图作业中，通常采用网格转绘法或蓝图镶嵌法来解决投影转换问题。

1. 网格转绘法

网格转绘法是将资料地图的经纬线网格和新编地图的经纬线网格，按照相同的经差和纬差对应加密，然后依靠手工将微小的同名网格内的地图内容逐点逐线进行转绘（图 3-24）。

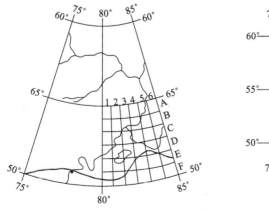 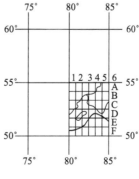

图 3-24　网格转绘法

采用网格转绘法时，资料图和新编图的比例尺可以相同，也可不同。若比例尺不相同，在投影转换时，也同时完成了比例缩放。

2. 蓝图镶嵌法

蓝图镶嵌法是将资料地图按新编地图的比例尺复照后晒成蓝图或棕图，利用纸张湿水后的伸缩性，将蓝图或棕图切块，依据经纬网和控制点嵌贴在新编地图投影网格的相应位置上，从而达到地图投影转换的目的。

（二）数字地图的投影变换

数字地图的投影转换，以两个不同投影图上同一点坐标间的函数关系为依据，利用计算机将一种投影图上的二维点自动转换成另一种投影图上的二维点。具体变换方法主要有反解变换法和数值变换法。

1. 反解变换法

反解变换法的前提是待进行转换的两种投影的投影方程已知。

设 A 投影图上某一点坐标为 (x_A, y_A)，该点在 B 投影图上的坐标为 (x_B, y_B)。现欲将 A 图投影转换成 B 图投影，先利用 A 投影方程由投影坐标 (x_A, y_A) 反解出地理坐标 (φ_A, λ_A)，然后将该地理坐标代入 B 图投影方程中，求解出 (x_B, y_B)。

根据上述反解变换原理，将 A 投影方程和 B 投影方程联立求解，可得到 A 投影和 B 投影之间的函数关系式。利用两投影坐标的函数式，可简化反解地理坐标的过程，提高转换速度。

2. 数值变换法

数值变换法是在待转换投影的投影方程未知情况下的转换方法。

当待转换的某一投影方程未知，甚至两种投影方程都未知，或虽然投影方程已知，但因变换关系式不易求得时，借助两投影图上若干同名离散点的坐标，采用多项式逼近的近似方法，求得两投影坐标间的函数关系。数值变换多项式表示为

$$\begin{cases} x_B = a_{00} + a_{10}x_A + a_{20}x_A^2 + a_{01}y_A + a_{11}x_Ay_A + a_{02}y_A^2 + \cdots \\ y_B = b_{00} + b_{10}x_A + b_{20}x_A^2 + b_{01}y_A + b_{11}x_Ay_A + b_{02}y_A^2 + \cdots \end{cases} \tag{3-22}$$

式中，a_{ij} 和 b_{ij} 为待定系数。

采用数值变换法进行投影变换时，首先要在两投影图上选定与待定系数个数 i 相应的同名坐标点，这些点应尽可能均匀分布于图上，然后量测选定点的坐标 (x_{Ai}, y_{Ai}) 和 (x_{Bi}, y_{Bi})，代入式（3-22），求解待定系数，即可得到投影转换方程。

参与计算的同名坐标点的分布和数量，对转换精度影响很大。因此，要选择足够数量的同名点，所选的点在图上应尽可能均匀分布。投影转换方程通常采用二次多项式或三次多项式，相比二次多项式，三次多项式能比较明显地提高逼近精度。但进一步增加多项式的次数，不仅会明显增加计算工作量，而且增加了逼近结果的波动，对提高逼近精度效果也不大。

问题与讨论 3-11

根据反解变换法和数值变换法原理，从坐标转换的准确性上看，你认为这两种投影转换方法哪一种更为严密？

（三）常用软件中的地图投影转换功能

利用 GIS 专业软件进行地图投影转换是目前广泛采用的途径。因为地图投影变换是数字地图编辑和分析的基本操作之一，所以大部分商业化 GIS 软件都有地图投影转换功能。为了方便应用，这些软件通常都将投影转换和坐标转换功能组织在一起。

下面以 MapInfo 和 ArcGIS 两种专业软件为例，简略介绍其地图投影转换功能。

1. MapInfo 的地图投影转换功能

MapInfo 通过 "Choose Projection" 对话框为用户提供投影变换选择。

该软件提供了 20 多种投影系统，以及 300 多种预定义坐标系。坐标系由一系列投影参数，包括椭球体及其定位参数、标准纬线、直角坐标单位及原点相对于投影中心的偏移量等来定义。当用户要使用其他坐标系或创建新的坐标系时，可通过修改投影参数文件 MAPINFOW.PRJ 来实现。

2. ArcGIS 的地图投影转换功能

ArcGIS WorkStation 使用命令操作实现投影转换。在 Arc 命令框下，输入 projection，系统会自动显示软件所提供的 40 多种投影系统。选择投影系统后即可设置椭球体和投影相关参数，完成地图投影的生成和转换。

ArcMap 利用菜单完成地图投影转换。以栅格数据的投影转换为例，主要步骤如下。

（1）在 ArcToolbox 下选择 Data Management Tools/Projections and Transformations/Raster/Projection Raster 工具，打开 "Project Raster" 对话框。

（2）点击 "Spatial Reference" 属性对话框，此时可定义/改变输出数据的投影。

虽然使用 GIS 专业软件进行地图投影生成和转换非常便捷，但是要正确使用这一工具，关键在于使用者必须对地图投影知识有足够的理解和认识。

第二节　常用地图投影

一、地图投影选用依据

选择地图投影，不仅是编制地图时必须面对的课题，而且在使用地图时，往往也是需要考虑的问题。地图投影选择是否恰当，直接影响地图精度和使用价值。选用地图投影需要综合考虑多种因素，其中以制图区域、比例尺、地图主题和用途等最为重要。

（一）制图区域

这里主要考虑投影等变形线分布与制图区域位置和形状的适应性。

1. 地理位置

根据不同投影类型与椭球面相切或相割的位置特点，结合制图区域的地理位置，选择合适的投影种类。

制图区域在极地及其附近，应选择正轴方位投影；制图区域在赤道及其附近，应选择横轴方位投影或正轴圆柱投影；制图区域在中纬度地区，应选择正轴圆锥投影或斜轴方位投影。

2. 轮廓形状

根据不同投影的标准点位置或标准线分布及走向，结合制图区域的轮廓形状，选择合适的投影种类。选用投影时尽量使投影的无变形点或无变形线位于制图区域中央，等变形线与制图区域轮廓线接近一致，以避免图上变形的分布过于不均匀并减小图上的最大变形。

（1）轮廓形状呈圆形或接近圆形的区域，一般可选择方位投影。例如，在赤道附近用正轴方位投影，中纬度地区用斜轴方位投影等。

（2）轮廓沿南北方向延伸的区域，则选择横轴圆柱投影或多圆锥投影。

（3）在赤道及低纬度地区，轮廓沿东西方向延伸的区域，应选择正轴圆柱投影。

（4）在中纬地区，轮廓呈沿纬线方向延伸的狭长区域，可选择单标准纬线正轴圆锥投影；呈沿纬线方向宽于沿经线方向的长形区域，一般选择双标准纬线正轴圆锥投影。

3. 范围大小

地图边缘部分通常是投影变形值最大的地方。制图区域的范围大小，直接决定了地图边缘处的投影变形值，因此对选择地图投影有一定的影响。

以我国新疆维吾尔自治区为例，该区面积 166 万 km^2，分别采用等角、等积和等距三种正轴圆锥投影进行比较，计算结果表明，不同纬度的长度变形在 0.0001～0.0003 之间，差异非常微小。由此可见，当制图区域面积较小时，不同投影变形之间的差异可以忽略，只有世界地图、半球地图、大洲大洋地图和范围面积广大的国家地图，才需考虑投影变形的影响，选择合适的投影。

（二）制图比例尺

不同比例尺地图对地图精度的要求显然是不相同的。大比例尺地图应能够满足图上各种量算和精确定位，因此对地图投影变形的要求较高；中小比例尺地图的几何精度较低，对图上量算和定位的要求不高，但制图区域可能较大，需综合考虑选用合适的地图投影。

以我国大比例尺地形图为例，为了保障地图精度，同时满足方向投影正确的要求，选用了分带投影的横轴等角椭圆柱投影，分带的目的就是把各种投影变形控制在一个较小水平上。

（三）地图主题和用途

关于地图主题和用途，主要考虑投影变形性质，使变形性质与主题和用途相适应。

地图主题确定了地图上的主要内容及其地理属性。有些主题所涉及的地理要素有明确的方向属性，如交通图、航海图、航空图上的专题要素，这类主题的地图应选用等角投影；有些主题所涉及的要素则要求有正确的面积属性，如自然地图和社会经济地图中的各种分布图、类型图、区划图上的专题要素，这类主题的地图应选用等积投影。

地图用途与地图投影关系密切。地图上的量算工作通常在大比例尺地图上完成，因大比例尺地图几何精度高，各类投影变形都很小，且投影类型一般也是确定的。中小比例尺地图则不同，如果想在图上给读者正确的面积对比概念，就要选择等积投影；如果既要保持轮廓的相似性，又要大致合理地反映面积关系，如教育、宣传用地图，则应选择各种变形都不太大的任意投影。

问题与讨论 3-12

根据所学的地图投影知识，尝试为你家乡所在区域（乡或镇、县、市）选定适当的地图投影。

二、世界全图常用投影

世界全图是将整个地球表面完整地表现在一幅地图上，是使用最为广泛的地图种类之一。从地图投影的角度看，一方面，设计一个适合编绘世界全图的地图投影，是一项具有挑战性和创造性的工作，另一方面，世界全图的地图投影要求有更大的自由度，因此用于世界全图的地图投影种类也是最多的，可谓形形色色。因为不可能将整个世界直接完整地投影到一个平面或圆锥面上，所以世界全图能够使用的地图投影主要是圆柱投影和伪圆柱投影、多圆锥投影等解析投影。

用于世界全图的地图投影还面临一个问题，就是如何分割地球表面。按照上北下南的制图习惯，把整个球面投影成平面，必然要沿着某一条经线将地表一分为二。在制图实践中，通常以 30°W 经线和 180°经线分割地球，前者常用于我国编绘的世界地图，东亚位于地图中央附近位置，太平洋保持完整，能较好地反映亚洲各国与其他各国的联系；后者常用于欧美国家编绘的世界地图，大西洋位于地图中央且保持完整，能较好地反映欧洲、非洲和美洲之间的联系。这两种分割方法既保持了大陆轮廓完整，尽可能避免了同一国家被分割在地图两边，又不影响阅读效果和图面整体美观。

问题与讨论 3-13

（1）除了课文中介绍的 30°W 经线和 180°经线分割地球外，你能不能再找出一条合适世界地图投影的分割线？

（2）如果按照上东下西的规则编绘世界全图，应该怎样分割地球才更合理？

（一）墨卡托投影

墨卡托投影（Mercator projection），即正轴等角圆柱投影，是以该投影的发明者——荷兰地图学家墨卡托的名字命名的。用地图投影发明者的名字命名投影是欧美国家的习惯做法。

墨卡托投影是专门为航海目的而设计的投影。该投影用与地轴方向一致的圆柱面切于或割于地球椭球，将椭球面上的经纬网按等角条件投影于圆柱面上，再将圆柱面沿某一经线切开展平而成。该投影图上，经纬线是互相垂直的两组平行直线，经线间隔相等，纬线间隔由赤道向两极逐渐增大（图 3-25）。墨卡托投影属等角性质的投影，切投影时赤道为标准纬线，割投影时有两条标准纬线，等变形线为平行于纬线的直线。

墨卡托投影最重要的性质是等角航线在图上为直线，这也是该投影在航海、航空领域广泛使用的根本原因。

等角航线是指地球面上与各经线相交成等方位角 α 的一条曲线，在地面上是以极点为渐近点的一条螺旋曲线（图 3-26）。在航行时，如果按等角航线设定好的固定方向前进，只要不改变方位角且一直保持这个角度，就可以到达终点。

在地球表面上只有被称为大圆航线的大圆弧线才是最短航线。如果将大圆航线和等角航线结合起来，就能在远航时节省时间和能源。大圆航线在球心投影上为直线。球心投影是光源位于地球中心的方位投影，因为所有大圆平面都通过球心，所以当大圆平面延伸与投影面相交时，球面的大圆弧线就投影成直线了（图3-27）。

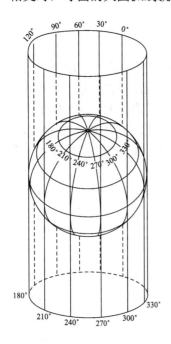

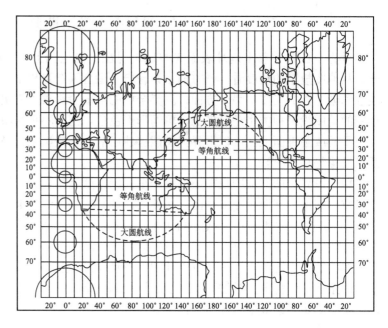

图 3-25　墨卡托投影图

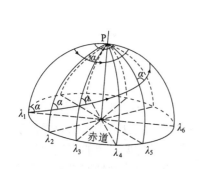

图 3-26　球面上的等角航线是一条螺旋曲线

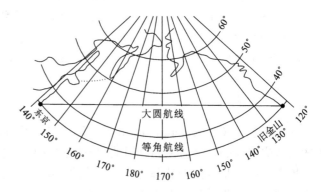

图 3-27　正轴球心投影

在实际应用中，先将连接航行起止点的大圆航线用球心投影转换成直线，求出球心投影图上大圆航线与各经线的交点，并转绘到墨卡托投影图上，用圆滑曲线连接；然后在墨卡托投影图上用若干段直线近似地替代大圆航线，即可得到经济又方便的等角航线。

墨卡托投影除用于世界全图外，也常用于绘制印度洋图、太平洋与印度洋图。

（二）空间斜轴墨卡托投影

空间斜轴墨卡托投影（space oblique Mercator，SOM）又称空间圆柱投影，是美国针对陆地卫星对地扫描图像的需要而设计的一种近似等角性质的投影。

在空间斜轴墨卡托投影图上，陆地卫星的地面轨迹投影为直线，卫星成像扫描线与卫星地面轨迹保持垂直。该投影是一个动态投影，卫星在沿轨道运动时地球也在自转，空间圆柱面为了保持与卫星地面轨迹始终相切，就必须随卫星的运动而摆动，依据卫星轨道运动、地球自转、地球轨道运动和卫星成像扫描镜摆动等几种主要运动参数，将椭球面经纬网投影到圆柱表面上。在该投影图上，卫星地面轨迹是无变形线，其长度比 μ 近似等于 1，在地球表面是一条不同于大圆航线的曲线；卫星轨道对地球赤道的倾角将卫星地面轨迹限制在 ±81°（纬度）之间的地区。图 3-28 是美国陆地卫星地面轨迹的示意图。

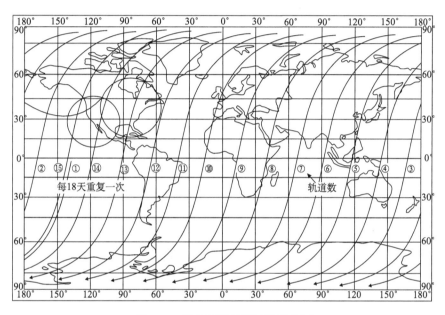

图 3-28　陆地卫星地面轨迹示意图

空间斜轴墨卡托投影不同于传统地图投影。传统地图投影建立在静态条件下，地球椭球面与地图投影面的关系是固定的；空间斜轴墨卡托投影增加了时间条件，地球椭球面与地图投影面之间的关系随卫星的运动而变化。这是一种被称为空间地图投影的新地图投影概念。

问题与讨论 3-14

图 3-28 "陆地卫星地面轨迹示意图"是空间斜轴墨卡托投影吗？按照其描述，空间斜轴墨卡托投影能以如此简单而且静态的方式表现整个地球吗？

（三）用于世界地图的伪圆柱投影

伪圆柱投影以等积性质居多，在地理学领域，该类投影常被用于编绘全球专题地图。

1. 桑逊投影

桑逊投影（Sanson projection）是法国人桑逊于 1650 年创建的等积伪圆柱投影，是最早用于编制世界地图的投影之一，也可用于绘制非洲地图。

该投影纬线为间隔相等的平行直线，中央经线是直线，其余经线为对称于中央经线的正弦曲线，南北极投影成点（图 3-29）。所有纬线长度比 $\mu=1$，即 $n=1$；中央经线长度比 $m_0=1$，

其他经线长度比 μ 均大于 1；面积比 $P=1$，无面积变形；赤道和中央经线为无变形线，距赤道和中央经线越远，长度与角度变形越大。该投影的缺点是高纬度地区变形太大。

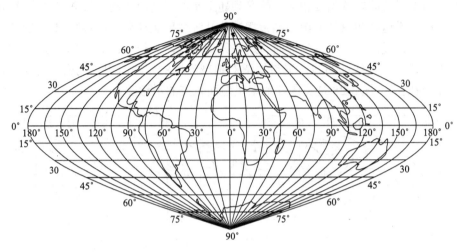

图 3-29　桑逊投影

2. 爱凯特投影

爱凯特投影（Eckert projection），也称爱凯特正弦曲线投影（Eckert sinusoidal projection），是爱凯特于 1906 年对桑逊投影改良后而成的投影。该投影具有等积性质，除中央经线外的其他经线仍为正弦曲线，纬线是平行于赤道的直线。与桑逊投影不同的是，该投影南北极投影成直线（图 3-30）。因为这种投影特别适合表达具有纬向地带性特征的地理现象，所以常被用于编绘全球气候、全球植被等全球性地理要素分布图。

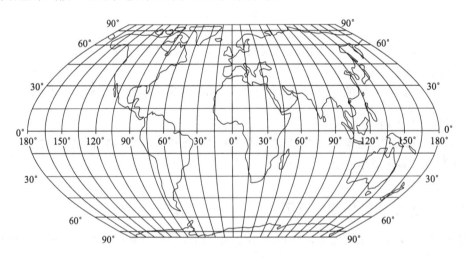

图 3-30　爱凯特投影

桑逊投影图上，经线在高纬度地区非常密集，南北两极处投影边界与中央经线的夹角为 72°20′，即桑逊投影在两极是以 144°40′ 的角度表示实际为 360° 的角，变形很大。爱凯特正弦投影将极点变成"极线"，使经线不再相交于一点，而是交于一条直线上，克服了桑逊投影的最大缺点。"极线"长度等于 1/2 赤道周长，与中央经线长度相等。

3. 摩尔威特投影

摩尔威特投影（Mollweide projection）是德国人摩尔威特于 1805 年设计的一种等积伪圆柱投影。该投影主要用于编绘世界地图，也用于编绘东西半球图。

摩尔威特投影图上中央经线为直线，距离中央经线东西经差±90°的两条经线构成一个大圆，其面积等于地球表面积的 1/2，其余经线为对称于中央经线的椭圆；赤道长度是中央经线的 2 倍，纬线为一组平行直线，间隔由赤道向两极逐渐缩小，在同一条纬线上经线间隔相等（图 3-31）。无变形点位于中央经线与±40°44′11.8″纬线的交点处，距离这两点越远变形越大，高纬度变形增幅较大。

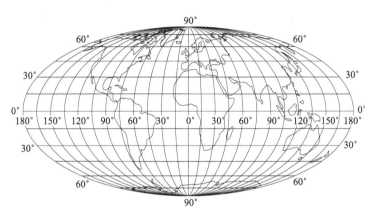

图 3-31　摩尔威特投影

4. 分瓣伪圆柱投影

伪圆柱投影都存在远离中央经线的边缘地带变形较大的缺陷。为了减小边缘地带的投影变形，使图面各部分变形分布相对均匀，古德等人设计了一些分瓣投影，其基本思想是采用多条中央经线，以达到减小边缘地带投影变形的目的。

使用分瓣伪圆柱投影表现大陆时，从海洋处分割球面，保持大陆部分完整，各大陆采用各自的中央经线；表现大洋时，则从大陆处分割球面，保持大洋部分完整，各大洋采用各自的中央经线；赤道保持连续以连接各部分成为一个整体。

（1）古德投影（Goode projection），是美国人古德于 1923 年提出的（图 3-32）。

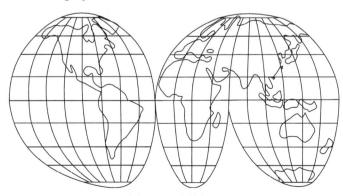

图 3-32　古德投影

（2）桑逊-摩尔威特-古德投影（Sanson-Mollweide-Goode projection），是古德将桑逊投影和摩尔威特投影结合在一起的分瓣投影，该投影以南北纬 40°44′11.8″为界线，界线之间采用桑逊投影，界线之外采用摩尔威特投影，改善了桑逊投影高纬度地区的变形，使得大陆部分表现得更好（图 3-33）。在美国、日本出版的世界地图集中能见到采用这种投影的世界地图。

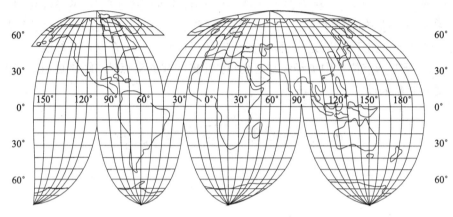

图 3-33　桑逊-摩尔威特-古德投影

分瓣方法可用于各种伪圆柱投影，适合编绘地图集中的世界地图。分瓣投影的缺点是破坏了地球球面的完整性，尤其不利于建立正确的地球球体概念，因此不适合作为低年级学生的教学用图。

（四）用于世界地图的多圆锥投影

1. 等差分纬线多圆锥投影

等差分纬线多圆锥投影是中国地图出版社于 1963 年设计的一种任意性质、不等分纬线的多圆锥投影，专门用于编制世界地图（图 3-34）。

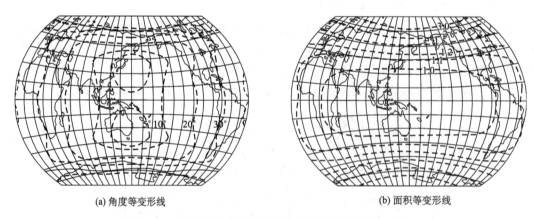

(a) 角度等变形线　　　　　　　　　　　　　　(b) 面积等变形线

图 3-34　等差分纬线多圆锥投影经纬线网及其等变形线

该投影的赤道和中央经线是互相垂直的直线，赤道长度比 $n_0 > 1$，中央经线长度比 $m_0 \neq 1$；其他纬线为对称于赤道的同轴圆弧，圆心均在中央经线的延长线上；其他经线为对称于中央经线的曲线，其间隔随远离中央经线而按等差级数递减；极点投影成直线，其长度为赤道的 1/2。

等差分纬线多圆锥投影属于面积变形不大的任意投影，整体构图上有较好的球形感；我国位于图上比较居中的位置，轮廓形状比较接近真实；能完整地表现太平洋及其沿岸国家，突出了我国与太平洋各国之间的联系；中央经线和南北纬44°线的交点没有角度变形，我国境内绝大部分地区的最大角度变形 $\omega \leqslant 10°$[图 3-34（a）]，面积变形 $V_P \leqslant 10\%$[图 3-34（b）]。

2. 正切差分纬线多圆锥投影

正切差分纬线多圆锥投影是中国地图出版社于1976年设计的另一种任意性质、不等分纬线的多圆锥投影（图 3-35）。该投影的经纬线网格与等差分纬线多圆锥投影非常相似，不同之处是经线间隔随远离中央经线而按对应经线与中央经线经差的正切函数递减，属于角度变形不大的任意投影。

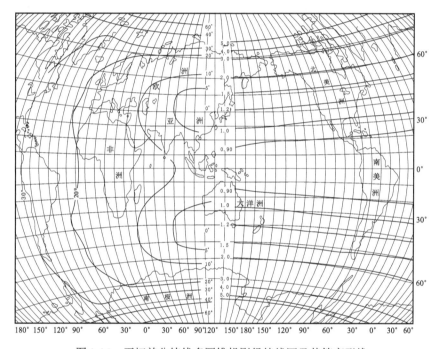

图 3-35　正切差分纬线多圆锥投影经纬线网及其等变形线

在以电子地图、虚拟现实为标志的信息时代，除了前述地图投影外，地图投影的表现形式更加丰富多彩了，有如图 3-36 所示的三角形投影、六边形投影、蝴蝶形投影及星形投影等。这些投影都是适应不同的制图需求产生的，其用途也各不相同。

三、半球图常用投影

半球图是一类比较特殊的地图，主要用于教育、宣传和科研。从地理的角度，人们往往关心东西半球间的差异，南北半球间的不同，或陆地占优的陆半球与水域占优的水半球之间的差别。所以，常见的半球图主要有三种：东西半球图、南北半球图和水陆半球图。

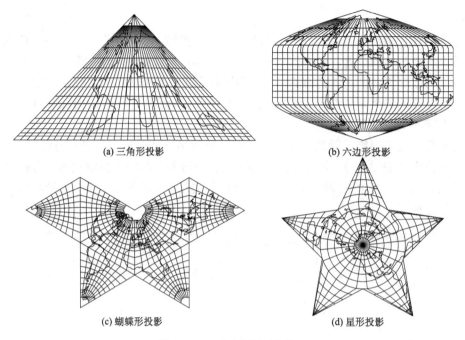

(a) 三角形投影   (b) 六边形投影

(c) 蝴蝶形投影   (d) 星形投影

图 3-36　形式多样的地图投影

（一）东西半球图投影

东西半球以 20°W 和 160°E 线划分，目的是避免把欧洲和非洲的一些国家切分到两个半球上。东、西半球图是半球图中最为常见的一种，常采用横轴方位投影。东半球以东经 70°与赤道的交点为投影中心，西半球以西经 110°与赤道的交点为投影中心。常用作东西半球图的横轴方位投影有横轴等积和横轴等角两种方位投影（图 3-37）。

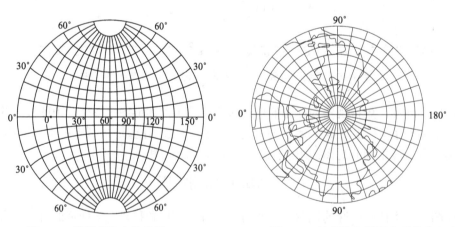

图 3-37　横轴等角方位投影　　　　图 3-38　波斯特尔投影表示的北半球图

此外，横轴方位投影也常用作非洲地图和大西洋图的投影。用于非洲地图时，投影中心在 20°E 与赤道的交点上；用于大西洋图时，投影中心在 30°W 与赤道的交点上。

（二）南北半球图投影

南北半球以赤道划分。南北半球图采用正轴方位投影。

（1）波斯特尔投影（Postel's projection），也称为正轴等距方位投影，是数学家波斯特尔于 1581 年设计的一种等距性质的投影。该投影自投影中心至任意一点的距离均与实地相等，经线长度比为1，即 $m=1$；图上方位与实地一致（图 3-38）。波斯特尔投影在国际上应用比较广泛，除用于编绘南北半球图外，也多用于编绘南北两极地区图，联合国徽章上亦采用此投影图案。

（2）正轴等角方位投影，图上经线长度比与纬线长度比相等（$m=n$）。为减小远离投影中心区域的变形，改善投影变形分布状况，多采用正轴等角割方位投影，如美国的通用极球面（universal polar stereographic，UPS）投影。此外，我国在全球 1∶100 万分幅地图的 84°N 和 80°S 以上高纬度区域也采用该投影。

（三）水陆半球图投影

地理上划分的水半球是以东经 178°28′、南纬 47°13′为中心的半球，海洋占半球总面积的 89%，集中了全球海洋的 63%，是海洋在一个半球内最大的集中；陆半球则是以西经 1°32′、北纬 47°13′为中心的半球，陆地占半球总面积的 47%，集中了全球陆地的 81%，是陆地最为集中的半球。

水陆半球图习惯采用斜轴等积方位投影，水半球多以 180°经线与 45°S 的交点为投影中心，陆半球则以 0°经线与 45°N 的交点为投影中心（图 3-39）。

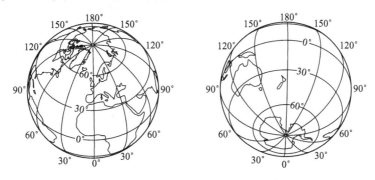

图 3-39　斜轴等积方位投影表示的水陆半球图

斜轴等积方位投影也是编绘大洲大洋图和国家地图的常用投影，相关内容在下一部分讲述。

问题与讨论 3-15

斜轴等距方位投影常被用于绘制以机场为投影中心的航行半径图、以震中为投影中心的地震影响范围图、以大城市为投影中心的交通等时线图，试分析其理由。你能否再举出一个类似应用的例子？

四、大洲大洋图和国家地图常用投影

这一类地图所指比较宽泛，包括大洲图、大洋图、国家图、省区图、县乡图，以及以自然地理单元划分的流域图等，可以将其统称为区域图。因为各大洲、各大洋面积有大有小，国家大小更是差别很大，不同区域在地球表面所处位置也大不一样，所以区域图很难像世界全图、半球图那样，列出各种情况下常用的具体投影名称。但是，区域图常用地图投影仍然是有规律可循的，这方面的知识在地图投影选择依据部分已有讲解，这里不再赘述。从理论上讲，所有地图投影都可作为区域图的备选对象，包括前述常用于世界全图和半球图的各种投影。但是在实践中，针对不同区域总有一些比较著名的投影被习惯采用。下面重点介绍几种区域图常用的地图投影。

（一）彭纳投影

彭纳投影（Bonne projection）是法国人彭纳于 1752 年设计的一种等积伪圆锥投影。在该投影图上，中央经线与标准纬线是两条没有变形的线，纬线仍保持为同心圆弧，但不同的是所有纬线沿纬线方向长度比为 1，即 $n=1$；同一条纬线上的经线间隔相等；中央经线为直线，长度比等于 1，即 $m_0=1$，其余经线为对称于中央经线的曲线。该投影有角度变形，距离中央经线和标准纬线越远变形越大，等变形线呈对称于两条无变形线的曲线（图 3-40）。

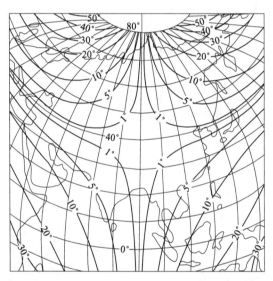

图 3-40 彭纳投影经纬网及其角度等变形线

彭纳投影常用于编制中纬度地区小比例尺区域图，如中国地图出版社出版的《世界地图集》中的亚洲政区图、英国《泰晤士地图集》中的澳大利亚与西太平洋地图等。该投影也常用于编绘中国地图。

彭纳投影用于编绘亚洲地图时，常以 80°E 为中央经线，标准纬线取 40°N 或 30°N；用于编绘中国全图时，以 105°E 为中央经线，32°N 为标准纬线。

（二）斜轴方位投影

斜轴方位投影是将平面与椭球面相切或相割于赤道和两极之间的任何位置，其等变形线是以投影中心为圆心的同心圆，这些特征决定了该投影具有很强的适用性，广泛应用于各大洲图和大洋图。表 3-1 是采用斜轴方位投影编绘各大洲图、大洋图时常用的投影中心坐标。

斜轴方位投影也是编绘中国全图的常用投影。采用斜轴方位投影的中国地图，能连续完整地表示南海诸岛，也被称为竖版中国地图。采用切方位投影时，投影中心常用 27°30′N、30°N 或 35°N 与 105°E 的交点；若采用割方位投影，割线位于离投影中心 15°处。

表 3-1 斜轴方位投影编绘各大洲图、大洋图时常用的投影中心

图名	制图区域	投影中心 1		投影中心 2	
		经度	纬度	经度	纬度
亚洲地图	亚洲	90° E	40° N	85° E	40° N
欧洲地图	欧洲	20° E	52° 30′ N	20° E	50° N
北美洲地图	北美洲	100° W	45° N	—	—
拉丁美洲地图	拉丁美洲	60° W	10° S	—	—
南美洲地图	南美洲	60° W	20° S	—	—
大洋洲地图	大洋洲	170° W	10° S	—	—
太平洋地图	太平洋	160° W	20° N	160° W	15° N
大西洋地图	大西洋	30° W	20° N	—	—
印度洋地图	印度洋	80° E	20° S	—	—

斜轴等积方位投影应用最为广泛。该投影用于编绘中国地图时，制图区域内最大长度变形 $V_\mu = +3\%$，主要地区不超过 +1%；最大角度变形为 3°，主要地区不超过 1°；无面积变形。图 3-41 是斜轴等积方位投影的角度等变形线分布图。

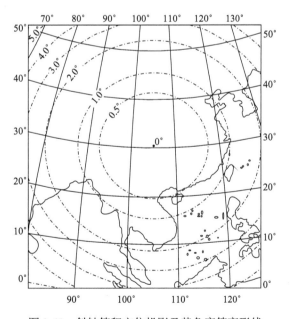

图 3-41 斜轴等积方位投影及其角度等变形线

（三）正轴圆锥投影

正轴圆锥投影是将圆锥面与椭球面相切或相割于赤道和极点间的任何纬圈上，其等变形

线是与纬线平行的同心圆弧。因此，该投影适合于编制中纬度地区地图，尤其适合制图区域沿纬线方向延伸的情况，如欧洲地图、大洋洲地图和很多中纬度地区国家地图。该投影也是编绘中国地图的常用投影。

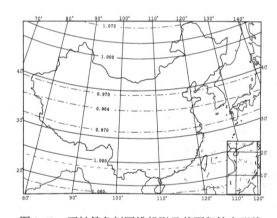

图 3-42　割圆锥投影的构成

正轴割圆锥投影应用于制图区域相对较大，或南北延伸较宽的情况，双标准纬线可以减小投影变形，使图上变形的分布比较均匀（图 3-42）。以欧洲和大洋洲为例，使用正轴割圆锥投影编绘欧洲地图，两条标准纬线通常取 40°30′N 和 65°30′N；编绘大洋洲地图，标准纬线则一般取 34°30′S 和 15°20′S。若制图区域面积较小，可选用正轴切圆锥投影。

中国的版图形状，如果将陆地和海域一并观察，东西和南北距离差异不大，有略微接近圆形的特点，因此适于选用斜轴方位投影。如果单看陆地部分，中国陆地轮廓处于北半球中纬度地区，东西略长，南北略窄，适于选用正轴割圆锥投影。

采用正轴割圆锥投影编绘中国地图时，双标准纬线常用 25°N 和 47°N，也有采用其他纬线组合的情况。南海诸岛这时候需要作为插图处理，投影一般用正轴割圆锥投影或正轴切圆柱投影，比例尺可以小于主图。

（1）正轴等角割圆锥投影，常用于全国及各省区或大区的地势图、气象与气候图，以及其他要求方向正确的专题地图（图 3-43）。

（2）正轴等积割圆锥投影，常用于行政区划图及其他要求无面积变形的地图，如土地利用图、土地资源图、土壤图、森林分布图等。中国地图出版社出版的中国全国和各省、自治区或大区的行政区划图，都采用这种投影（图 3-44）。

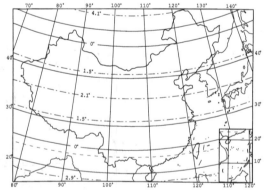

图 3-43　正轴等角割圆锥投影及其面积等变形线　　　图 3-44　正轴等积割圆锥投影及其角度等变形线

（3）正轴等距割圆锥投影，变形比较均匀，多用于编制各种教学用图、中国大陆交通图等。图 3-45（a）、（b）分别是正轴等距割圆锥投影的面积等变形线和角度等变形线图。

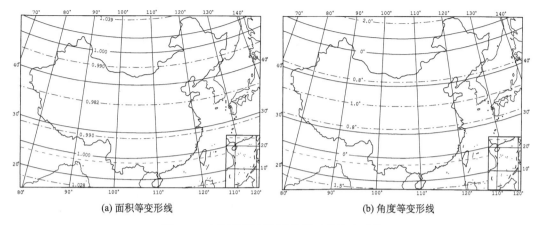

图 3-45　正轴等距割圆锥投影及其等变形线

问题与讨论 3-16

以上介绍了几种用于编绘中国地图的投影。可以想见，每种投影的中国边界轮廓与地球表面上真实的边界轮廓都有差异。你能想出如何选择投影类型或设置标准点、标准线，才能让这种差异减小吗？

第三节　地形图投影及其分幅编号

地形图通常是指比例尺大于或等于 1∶100 万，按照统一的数学基础、统一的图式图例、统一的测量和编图规范要求，经过实地测绘或根据实测地形图、遥感资料，配合其他有关资料编绘而成的一种普通地图。地形图制图比例尺比较大，能比较精确而详细地表示地表地形、水文、土质、植被等自然地理要素，以及居民点、交通线、境界线、工程建筑等社会经济要素，是经济建设、国防建设和文教科研的重要图件，又是编绘各种地理图的基础资料。地形图的测绘精度、成图数量和成图速度等，是衡量一个国家测绘科学与技术水平的重要标志。

世界各国采用的基本比例尺系统不尽相同。我国现行地形图采用的比例尺包括 11 种∶1∶500，1∶1000，1∶2000，1∶5000，1∶1 万，1∶2.5 万，1∶5 万，1∶10 万，1∶25 万，1∶50 万，1∶100 万。其中，1∶5000 至 1∶100 万共 8 种为基本比例尺系列。历史上，我国也曾有过 1∶20 万地形图，后改为 1∶25 万。

从世界范围来看，各国地形图所采用的投影并不一致。我国地形图采用两种地图投影，1∶100 万地形图采用等角割圆锥投影，其余比例尺地形图均采用高斯-克吕格投影。

一、百万分之一地形图投影

（一）百万分之一地形图概述

百万分之一地形图是一种具有国际性的地图产品。1891 年，德国地理学家彭克在瑞士伯尔尼召开的第五届国际地理会议上建议，由各国共同编制世界地图，得到了与会各国的响应。1913 年，在巴黎召开的国际百万分一世界地图会议上，通过了《国际百万分一世界地图编绘细则》；同年在伦敦成立常设机构，开始国际百万分一世界地图编制工作。

为便于国际交流和应用，国际百万分一地图采用统一的地图投影、分幅、编号、图廓整饰、地图内容和表示方法，拟定了地名译名原则，其标准图幅为经差 6°、纬差 4°，高纬度地区图幅为经差 12°、纬差 4°。共约 900 幅百万分一地图可覆盖全球陆地部分。

我国百万分之一地形图采用了国际百万分一地图的分幅和编号规则，地图投影先后使用了国际 1∶100 万投影（改良多圆锥投影）和正轴等角割圆锥投影。

（二）国际 1∶100 万投影

1. 普通多圆锥投影

普通多圆锥投影，又称美国多圆锥投影，是一种任意性质的多圆锥投影，中央经线为直线，其长度比为 1，即 $m_0=1$；纬线是与中央经线正交的同轴圆弧，圆心位于中央经线的延长线上；各条纬线上保持长度比不变，即 $n=1$。该投影最适合沿中央经线的延伸区域制图，是国际百万分之一地图投影的基础。

2. 改良多圆锥投影

改良多圆锥投影由普通多圆锥投影改良而成。改良多圆锥投影不同于普通多圆锥投影的关键点是采用分幅投影，即按照百万分之一地图分幅原则，分幅后每幅地图单独投影。分幅投影使每幅图有自己的中央经线，以适应全球统一制图需要。

国际百万分之一地图分幅和投影方法是：在赤道至南北纬 60°之间，以纬差 4°、经差 6°分幅；在纬度 60°～76°，按纬差 4°、经差 12°分幅；在纬度 76°～88°，按纬差 4°、经差 24°分幅。每幅图的南北两条边纬线为标准纬线，其长度比等于 1，其余纬线长度比均小于 1。在经差 6°、12°、24°三种分幅图上，距中央经线经差分别为±2°、±4°、±8°的两条经线长度比等于 1，介于其间的小于 1，以外的大于 1。虽然改良多圆锥投影属于任意投影，但是每一幅图的范围不大，因而各种投影变形都比较小。

1909 年，在伦敦召开的国际地理学会将改良多圆锥投影确定为世界各国编绘百万分之一地图的投影，故又名国际百万分之一地图投影。我国在 1956～1958 年编制的百万分之一地图就采用了改良多圆锥投影。

（三）中国 1∶100 万投影

随着科学技术的发展，改良多圆锥投影不具有等角性质的不足日益明显。例如，与航空图在数学基础上不能很好地协调一致。1962 年，联合国在波恩举行国际地图技术会议，建议在国际百万分之一制图时采用等角圆锥投影代替改良多圆锥投影。1978 年，我国新制订的《1∶100 万地形图编绘规范》规定，1∶100 万地形图采用边纬线与中纬线长度变形绝对值相等的正轴等角割圆锥投影，即中国 1∶100 万投影。

在中国 1∶100 万投影图上，两条标准纬线分别为：$\varphi_1=\varphi_S+35'$，$\varphi_2=\varphi_N-35'$，其中 φ_S、φ_N 分别为图幅南北边纬线的纬度（图

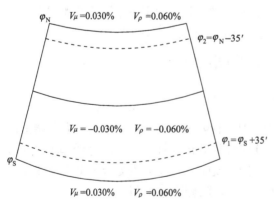

图 3-46　中国 1∶100 万地形图投影变形分布

3-46）。该投影的最大长度变形为±0.03％，最大面积变形为±0.06％。

二、高斯-克吕格投影

（一）基本概念

高斯-克吕格投影（Gauss-Kruger projection）是德国数学家高斯于 19 世纪 20 年代最先设计，后由德国测量学家克吕格在 1912 年补充完善，简称高斯投影，是我国大于等于 1 : 50 万基本比例尺地形图所采用的投影。

高斯-克吕格投影本质上是等角横切椭圆柱投影。该投影以椭圆柱面为投影面，使其与地球椭球面上投影带的中央子午线相切，然后按等角条件将中央经线东西两侧各一定范围投影到椭圆柱面上，再展开为平面而成（图 3-47）。

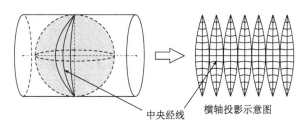

中央经线　　　横轴投影示意图

图 3-47　高斯-克吕格投影构成图

高斯-克吕格投影的经纬网格形状如图 3-48 所示，中央经线和赤道为相互垂直的直线，其他经线为对称且凹向中央经线的曲线，所有经线收敛于两极；纬线为对称且凸向赤道的曲线；经纬线成直角相交。

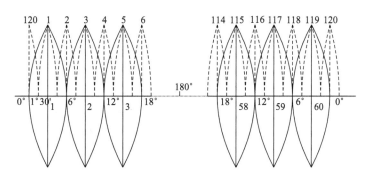

图 3-48　高斯-克吕格投影带的划分（实线为 6°带，虚线为 3°带）

该投影属等角性质，无角度变形，即 $\omega=0$；由于只针对一条狭窄的投影带，投影范围比较小，长度变形和面积变形也都很小。中央经线上没有长度变形，即 $m_0=1$，其他经线长度比均大于 1，离中央经线越远其变形越大，变形最大处在投影带内赤道的两端，最大长度变形为 0.14%，最大面积变形为 0.27%。从最大变形值看，在地形图量算工作中，最大投影误差不超过绘图工作和量图工作所产生的误差。

（二）分带方法与规定

高斯-克吕格投影采用分带投影，通过限制投影带宽，达到控制长度变形和保证投影精度的目的。分带投影就是按一定经差将地球椭球面划分成若干个投影带，每个带单独投影。分带时，既要控制长度变形，使其不大于测图误差，又要控制分带数目，尽可能减少换带计算量。据此原则，将地球椭球面沿子午线划分成经差相等的瓜瓣形条带，便于分带投影。通常采用6°分带和3°分带，为兼顾6°分带和3°分带的联系，要求6°带的中央经线同时为3°带的中央经线（图3-48）。

我国规定，1∶2.5万～1∶50万地形图采用6°分带投影，1∶5000、1∶1万地形图采用3°分带投影。

（1）6°分带从首子午线开始，自西向东按经差 6°划分投影带，全球共划分为 60 个投影带，用数字 1～60 顺序编号。不难看出，中央经线经度（λ_0）与带号（n）的关系为

$$\lambda_0 = n \times 6° - 3° \tag{3-23}$$

按照所处经度范围，我国位于第 13～23 带，共跨 11 个投影带。

（2）3°分带从东经 1°30′开始，自西向东每隔 3°划分一个投影带，全球共划分 120 个带，用数字 1～120 顺序编号。中央经线（λ_0）与带号（n'）的关系为

$$\lambda_0 = n' \times 3° \tag{3-24}$$

我国位于第 24～45 带，共计 22 个投影带。

（三）高斯投影平面直角坐标系与平面直角坐标网规定

1. 高斯投影平面直角坐标系规定

建立高斯-克吕格投影的平面直角坐标系统，是进行地形图量测作业的基础。高斯-克吕格投影各投影带的中央经线和赤道投影为相互垂直的直线，给建立直角坐标系提供了便利。高斯投影平面直角坐标系以中央经线为 X 轴，X 值在北半球为正，南半球为负；赤道为 Y 轴，Y 值中央经线以东为正，以西为负；两者交点为坐标原点。要注意的是：该坐标系的 X 轴是纵轴，与数学上的平面直角坐标系定义有所不同。

由于我国位于北半球，X 值全为正。为了避免 Y 坐标出现负值而使用不便，故规定将 X 轴向西移 500 km 至 X' 位置，Y 轴不动，构成我国的高斯投影平面直角坐标系（图 3-49）。在一个投影带内，所有横坐标值均需在原坐标值上加 500km，因为 6°带最宽处约 667km，所以在整个投影带内，Y 值不仅都表现为正值，而且其值在 150～850km 之间，方便计算。

分带投影的方法，使每个投影带都具有同样的平面直角坐标系，这样就会出现地球表面上具有不同位置的点位，因所在投影带不同而具有相同坐标值的情况。为了区别这些具有相同直角坐标但实际地理位置不同的点位，规定在每个点位的横坐标前

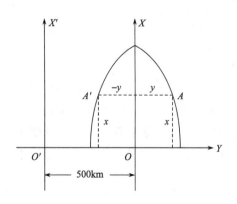

图 3-49　高斯投影平面直角坐标系

加上所在投影带的编号予以标示，这样的坐标称为通用坐标。例如，地表一点 A 位于第 18 投影带上，其平面直角坐标为 245.865km，坐标轴西移 500km 之后的坐标为 745.865km，则其通用坐标 Y_A=18 745.865km，其中空格前的"18"即为投影带号。

2. 平面直角坐标网规定

在比例尺大于等于 1：10 万的大比例尺地形图上，为了方便图上量测，绘制了由平行于 X、Y 两个投影坐标轴的两组平行线所构成的方格网。由于方格网是平行于平面直角坐标轴的坐标网线，故称为平面直角坐标网（图 3-50），又因方格网按整公里间隔绘制，故也称为公里网或方里网。

3. 地理坐标网规定

地理坐标网即经纬线网，其不仅在制图时起控制作用，而且在确定点位、计算和分析投影变形等方面也是不可缺少的。在大比例尺地形图上，不仅绘有平面直角坐标（方

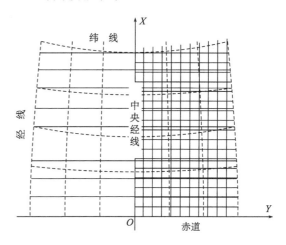

图 3-50　平面直角坐标网示意图

里）网，还绘有地理坐标（经纬）网，其地理坐标网由作为东西内图廓的两条经线和南北内图廓的两条纬线构成；在中小比例尺地形图上，一般只绘地理坐标网（图3-51）。目前，也有在 1：25 万地形图上同时绘出地理坐标网和平面直角坐标网的情况。

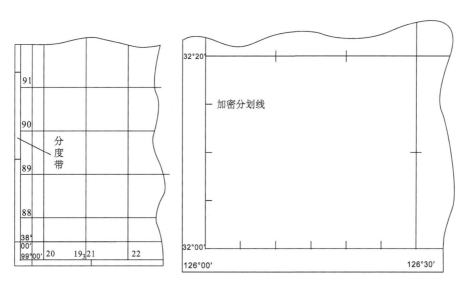

图 3-51　地理坐标网示意图

4. 邻带补充坐标网及其规定

分带投影带来一个问题，就是投影带边界子午线两侧的点位于不同的投影带内，使本来

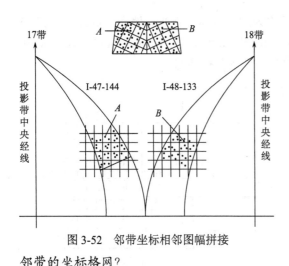

图 3-52　邻带坐标相邻图幅拼接

统一的坐标系分割成两个独立的坐标系（图 3-52）。由于两个相邻坐标系不能相互衔接，给使用带来不便。在投影带边界图幅上加绘相邻投影带的平面直角坐标网，可以满足计算邻接投影带上点的坐标或拼接图幅的需要。为了区别两个投影带的坐标网，绘制时仍以本带为主，邻带网只在图廓线以外用短线绘出，用图需要时可将相应短线连接起来绘成网格。

问题与讨论 3-17

思考一下，我们会在什么情况下需要延伸邻带的坐标格网？

（四）与通用横轴墨卡托投影的比较

通用横轴墨卡托（universal transverse Mercator，UTM）投影是美国于 1948 年为全球战争需要而创建的地图投影。UTM 与高斯-克吕格投影极为类似，属等角横轴割椭圆柱投影，椭圆柱面与椭球面的割线是 80°S 和 84°N 两条纬线；UTM 同样是按经差 6°将地球划分为 60 个投影带。该投影在许多国家被用作大中比例尺地形图的投影。

UTM 的基准面是 WGS-84。UTM 与高斯-克吕格投影有着不同的南北格网线比例系数，两种投影的主要差异表现在以下方面。

（1）投影带起算位置不同。高斯-克吕格投影起算于 0°子午线，自西向东每 6°为一带；UTM 则起算于 180°经线，自西向东每 6°为一带。因此，高斯-克吕格投影的第 1 带与 UTM 的第 31 带具有同样的位置，即 0°~6°E，两者投影带号相差 30。

（2）中央经线长度比不同。高斯-克吕格投影的中央经线长度比为 1；UTM 的中央经线长度比为 0.9996，中央经线与两边缘经线之间各有一条无长度变形的线，其位置距离中央经线±180km，相当于经差±1°40′。UTM 采用这种设计，可以使中央经线与边缘经线长度变形的绝对值大致相等。

（3）北伪偏移不同。伪偏移是指为避免横轴或纵轴坐标出现负值而增加的偏移量，分东伪偏移和北伪偏移。高斯-克吕格投影的东伪偏移为 500km，北伪偏移为 0；UTM 的东伪偏移为 500km，北伪偏移北半球为 0，南半球为 10000km。

若需要将高斯-克吕格投影坐标转换为 UTM 坐标，须先将高斯-克吕格投影 Y 坐标减去 500km，乘上比例因子后再加上 500km。

问题与讨论 3-18

在地理研究中，经常用到采用高斯-克吕格投影或 UTM 的地理数据。试比较两种投影的变形情况，哪个投影的变形更大些？为什么？

商业 GIS 软件通常都支持 UTM，但有一些国外软件不支持高斯-克吕格投影。如果需要，可以利用软件提供的 UTM 信息，通过修改投影参数，自己定义成高斯-克吕格投影。

三、地形图分幅与编号

（一）地图分幅与编号基本知识

一幅地图的图面有限，但制图区域可能很大，有时候需要几幅甚至几十幅地图才能覆盖整个制图区域，必须将制图区域划分成若干块，分别绘制在合适幅面的图纸上。为了方便多幅地图的编图、印刷、保管、发行、查询和使用，就要对地图进行分幅和编号。地图分幅有矩形分幅和梯形分幅两种。

1. 矩形分幅

矩形分幅是以直角坐标网格为划分依据的地图分幅（图3-53）。其优点是建立制图网格便捷，图幅结合紧密，图廓线即为坐标线，便于拼接和应用；缺点是整个制图区域只能一次投影制成。矩形分幅不适宜用于大区域的地形图分幅。

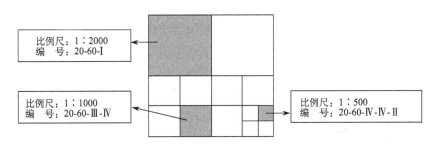

图3-53　矩形分幅

2. 梯形分幅

梯形分幅是以经纬线网格为划分依据的地图分幅，即由经纬线构成每幅地图的图廓。其优点是每个图幅都有明确的地理概念，可单独投影；缺点是经纬线被描绘成曲线时相邻图幅不便拼接，还可能破坏城镇等重要地物的完整性。梯形分幅是目前世界上许多国家地形图和小比例尺地图采用的主要分幅形式。

我国基本比例尺地图也采用梯形分幅。具体方法是以国际百万分之一地图统一分幅规则为基础，按一定经纬差划分图幅范围，形成自1：100万至1：5000的逐级分幅序列，且相邻比例尺地形图的数量为简单倍数关系（图3-54）。

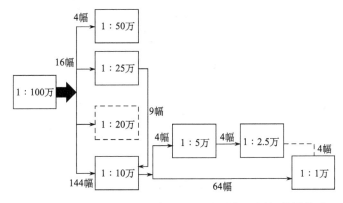

图3-54　我国基本比例尺系列地形图的分幅及图幅数量关系

3. 新旧地形图分幅与编号规则

我国于 1991 年制定了《国家基本比例尺地形图分幅和编号》（GB/T 13989—1992），规定了国家基本比例尺地形图的分幅和编号，以适应利用计算机管理地形图图号的要求。该标准于 2012 年进行了修订（GB/T 13989—2012），自 2012 年 10 月 1 日起正式实施。修订后的标准新增了 1∶2000、1∶1000 和 1∶500 三种比例尺地形图，并给出了国家基本比例尺地形图图幅编号的示例、各比例尺地形图图幅编号及图幅经纬度计算应用的公式和示例。这个国家标准就是新的地形图分幅与编号，与之对应，将 1991 年之前的规定称为旧的地形图分幅与编号。因为历史上积累的大量采用旧分幅编号的地形图资料仍具有重要应用价值，所以掌握旧的地形图分幅与编号知识仍很有必要。

（二）旧的地形图分幅与编号

以 1∶100 万地形图为单元分幅，构成各级比例尺图幅系列。1∶100 万地形图按国际统一规定编号，然后分三个层次进行编号：①以 1∶100 万地形图编号为基础，分别对 1∶50 万、1∶25 万、1∶10 万三种比例尺地形图编号；②以 1∶10 万地形图编号为基础，分别对 1∶5 万、1∶1 万地形图编号；③以 1∶5 万地形图编号为基础，对 1∶2.5 万地形图编号，以 1∶1 万地形图编号为基础，对 1∶5000 地形图编号。我国曾有过 1∶20 万地形图，其编号不同于 1∶25 万地形图，是以 1∶50 万地形图为基础编号的。

1. 1∶100 万地形图的分幅与编号

1∶100 万地形图分幅与编号符合国际百万分之一地图分幅与编号规定。

如图 3-55 所示，从赤道起，向两极纬差 4°为 1 列，南北半球分别分成 22 列，依次用字母 A、B、C、D、…、V 表示；由 180°经线起，从西向东经差 6°为 1 行，全球分成 60 行，依次用数字 1、2、3、4、…、60 表示；行列构成图幅，采用"列号-行号"编号表示，习惯称为图号。

例如，已知兰州市某点坐标（36°02′52.17″N，103°51′25.17″E），则该地点在 1∶100 万地形图上的图号为 J-48。

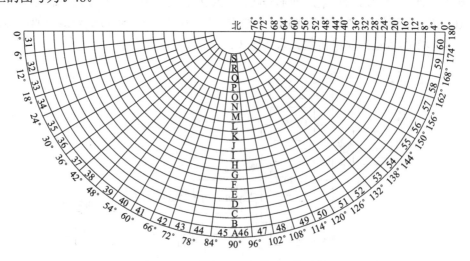

图 3-55　1∶100 万地形图的分幅与编号

问题与讨论 3-19

根据百万分之一地形图分幅与编号的规则，你能否总结出利用某点经纬度坐标求算该点所在百万分之一地形图图号的公式？

比例尺小于1:100万的地形图图号，都是在1:100万地形图图号后面增加一个或数个自然序数（包括字符或带括号的数字）编号而成。

2. 1:50万、1:25万和1:10万地形图分幅与编号

以兰州幅为例，说明1:100万地形图与1:50万、1:25万和1:10万地形图的图幅间关系（图3-56）。

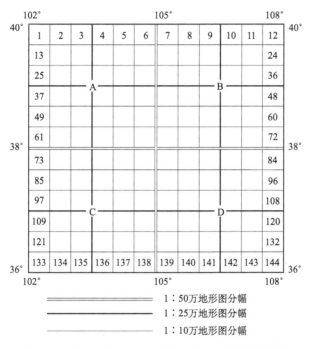

图3-56 1:50万、1:25万和1:10万地形图编号

1）1:50万地形图分幅与编号

按经差3°、纬差2°分幅，1幅1:100万地形图划分为2行2列共4幅1:50万地形图。以先从左至右、后从上而下的规则，用字母A、B、C、D顺序编码，将该编码添加到1:100万地形图图号后面，用"-"连接，构成1:50万地形图的图号。例如，兰州幅1:50万地形图的图号为J-48-C。

2）1:25万地形图分幅与编号

按经差1°30′、纬差1°分幅，1幅1:100万地形图划分为4行4列共16幅1:25万地形图。以先从左至右、后从上而下的规则，用加中括号的数字[1]、[2]、[3]、…、[16]顺序编码，将该编码添加到1:100万地形图图号后面，用"-"连接，构成1:25万地形图的图号。例如，兰州幅1:25万地形图的图号为J-48-[14]（图3-57）。

3）1:10万地形图分幅与编号

按经差30′、纬差20′分幅，1幅1:100万地形图划分为12行12列共144幅1:10万地形图。以先从左至右、后从上而下的规则，用数字 1、2、3、…、144 顺序编码，将该编码添加到 1∶100 万地形图图号后面，用"-"连接，构成 1∶10 万地形图的图号。例如，兰州幅 1∶10 万地形图的图号为 J-48-136。

3. 1∶5 万、1∶2.5 万、1∶1 万地形图的分幅与编号

仍以兰州幅为例，说明 1∶10 万地形图与 1∶5 万、1∶2.5 万、1∶1 万地形图的图幅间关系（图 3-58）。

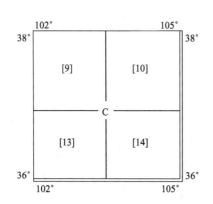

图 3-57　1∶25 万地形图分幅与编号举例（兰州幅：
J-48-[14]）

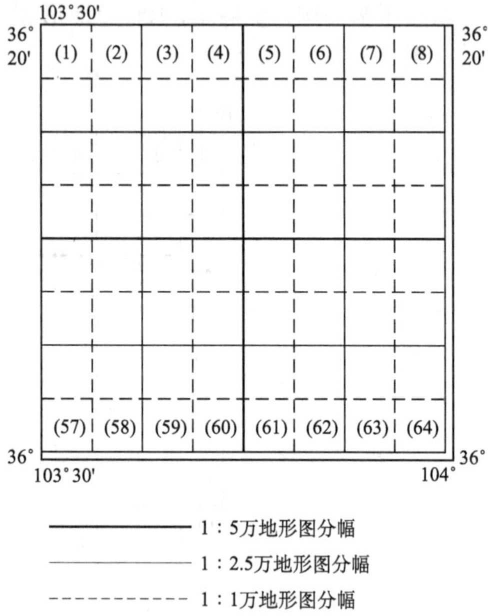

图 3-58　1∶5 万、1∶2.5 万、1∶1 万地形图分幅
编号

1∶5 万地形图分幅
1∶2.5 万地形图分幅
1∶1 万地形图分幅

1）1∶5 万、1∶2.5 万地形图分幅与编号

按经差 15′、纬差 10′分幅，1 幅 1∶10 万地形图划分为 2 行 2 列共 4 幅 1∶5 万地形图。以先从左至右、后从上而下的规则，用字母 A、B、C、D 顺序编码，将该编码添加到 1∶10 万地形图图号后面，用"-"连接，构成 1∶5 万地形图的图号。例如，兰州幅 1∶10 万地形图的图号为 J-48-136-D。

在 1∶5 万地形图图幅上，按经差 7′30″、纬差 5′分幅，将 1 幅 1∶5 万地形图划分为 2 行 2 列共 4 幅 1∶2.5 万地形图。以先从左至右、后从上而下的规则，用数字 1、2、3、4 顺序编码，将该编码添加到 1∶5 万地形图图号后面，用"-"连接，构成 1∶2.5 万地形图的图号。例如，兰州幅 1∶2.5 万地形图的图号为 J-48-136-D-3。

2）1∶1 万、1∶5000 地形图分幅与编号

按经差 3′45″、纬差 2′30″分幅，1 幅 1∶10 万地形图划分为 8 行 8 列共 64 幅 1∶1 万地形图。以先从左至右、后从上而下的规则，用加括号的数字（1）、（2）、（3）、…、（64）顺序编码，将该编码添加到 1∶10 万地形图图号后面，用"-"连接，构成 1∶1 万地形图的图号。例如，兰州幅 1∶1 万地形图的图号为 J-48-136-（54）。

在 1：1 万地形图图幅上，按经差 1′52.5″、纬差 1′15″分幅，将 1 幅 1：1 万地形图划分为 2 行 2 列共 4 幅 1：5000 地形图。以先从左至右、后从上而下的规则，用字母 a、b、c、d 顺序编码，将该编码添加到 1：1 万地形图图号后面，用"-"连接，构成 1：5000 地形图的图号。例如，前文举例的兰州市某点在 1：5000 地形图的图号为 J-48-136-（54）-d。

问题与讨论 3-20

为什么 1 幅 1：100 万地形图划分为 12 行 12 列共 144 幅 1：10 万地形图，而 1 幅 1：10 万地形图却划分为 8 行 8 列共 64 幅 1：1 万的地形图？

（三）新的地形图分幅与编号

新旧标准比较，1：100 万~1：5000 地形图的分幅方案没有变化。在旧标准的基础上，新增了 1：2000、1：1000、1：500 地形图的分幅，其分幅既可以以 1：100 万为基础进行经纬度分幅，也可以采用正方形分幅和矩形分幅。此外，新标准的地形图编号方法较之前变化较大，新的图号便于计算机检索、处理和操作。

1. 新的 1：100 万地形图编号

由 1：100 万地形图行号（字符码）和列号（数字码）组合而成，与旧编号比较，仅表现为去掉了连接符"-"。例如，兰州幅 1：100 万地形图新图号为 J48。去掉连接符使图号连续完整，有利于计算机处理和操作。但是需要注意，新的编号规则在行、列称呼上与旧编号相反。

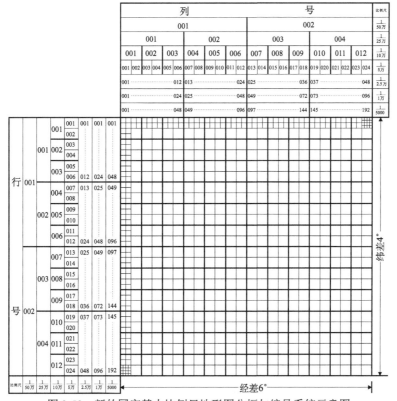

图 3-59 新的国家基本比例尺地形图分幅与编号系统示意图

整幅为 1：100 万图幅，其余比例尺分幅编号均以此为基础

2. 新的 1：50 万～1：5000 地形图编号

采用行列式编码法，将 1：100 万地形图所含的各比例尺地形图图幅，按经差和纬差划分成若干行和列（图 3-59 和表 3-2），横向为行，纵向为列，行、列位置均采用 3 位数编号，不足 3 位时前补零，按行号在前列号在后的形式构成图号。

表 3-2　国家基本比例尺地形图经纬差和行、列数关系表

比例尺		1:100万	1:50万	1:25万	1:10万	1:5万	1:2.5万	1:1万	1:5000	1:2000	1:1000	1:500
图幅范围	经差	6°	3°	1°30′	30′	15′	7′30″	3′45″	1′52.5″	37.5″	18.75″	9.375″
	纬差	4°	2°	1°	20′	10′	5′	2′30″	1′15″	25″	12.5″	6.25″
行列数量关系	行数	1	2	4	12	24	48	96	192	576	1152	2304
	列数	1	2	4	12	24	48	96	192	576	1152	2304
		1	4	16	144	576	2304	9216	36864	331776	1327104	5308416
			1	4	36	144	576	2304	9216	82944	331776	1327104
				1	9	36	144	256	2304	20736	82944	331776
					1	4	16	64	256	2304	9216	36864
图幅数量关系						1	4	16	64	576	2304	9216
（图幅数量=							1	4	16	144	576	2304
行数×列数）								1	4	36	144	576
									1	9	36	144
										1	4	16
											1	4
												1

根据新的规则，1：50 万～1：5000 地形图编号均由 10 位组成。其中，前 3 位是图幅所在 1：100 万地形图的行号和列号，第 4 位是比例尺代码（表 3-3），第 5～7 位是行号数字码，第 8～10 位是列号数字码（图 3-60）。例如，1：25 万兰州幅图号是 J48C004002；1：10 万兰州幅图号是 J48D011005。

表 3-3　各种比例尺地形图字符代码表

比例尺	1:50万	1:25万	1:10万	1:5万	1:2.5万	1:1万	1:5000	1:2000	1:1000	1:500
代码	B	C	D	E	F	G	H	I	J	K

注：A 为 1：100 万比例尺代码，表中未列出是因其位于最前端可隐含不表示出来

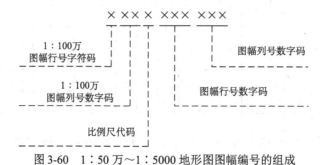

图 3-60　1：50 万～1：5000 地形图图幅编号的组成

3. 新增加的 1∶2000、1∶1000 和 1∶500 地形图分幅与编号

1）1∶2000、1∶1000 和 1∶500 地形图的分幅

（1）经纬线分幅。1∶2000、1∶1000、1∶500 地形图宜以 1∶10 万地形图为基础，按规定的经差和纬差划分图幅。

每幅 1∶100 万地形图按 576 行×576 列划分为 331776 幅 1∶2000 地形图，每幅 1∶2000 地形图的范围是经差 37.5″、纬差 25″，相当于每幅 1∶5000 地形图按 3 行×3 列划分为 9 幅 1∶2000 地形图。

每幅 1∶100 万地形图按 1152 行×1152 列划分为 1327104 幅 1∶1000 地形图，每幅 1∶1000 地形图的范围是经差 18.75″、纬差 12.5″，相当于每幅 1∶2000 地形图按 2 行×2 列划分为 4 幅 1∶1000 地形图。

每幅 1∶100 万地形图按 2304 行×2304 列划分为 5308416 幅 1∶500 地形图，每幅 1∶500 地形图的范围是经差 9.375″、纬差 6.25″，相当于每幅 1∶1000 地形图按 2 行×2 列划分为 4 幅 1∶500 地形图。

（2）正方形和矩形分幅。1∶2000、1∶1000、1∶500 地形图也可根据需要采用 50cm×50cm 的正方形分幅和 40cm×50cm 的矩形分幅。

2）1∶2000、1∶1000 和 1∶500 地形图的编号

（1）1∶2000 地形图的编号。按照经纬线分幅的 1∶2000 地形图有两种编号方法。一种方法与 1∶50 万～1∶5000 地形图的图幅编号方法相同；另一种方法以 1∶5000 地形图的编号为基础，分别加短线再加数字 1～9 表示。如图 3-61 所示，该图为一幅 1∶5000 地形图，图号为 H49H192097，分为 9 幅 1∶2000 地形图，其中灰色区域所示 1∶2000 地形图图幅的编号为 H49H192097-5。

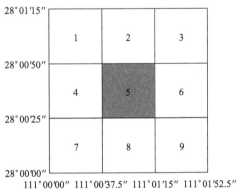

图 3-61　1∶2000 地形图的经纬线分幅编号顺序

（2）1∶1000、1∶500 地形图的编号。按照经纬线分幅的 1∶1000、1∶500 地形图均以 1∶100 万地形图编号为基础，采用行列编号方法，图幅编号由该图幅所在 1∶100 万地形图的图号、比例尺代码和本图幅的行列号共十二位码组成，如图 3-62 所示。

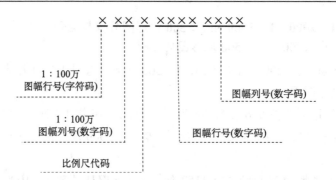

图 3-62　1∶1000、1∶500 地形图的经纬线分幅编号的组成

问题与讨论 3-21

在某点经纬度坐标已知的情况下，如果采用手工方式确定某种比例尺地形图的编号，请问是计算旧编号容易还是新编号容易？

第四章 地图符号与地图表示方法

日常生活中，我们无时无刻无不在传递信息，而传递信息必须借助语言。地图是一种特殊的图形语言，利用图形、色彩、文字及其组合构成的地图符号系统，表达地球表层自然、人文、社会要素的空间分布和相互之间的联系。

展开一幅地图，图面上的符号把蜿蜒的河流、网状的道路、蔚蓝色的海洋、绿色的森林一一展现在我们眼前，形象直观。地图符号不仅能表现这些看得见的地理事物，还能表示看不见或感觉不到的事物和现象，如大气温度、地下矿藏、人口、民族、工业产值，等等，甚至还能表示现实中不存在的东西，例如，城市规划图描绘的城市未来景象。地图符号系统不仅能够表达世界的今天，而且还能够展现世界的过去和未来。

地图上的图形、色彩与所表示的地理事物和现象的形状、色彩可能是一致或相似的，但是并不总是这样。为了更好地传递地理信息，很多时候地图上的图形、色彩是经过概括和抽象的，不能机械地理解和使用。大卫·哈伯斯塔姆所著《最寒冷的冬天：美国人眼中的朝鲜战争》一书中，引用参战美军营长乔治·罗素中校的话描述朝鲜：如果说可以用一种颜色来代表朝鲜的话，那一定是非棕色莫属；如果说要为这里的美军颁发一条军功绶带的话，那么所有参加过此次战争的将士一定都会不约而同地认为，这条绶带理所应当是棕色的。军人离不开地图，只有熟识地形等高线的人，才能真正理解这段话的含义。马克·吐温在其作品《汤姆·沙耶历险记》中，描写了一位名叫哈克的人，他在热气球上通过观察地面颜色判断他们正在伊利诺伊州上空飞行，因为伊利诺伊州是绿色的，印第安纳州是粉红色的，地图上就是这样画的。当汤姆告诉他，各个州的颜色和地图上的颜色是不一样的时，他问汤姆："如果地图上是胡说的，那它怎么能教给人事实呢？"虽然马克·吐温采用了夸张的手法，但是这个故事仍然能告诉我们，科学地理解地图符号是读懂地图语言的基础，在地图编绘和应用中都具有重要意义。

不同类型的语言是由不同的符号系统构成的。那么，地图语言是由哪些符号构成的呢？地图符号又是怎么传递信息的呢？本章将通过对地图符号基本知识、地图符号设计和地图表示方法的讲授，阐明如何合理运用地图符号有效传递地理信息，为学习地图编绘和应用打好基础。

第一节 地 图 符 号

一、地图符号的概念及表意功能

（一）地图符号的概念

1. 符号

人类传递信息需要借助语言。通常所说的或者说狭义的语言，指的是人类使用最广泛的语言——自然语言。自然语言是人类最重要的，也是最方便、使用频率最高的交流工具，如英语、汉语、法语等。广义的语言，除了自然语言以外，还包括文字（语言的视觉形式）、图形、图像、体态、表情等形式的语言，因为它们也被用来传递信息。现实中，"符号"和"语言"这两个词经常被互用，因为它们都具有传递消息的功能。但是如果仔细分析一下，就会发现它们的概念是不同的，语言的概念比符号的概念小，因为从符号学角度看，语言必须是人为的，而符号则包括人为的和非人为的，语言应当是符号的一类。

人类历史上很早就出现了"符号"（sign）一词。然而，在很长的历史时期其概念一直未能明确，直到20世纪初，"符号"一词才有了明确的解释，自此人们对"符号"的理解也逐渐趋于一致。现代语言学之父，瑞士语言学家费尔迪南·德·索绪尔对语言符号的解释得到普遍认可，他认为，符号是"能指"和"所指"的二元关系。其中"能指"是语言符号的"音响形象"，即符号形式；"所指"是它所表达的概念，即所指对象或意义。他把"能指"和"所指"比作一张纸的两面，符号形式是纸的正面，概念是纸的反面，它们永远处在不可分离的统一体中（图4-1）。语言符号可以这样解释，其他符号同样可以这样解释。例如，上课铃声符号，表示到了该上课的时间了，"上课铃声"是"能指"，"到了该上课的时间了"是"所指"；再如，交通信号灯、汽车喇叭声、人的名字等都是符号。世界上任何事物，只要人们想从中获得信息，都可以将其当作符号来看待。由此可见，人们每时每刻都在制作和使用符号。正因为如此，德国当代哲学家卡西尔说，人是符号的动物。

图 4-1　符号的概念（用语言、文字、图像来表征树的概念）

在索绪尔提出符号二元关系理论的同时，被称为符号学创始人的美国学者皮尔斯提出了符号的三元关系理论，他把符号解释为符号形体、符号对象和符号解释的三元关系。符号形体是"某种对某人来说在某一方面或以某种能力代表某一事物的东西"；符号对象就是符号形体所代表的"某一事物"；符号解释是符号使用者解释符号形体所获得的信息，即意义。正是这种三元关系决定了符号过程的本质。皮尔斯的"所指"和索绪尔的"所指"的区别在于前者含义宽泛一些（图4-2）。例如，玫瑰花图形符号是符号的形体，它可以指玫瑰花这种植物，同时还可以象征爱情；奥运会的会徽是符号，五色连环图案是符号形体，它所代表的奥运会

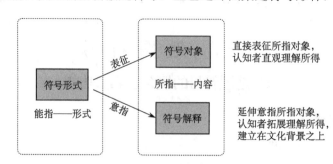

图 4-2　符号概念的理解

这个组织是符号对象，还用来象征五大洲的团结，是符号的解释；鸽子图形符号不仅可以指代鸽子这种动物，还可以象征和平；国旗、国徽、国歌是象征某个国家的符号。

符号是个大家族，不同类型的符号发挥着不同的信息传递作用。按照不同的分类依据，符号可以分成多种类型。以综合特征分类，符号可以分为自然符号和人工符号（表4-1）；以表征方式分类，符号可分为肖似符号、指索符号和象征符号；按感受方式分类，符号可分为视觉符号、听觉符号、嗅觉符号、味觉符号和触觉符号等。

表 4-1 按照综合特征划分的符号系统

	动物符号	同类动物符号	同类动物之间交流信息的符号	
符号		非同类动物符号	动物从客观世界获取信息	
	人类符号	自然符号	生物类符号	动物及其行为
				植物及其生理
			非生物类符号	非生物自然事物
		人工符号	语言符号	自然语言	各语系
			非语言符号	语言替代符号	文字、盲文、手语、旗语、电码、其他
				形式语言符号	数理符号
				其他语言符号	图形、体态、艺术、其他

2. 地图符号

地图也是依靠符号传递信息的。地图是一种用于传达地理信息的特殊媒体，有自己的语言系统，是由各种地图符号构成的。经过长期的研究和应用积累，已形成了一套成熟的表达地理信息的地图语言。从符号学角度来看，地图符号属于视觉符号、人工符号。地图上所有视觉对象都属于符号，因为它们都具有"能指"和"所指"的特性。从广义上说，地图上的图形、文字、色彩都属于地图符号。不过习惯上只把图形符号称为地图符号，这是狭义上的地图符号。

（二）地图语言的表意功能

地图符号设计的根本目的是运用地图语言直观、准确、有效地传达设计者所要传达的地理信息。理解和掌握地理信息的特点、地图语言的表意功能及语法规律，是实现这一目的的基础。

1. 地理信息的特点

地理信息具有空间特征和其他属性特征。地图是一种以表达地理事物空间信息为主的媒体，其他信息则可以看作附着于空间之上的信息。地图所表达的信息总体上可分为两类，即地理信息的空间特征和其他属性特征。

1）空间特征

地理信息的空间特征指地理事物的空间位置、长度、范围、形态、方向等几何特征，以及拓扑关系特征，能准确表达地理信息的空间特征，尤其是水平空间特征，是地图媒体最显著的特点，这是其他媒体所不能替代的。

2）其他属性特征

除了空间特征之外，地理信息还有其他多方面的属性，包括时间属性、高程属性、定量属性、自然属性、社会属性等。

2. 地图语言的表意功能

地图语言是地图用于表达地理信息的工具。地图语言系统由图形、文字和色彩三类要素构成，其中图形与文字是地图中最主要的图面构成要素，能实现地理信息定位、定性、定量和定时。但是，不同地图语言要素的功能是不相同的，各有其优势和缺点。

1）图形语言的表意功能

图形符号是地图语言的主体。用图形符号来描述地理事物，具有直观性、明晰性，因此图形符号是地图最主要的语言要素。图形符号能较好地表示各事物的位置、相互关系、性质、数量和外观特征等信息，显示各事物在空间和时间上的动态变化规律，表达地物的视觉形态、结构。地图图形语言还是一种人类通用的语言，同样一幅地图，不同国度、不同文化程度的人都能够从中读懂其中的含义。

2）文字语言的表意功能

文字是一种高度抽象的符号，这种符号已经形成了语法体系，具有简洁精练、语意明确、表达能力强、蕴蓄丰厚等特点。图形语言有其局限性，类似地名、高程等一些地理信息是无法用图形表达出来的，这时就必须借助文字。地图上的文字语言适用于表达地物名称、地物性质、数值等非空间信息或抽象内容。文字在地图上还扮演着另外一个角色，即图例中文字阐释图形符号含义的作用。文字也有不足之处，不宜用来表达定位信息，不同语言之间存在交流障碍，通用性不强。

3）色彩语言的表意功能

色彩配合图形和文字可以传递某些信息，说明一些问题。虽然色彩必须依赖于图形和文字而存在，但是因为色彩有显著的独立属性，所以可以将其当作一种独立的地图语言来看待。在功能上，色彩与图形具有相似之处，能直观地表达地理事物的色彩、硬度、弹性、透明度、比重、冷暖、湿度、分类、分级等事物属性。在视觉上，人对色彩的敏感性比图形和文字强，色彩语言具有更强的表现力。在表现地理信息的特性、地图内容的层次与类型方面，彩色比文字语言易于感知和理解，且没有语言障碍的限制，不同国度的读者都可以识别，因此具有非常重要的作用。此外，色彩在传达情感方面也具有突出的优势。

问题与讨论 4-1

地图是运用视觉符号（或语言）来传递地理信息的，课文中已经对地图符号的概念进行了分析，通过学习，你能否理解为什么色彩和文字也被当作地图符号来看待？

二、地图符号的分类

了解地图符号的分类，有利于从不同角度了解各种地图符号的特性及其所表征的意义，对科学设计和应用地图符号有着重要意义。从不同的角度出发，可以得出不同的地图符号分类结果。

（一）以符号所表示事物的空间分布状态为指标的分类

从空间分布形态上看，地理事物呈现点、线、面、体四种状态。地图是平面图形，呈点、线、面分布的地理事物，采用相应的点状、线状和面状符号就可以表达（图4-3）。对呈立体形态分布的地理事物的符号表达则要困难得多。

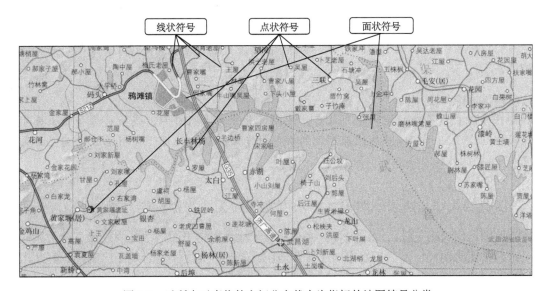

图4-3　以所表示事物的空间分布状态为指标的地图符号分类

1. 点状符号

点状符号指表示呈点状分布要素位置和属性的符号。从几何意义上看，点状符号只有位置意义而不具有面积概念。

地理学意义上的点不同于数学意义上点，除了测量控制点以外，大多是有范围的，只是在一定比例尺的地图上无法按照实际尺寸表示出来。当所表示的地理事物不能依比例表示平面尺度时，只能用点状符号标明表示对象的所在位置，同时用点状符号的形状和色彩表达表示对象的外观属性，如亭、泉、井、塔、独立树、居民点、测量控制点等。

2. 线状符号

线状符号指表示呈线状或带状延伸要素位置和属性的符号。线状符号形态表现为几何上的线，只表示要素在长度方向的位置，而不具有宽度概念。

线状符号表示现实中没有宽度的地理事物，如国界、行政区界等，或在现实中有宽度，但由于地图比例尺小，其宽度不能按照比例表示出来的地理事物，如公路、河流等。线状符号主要关注表示对象的延伸方向和具体位置，其属性则通过变化线的宽窄、结构、色彩来表达。因此，地图上线状符号的宽度与地理事物实际的宽度没有数量关系，例如，中小比例尺地图上的河流符号，只是一种夸张表示。

3. 面状符号

面状符号指表示呈面状分布要素的位置、轮廓形状和属性的符号。面状符号是几何上的面，有确定的边界范围和面积。

面状符号表示按地图比例尺缩小后可以绘出边界轮廓的地理事物，如疆域、湖泊、林地、居民地等。边界轮廓表示要素的地理位置、平面形状和范围，在轮廓间填充纹理、色彩或文字表达要素的属性。

符号的几何特征与所表示地理事物的形状和分布状态之间没有必然联系，地图比例尺变化或表示方法不同，都可引起表示同一地理事物所采用符号的变化。例如，在大比例尺地图上，城市范围可按比例缩小表示，即用面状符号表示；在小比例尺地图上，同一个城市的范围已经不能按比例缩小表示其轮廓了，就只能用点状符号表示。又如，小比例尺地图上的河流是用线状符号表示的，在大比例尺地图上，若这条河流的宽度能够按比例绘制，则可用面状符号表示。

问题与讨论 4-2

按符号所表示事物的空间分布状态，地图符号分为点状符号、线状符号和面状符号，你能否理解点状符号可以传达地理事物的哪些信息？为什么地图上没有真正意义上的立体符号？

（二）以符号尺寸与所表示对象水平尺度之间的关系为指标的分类

当地图比例尺确定时，地图符号尺寸与所表示地理事物平面尺寸之间存在三种关系，即完全符合地图比例尺、仅在长度方向上符合地图比例尺、完全不符合地图比例尺。据此，可将符号分为依比例符号、半依比例符号和不依比例符号（图4-4）。

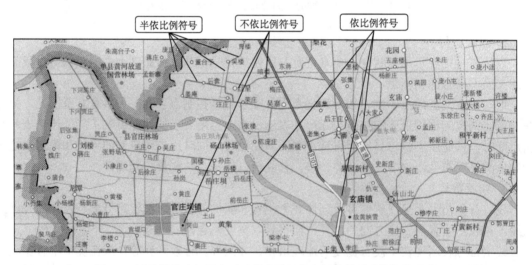

图4-4　以符号尺寸与所表示对象水平尺度之间的关系为指标的分类

1. 依比例符号

依比例符号能真实表示地理事物的平面轮廓形状，故又称真形符号或轮廓符号。地理事物按比例尺缩小后仍能绘制出来平面轮廓形状时，所用的符号都是依比例符号，通常用轮廓线表示真实范围，在轮廓线内填上纹理、注记或色彩，表明该地物的范围、性质，如依比例绘出的街区、湖泊、林区、草地、自然保护区等。根据依比例符号，可以量算要素的实地面积。

2. 半依比例符号

半依比例符号能真实表示地理事物的位置和长度，宽度不依比例表示。在地表呈狭长分布且宽度不能依比例绘出，或没有宽度意义的地理事物，宜采用半依比例符号表示，如中小比例尺地图上的道路、街道、河堤、城墙、河流等，以及各级境界线。为了使其醒目，宽度往往被夸大表示。例如，单线铁路的轨宽只有 1.435m，加上路基宽度一般也只有 6.7m 宽，在 1：5 万地形图上依比例只有 0.1mm 至 0.13mm 宽，依实际比例表示会很不明显，相当于降低了这种信息的重要地位，必须按其重要程度在宽度上适当夸大处理。各级境界线都是没有宽度的，而地图上的所有线条都有宽度，这也说明此类符号只能量测其长度，不能量测其宽度。

3. 不依比例符号

不依比例符号又称非比例符号，用于表示在地面上实际面积小但意义重要的地理事物。当重要地物的实际大小依地图比例尺缩小后无法表示其平面轮廓，如大比例尺地图上表示的三角点、塔、烟囱、独立树和小比例尺地图上表示的居民点等，宜采用夸张手法，用不依比例符号表示。不依比例符号只表示地理事物的位置和属性，不能表示其范围、大小等几何特征。

上述两种分类的地图符号之间存在比较紧密的联系。一般而言，点状符号是不依比例的，线状符号是半依比例的，面状符号是依比例的。在一些面状要素的地图表示法中，也有采用一组点状或线状符号组合表示面状要素的情形，如点值法、等值线法等，这些内容将在本章第三节详细介绍。

问题与讨论 4-3

经过地图符号分类的学习，你是否知道不依比例符号和点状符号是什么关系？所有比例尺地图上的线状符号是不是全部都属于半依比例符号？

（三）以符号形态的视觉感受特征为指标的分类

人的生活经验及认知心理作用，使得地图符号抽象程度关系到符号的直观性、语义和信息量。因此，按照符号的图形形态特征进行分类，有助于在地图设计和应用中合理使用地图符号。以符号形态的视觉感受特征为指标的分类，能反映地图符号与所表达事物在形状、色彩、表面肌理等外观属性方面的相像程度（表 4-2）。

1. 具象符号

具象是指客观世界存在的形象，即具体的形象，包括自然事物及人造物体所具有的形象。具象符号具有无论如何加工、抽象，都或多或少保留有所描绘事物形象特征的特点。人、动物、植物、山、水、云、雨、雪、天体等物象的影像或画像，都可成为地图的具象符号。

根据形象特征，具象符号可分为影像符号和人工具象符号。

1）影像符号

影像符号是通过摄影获得物体影像，经过剪切处理制作而成的地图符号。影像符号具有物象形状、色彩、肌理、质感的原真性。

2）人工具象符号

人工具象符号是根据地理事物的特征，运用写生、抽象、概括、变形、夸张、简化等艺术手法绘制而成的地图符号。人工具象符号能简洁地反映事物的外观特征。

表 4-2　以形态视觉感受特征为指标的地图符号分类

符号分类			符号类型设计示例		
			点状符号	线状符号	面状符号
具象符号	影像符号				
	人工具象符号	写实人工符号			
		写意人工符号		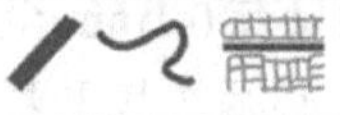	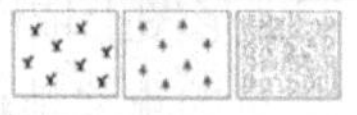
抽象符号	几何形态符号	平面几何符号		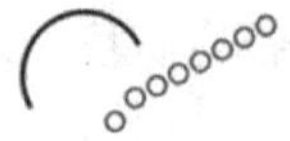	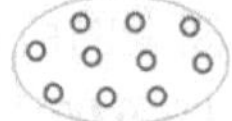
		立体几何符号			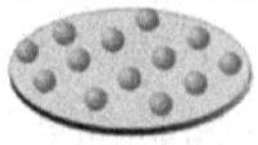
	自由形态符号				
	文字符号			—	—

　　人工具象符号在绘制过程中，虽然对地理事物形象进行了加工处理，但是仍然保留了事物的特征。根据抽象程度，此类符号又可分为写实人工符号和写意人工符号两类。写实人工符号是按照事物的真实形态与肌理如实绘制而成，描绘比较细腻，更接近于原型，相当于国画中的工笔画。写意人工符号不注重细节的描绘，采用简练的线条突出要点，具有明显的抽象性，相当于国画中的写意画。

　　2. 抽象符号

　　抽象符号与被表达的地理事物原型没有形象上的相像之处，只是反映自然现象的某些规律。因此，从抽象符号上几乎看不出所表达的是什么事物。

　　抽象符号分为几何形态符号、自由形态符号和文字符号。

　　1）几何形态符号

　　几何形态符号由简单几何图形或几何图形组合构成，又可分为平面几何符号与立体几何符号。虽然几何图形的语意不够明确，但是并非完全没有视觉意义，例如，三角形像山峰，圆形像太阳等。

　　2）自由形态符号

　　自由形态符号由自由形态的图案和线条构成。凡是非几何图案的抽象图形符号，都是自由形态符号，如表示沙漠类型的符号。

　　3）文字符号

　　文字符号由各种文字、字母或数字构成。从形态上看，文字符号是一种特殊的抽象符号，与其他符号比较，具有含义明确、深刻且较简洁的优点，但是形态不规则，不利于定位。因此，文字符号可用来弥补几何图形语义不明的缺陷。文字符号不是注记，与一般文字注记性质不同。

问题与讨论 4-4

具象符号与抽象符号所承载的信息量是否相同？在表征对象个体属性方面哪种符号更明确？

三、地图符号视觉变量

（一）视觉变量的概念及作用

1. 视觉变量的概念

人类区分事物是从把握各种事物的属性入手的，其中利用视觉属性来区分事物是人们区分事物一个重要方面。不同类型的客观事物，外观对比度有大有小，导致区分度大小不同。对比度越大，越容易区别，相反，就越不容易区别。客观事物的视觉属性较多，只要改变其中某个属性（变量），就会导致视觉差异的产生或扩大。例如，人和动物、石头和植物的外观区别比较大，也就容易区别；而人与人之间的区别相对较小，甚至有时长相相近，令人难以区别。那么，事物在视觉上的对比度大小表现在哪些方面呢？这正是视觉对象的视觉变量问题。

显然，地图符号之间的对比也有一定的指标，这是一个符号相对于其他符号所呈现出的特征。通过研究，人们已经发现地图符号有一些基本的对比要素，这就是地图符号的视觉变量。

2. 视觉变量对地图内容表达的作用

地图符号视觉变量对表达地图内容的作用很大，应用十分广泛，是地图学的核心知识之一。总体上，地图符号视觉变量的作用主要表现在以下两个方面。

1）用于表达地图内容的系统性特征

地图内容系统性特征的表达有赖于地图视觉变量的科学运用。一张地图如同一篇文章，都有自己的主题和一个既有联系又有区别的内容体系。地图内容的系统性特征可以简单地从两个维度来看，即横向和纵向，横向表现为类型，纵向表现为等级、数量、层次、强度等。对地图符号视觉变量的控制，可以形成符号间的适度对比和协调关系，从而建立地图符号的视觉逻辑系统。

每一张地图的内容对比关系是大致固定的，不同内容间对比度有大有小，视觉变量也要与此相对应。地图符号的语法体系建立在这种视觉变量规律之上，把握和科学应用视觉变量，可以提高编码与解码的准确性，有利于读图者快速、准确地获得制图者所传达的信息。如果违背视觉变量规律，则言不达意，甚至会造成混乱和误读。因此，把握视觉变量规律对地图内容体系的表达有着十分重要的意义。

2）用于表征制图对象的个体属性

地图符号视觉变量除了用于表达地图内容对比关系外，还用于表达制图对象的个体属性。地图表达的地理事物多种多样，不同事物的属性各不相同，同一种事物还有多方面的属性，这些都可以通过视觉变量来表征。

利用视觉变量描述地理事物个体属性时，通常用符号外形表征事物的外形，象征性质、形态等属性；用符号尺寸表征事物的尺度，象征数量、等级或强度等定量属性；利用符号纹理表征物体的结构、肌理、材质，象征性质、强度、等级、数量等属性；用符号色彩表征物体的色彩特征，象征性质属性；用符号色相表征物体的冷暖、干湿等特征，象征性质、强度和等级属性；用符号纯度或明度表征物体的比重、硬度等特征，象征强度、等级属性。

（二）视觉变量的类型

传统地图上的符号是静态的。随着多媒体地图的出现，动态符号应运而生，并得到发展和应用。下面分别介绍静态符号和动态符号的视觉变量类型。

1. 静态符号的视觉变量

视觉变量的概念是法国人贝尔廷（Bertin）在 1967 年首先提出来的。贝尔廷在对符号视觉认知规律做了较为系统研究的基础上，认为符号的对比主要表现在形状、方向、尺寸、明度、密度和色彩几个方面。不过，不同的学者对地图符号视觉变量的认识有所不同，也有学者认为地图符号视觉变量应包括形状、尺寸、方向、亮度、色彩、纹理、排列、位置、密度等方面，显得比较复杂。经过分析和梳理，可将视觉变量归纳为形状、尺寸、纹理、色相、彩度、明度六种，其他变量可归入这六种的某一种内。

因为作为视觉对象的对比要素不外乎形与色两个方面，所以上述六种变量可概括为图形变量和色彩变量两大类型（表 4-3）。

表 4-3　地图符号的视觉变量及其对表达地理信息的作用

视觉变量		对表达地图内容系统性特征的作用（运用符号间的视觉对比特征）		对表达对象个体属性的作用（运用符号的个体视觉特征）	
		表达类型对比（类型对比）	表达等级对比（等级/数量/层次对比）	表达自然属性	象征抽象属性
图形变量	形状	适宜		外形	社会经济属性
	尺寸		适宜	尺度	
	纹理	适宜（纹样）	（视觉明度归入色彩明度）	结构、肌理、质地、密度、硬度	
色彩变量	色相	适宜		色彩、冷暖、密度、硬度、湿度	
	彩度		适宜		
	明度		适宜		

1）图形变量

图形变量包括符号的形状、尺寸、纹理，它们对地图内容表达的作用各不相同。

（1）形状变量。形状即图形的外形。点状和面状符号外形有圆形、三角形、椭圆、方形、菱形等抽象几何形状，还有非几何的抽象和具象形状；线状符号有点线、虚线、实线及其他复杂的形状。过去一直把方向当作一种单独的视觉变量来看待，实际上，方向变量可视为形状变量的一种微小变化方式，应当归入形状变量一类。

形状对比会给人以类型差异感和形象感。因此，形状变量对地图内容表达的作用主要表现在两方面：其一，形状对比能引起类型差异感（表 4-4），主要适用于反映地理要素的类型对比；其二，用于传递事物外观形象信息，或象征社会经济事物抽象属性信息。

表 4-4　地图符号的视觉变量及其对表达地图内容体系特征的作用①

视觉变量		表现内容的系统性特征		应用示例		
		表现横向对比（类型对比）	表现纵向对比（等级/数量对比）	点状符号	线状符号	面状符号
图形变量	尺寸		适宜	大　中　小	宽　较宽　窄	大　中　小
	形状	适宜		●　▲　人　枫叶　东海		
	纹理	适宜（纹样 结构）	纹理混合明度应看作色彩明度			
色彩变量	色相	色光色料混合	适宜		红 橙 黄 绿 蓝 紫	红 橙 黄 绿 蓝 紫	红 橙 黄 绿 蓝 紫
		纹理中性混合				
	彩度	色光色料混合	适宜			
		纹理中性混合				
	明度	色光色料混合	适宜			
		纹理中性混合				

（2）尺寸变量。尺寸即图形的大小。大小可分为绝对大小和相对大小，在地图符号设计中相对大小应用更多。地图上的点状和面状符号，其尺寸是指符号的半径和面积，线状符号则主要指线条的宽度，因为宽度在等级对比方面发挥着主要作用。

尺寸对比能给人以等级差异感。因此，尺寸变量对地图内容的作用表现在两方面：其一，适用于反映地理要素的等级对比；其二，表达对象个体自身尺度属性，或象征等级、数量等自然和社会经济事物抽象属性。

（3）纹理变量。纹理表现为符号的内部结构。符号的纹理通过在排列线条粗细、疏密、方向、花纹等多方面进行变化以达到区分符号的目的。在非彩色地图上，纹理起着与色彩一样的作用；在彩色地图上，纹理也能用于弥补色彩在表达能力上的不足。

纹理变量在功能上具有类似于色彩变量的作用，能给人以类型差异感和形象感，而且也能给人以等级差异感。纹理的样式与色彩一样，变化无穷。例如，填充元素的方向、排列、密度、形状、大小等只是其中的一部分变化因素。尽管纹理变化很多，但是对地图内容表达有意义的纹理变量不外乎纹理的纹样和明度两种特征（图 4-5），其中纹理的明度也被称为视觉混合明度。也就是说，所有纹理变化都可纳入纹样和视觉混合明度这两种变化之内。在地图符号设计中，只要把握这两种特征，就把握了纹理的本质意义，也就能做好纹理设计。

① 第四章部分彩色图表请扫描二维码查看：

样式对比为主的纹理组合　　　　　　　　　明度对比为主的纹理组合

图 4-5　纹理变化举例

纹样变化具有较强的类型对比感，纹样对比最适合于表示地理要素的类型差异；视觉混合明度具有较强的等级或数量对比感，明度对比最适合于表示内容的等级特征；某一种纹样的微量变化，在具有同类感的同时，又具有一定的等级或数量对比感。因此，纹理变量对地图内容表达有两方面的作用：其一，可用于表达地图内容的系统性特征；其二，可用于传递事物的肌理、质地、密度等特征信息，以及事物的物理属性信息和社会经济属性信息。

2）色彩变量

色彩的视觉差异体现在色相、彩度、明度三种视觉属性的对比。在应用时，合理区分色相、明度、彩度变量，才能准确表达地理信息。因此，如果笼统地说色彩变量，不区分其属性，概念就不明确。

（1）色相变量。色相即各类色彩的相貌，是区别各种不同色彩的名称。

色相对比能给人以类型差异感和形象感。在表达地图内容时，色相的主要作用有两方面：其一，用于表现地图内容的类型对比；其二，用于表达事物的色彩、肌理、质地、冷暖、密度等外在或内在的物理属性信息，以及象征社会经济属性。例如，蓝色表示河流，红色表示道路，这样区分度就很大。

（2）彩度变量。彩度即色彩的鲜艳程度，也称纯度。彩度的降低有加黑、加白和加灰三个方向，即加深、变浅和变灰均可降低彩度。在白色（浅色）背景上（现实中这种地图较多），彩度降低以变浅方向效果为佳，这种变化与明度变量的视觉效果相吻合。

彩度对比能给人以等级差异感。因此，在表达地图内容时，彩度变量的主要作用有两方面：其一，适用于表现地图内容的等级对比；其二，可用于表达事物的外在或内在的物理属性信息，以及象征社会经济属性。运用彩度对比，有利于造成不同层次或数量既有联系又有区别的效果，具有同类之间的对比感。例如，用红色表示人口密度数值较大的区域，用浅红色表示人口密度数值较小的区域，以说明它们是同类型的内容，只是有数量上的差异。

（3）明度变量。明度即色彩的亮度，反映人眼对物体明暗程度的感觉。彩度对比与明度对比都能产生较强的等级差异感，但是它们的应用效果有所不同。明度变量不仅指线条的明度，还包括由于构成符号的纹理线条密度所产生的总体明度感，即色彩的视觉混合所产生的色彩明度感。

明度等级差异感在表现符号的层次关系和反映事物的数量、级别、强度对比状况等方面具有优势。明度变量对地图内容表达的主要作用，首先表现在适用于地图内容等级对比的表达，在表现地理事物层次方面时，明度对比相比彩度对比更为重要，应优先考虑；其次表现在可用于表达事物密度、色彩、肌理等外在或内在的物理属性信息，以及象征社会经济属性。

明度对比应当包括同色之间的明度对比和不同色相之间的明度对比。同色相和不同色相的明度对比，不仅具有不同的效果，所表达的语意也不相同。运用同色相之间的明度对比，伴随着彩度变化，能产生明显的纵向对比效果，易于区分等级、数量、层次、强度；采用不同色相之间的明度对比，会导致类型差异感的出现，就不易形成纵向对比差异感。

问题与讨论 4-5

（1）纹理变量在功能上具有类似于色彩变量的作用。你能具体比较一下，纹理和色彩在表达地图内容时的相似性吗？在彩色地图上，纹理又起了什么作用？

（2）地图设计者利用符号的视觉变量来传递地理信息，符号的形式变化多样，传统教材对视觉变量类型归纳结果不同。请根据课文中介绍的理论，观察分析一幅网络地图，看看图上的符号图形与色彩是否科学地应用了视觉变量规律，是否传达了应该传达的信息，并说明理由。

2. 动态符号的视觉变量

动态符号用于动态地图上。动态地图指可动态演示的地图，它能反映地理事物随时间而变化或运动的过程。动态变量是动态地图的语言语法，其主要作用，一是有助于将地理事物随时间演化规律直观地显示出来，二是用于确定地图要素显示出现的顺序，以强调某些内容的重要性。动态符号的视觉变量主要包括持续时间、变化速率、变化顺序、位置变化和运动方式，这五个视觉变量都与时间有关。动态地图视觉变量的综合运用，可以获得所需要的动态显示效果。

1）持续时间

持续时间指符号从出现到消失过程所持续的时间，也称发生时长。

持续时间可以显示事物变化过程持续时间的长短状况。显然，符号持续时间越长，越能显示该事物的具体变化过程，演示的内容也越丰富，同时也能显示其重要性。

2）变化速率

变化速率指在单位时间内所显示的单幅影像的帧数，也称变化率。

通过调控符号位置、形状、尺寸、方向、颜色、纹理等变量的变化速度，获得动态展示地理事物演化过程与规律所需的效果。变化速率是一种比率，表达式为 m/d，其中，m 为场景之间实体的位置与特征的变化量，d 为单位时间。变化速率与表现地图内容的重要性相关，变化速度越快，视觉关注度越高。

3）变化顺序

变化顺序指符号内容显示的先后顺序，它表明动画系列图像中相邻帧之间的先后关系及其图像的连续性特征。显示顺序要反映地图内容的逻辑关系，正确表达地理事物的演化过程。

4）位置变化

位置变化指符号在地图上的位置变化。地图符号的位置变化，对再现地理事物的演化过程和规律有重要作用。

5）运动方式

运动方式指符号进入、过程和退出的方式。符号进入和退出方式可以是翻转、旋转、飞入、百叶窗式、放大、缩小等，不用方式表达不同语意，因此产生不同的视觉效果和感受。运动方式能表征事物的变化方式特征，如扩展、收缩、线性移动、跳跃式移动等；也能显示事物的审美风格特征，如温和、从容、华丽、优雅、活泼、震撼等。

无论静态符号视觉变量还是动态符号视觉变量，每一种视觉变量都有最适用于表达某一方面内容特征的情形。例如，明度或彩度的变化主要适合于表达等级对比，也能表示类型对比，但是效果相对要差一些，或者说不是最佳的选择。将多种变量同时用在一种对比特征的表达上，经常能起到强化对比的作用。因此，深入领会、细心观察视觉对比要素的本质和应用原理，从地图设计者的角度，能灵活、合理地运用各种视觉对比要素，从地图使用者的角度，则能更好地获取地图上各种符号所包含的丰富信息。

第二节 地图符号设计

地图符号设计是地图设计的主要内容。一幅地图是一个整体，图上符号之间关系紧密，且与地图主题、地图内容、地图比例尺、地图用途和地图使用方式等有着密切联系，构成一个完整的符号系统。因此，地图符号设计不能把每个符号看作孤立的个体，而应看作符号系统中不可或缺的一部分。

一、地图符号设计原则与影响因素

（一）地图符号设计原则

地图符号设计的目标是准确、直观和艺术地传达地图内容，提高地图科学性和艺术性。为了提升地图信息的传达效果，地图符号设计应遵循以下原则。

1. 适应内容

内容决定形式，形式应服务内容，这是一切艺术品创作的基本原则。地图内容特征表现为个体对象属性特征、空间分布特征与内容系统特征，符号设计方案应当适应这种内容特征表达的需要。符号设计中要兼顾个体符号和系列符号两方面对内容的表达。符号形态、尺寸、结构、色彩运用都应当符合视觉变量规律（视觉认知心理），围绕地图内容特征的合理表达来设计。地图内容应当首选图形表达，图形表达不了再用色彩，图形、色彩表达不了，再用注记。

2. 形式简洁

相对于繁多的地面事物来说，地图图面空间显得太小，简洁化的符号形式可以减轻地图的图面负担，有利于增强地图的条理性、层次性。在手机等移动终端上使用的地图，显示屏面积十分有限，地图符号设计的形式简洁原则更为重要。符号形式简洁化应从图形、色彩、注记三方面及其组合来全面把握。

3. 直观易读

传达信息的语言越直观、语义越明确，传达效率越高，越有利于读者准确、快速地获得信息。地图符号设计应当重视直观性，直观性的实现有多种途径。形象化的语言具有直观性，语言形式与描述对象的物理或形象特征有相像之处；符号形态和色彩属性与所表达的事物间能联想，或有社会约定关系，具有直观性；符合使用习惯的符号也具有直观性。很多地图符号如同自然语言的词语一样，经过长期使用，常用符号与所表达的事物之间就能建立一种约定性关系，并为广大地图使用者所熟悉和接受。例如，铁路、境界线、行政中心等要素的符号都已经在读者心中建立了约定关系。

4. 清晰明确

地图符号设计还应考虑人的视觉敏锐度，符号的直径、线条宽度、字号设置等，要考虑到视力最低的可视尺度，不能低于这个尺度。

5. 注重美感

美观的物品更好用。从人的需要角度来看，审美是人的基本需要，只有实用与美观兼顾的产品才是最完美的，地图也不例外。地图的个体符号与符号系统的设计，都必须考虑到其审美效果，使地图符号设计符合形式美和神采美的美学普遍规律。在形式上，符合多样统一规律；在神采上，要造成气韵生动、大气、高雅、精致、华美、古朴等视觉效果。当然，科学性与审美性有时也存在矛盾，需要在设计中妥善处理好这种矛盾。

（二）影响地图符号设计的主要因素

任何产品设计都受到多种因素影响。因此，设计时考虑的因素越全面，设计出的方案就越好。从主观因素看，设计者的专业知识、艺术素养、悟性等对地图设计效果也有较大影响，限于篇幅，这里对主观因素不展开叙述，仅对客观因素进行讨论。

1. 内容因素

不同的地图内容应选择不同的表示方法和与之相适应的地图符号。地理事物空间分布特征决定着地图符号类型的选择；地图内容的类型、等级、层次结构决定着图形、色彩变量和注记字体的选择；地理事物的形象特征及抽象属性也决定着图形、色彩变量的选择。地图上内容系统的表达和个体属性的表达往往会产生矛盾，此时应以大局为重，优先考虑内容系统特征的表达，然后再考虑内容的个体属性表达。例如，公路的真实色彩多为黑色，但是如果从类型与层次的表达上看，用黑色未必理想，往往会采用其他色彩。

2. 读者因素

人性化是一切产品设计的根本目标，地图设计也不例外。读者因素包括视觉生理、视觉心理、认知能力，是地图个体符号及符号系统设计中需要考虑的因素。地图是视觉产品，地图符号设计必须充分考虑视觉生理、视觉心理规律。视觉生理因素包括视觉敏锐度、视觉残像现象、视觉光渗现象、视觉疲劳现象等。视觉心理因素更为复杂多样，涉及类型或等级的视觉差异感、视觉空间深度感、视觉平衡感、视觉动感、视觉质感、视觉整体感、视错觉、视觉联想和想象、视觉审美、视觉情感等视觉心理现象。地图符号的视觉变量规律就是属于视觉心理现象的典型代表。读者认知能力因素包括不同文化程度、年龄段、职业对地图的认知能力。针对不同群体的认知能力水平设计地图符号，才能提高地图符号的易读性、针对性。

3. 技术因素

技术因素反映在符号的绘制、印刷工具和材料等技术条件方面。地图符号应力求简洁实用、方便绘制和识别。印刷技术条件是符号设计必须考虑的因素，例如，宽度小于 0.08mm 的线条，印刷的清晰度就难以保证，设计时应尽量避免；同样，线条间距也要控制在此宽度以上才能保证印刷清晰可辨。计算机制图软件的应用越来越普遍，一般制图软件都带有符号库，但不同软件的符号库所能提供的符号数量及应用范围不同，而且不同软件的符号编辑能力也不一样，因此使用制图软件设计地图符号时，要在熟悉软件性能的基础上，充分利用其性能特点，为编制高质量地图服务。

二、地图图形符号设计

图形符号是地图最主要的语言，没有它，地图也就不存在，更谈不上地图内容的表达。同时，符号的构成还决定着地图的审美风格。因此，抓住了图形符号设计，也就抓住了地图符号设计的关键。

（一）体现内容特征的图形符号设计

为使地图符号与制图内容特征相适应，地图符号设计应从个体符号和符号系统两个层面入手。个体符号设计解决符号表达对象的造型及个别性质表达问题，符号系统设计则解决地图符号之间的视觉对比关系问题。

1. 符号系统设计

地图符号系统的设计为的是传达系统性信息。无论是点或线，还是面，系统性信息的图形表达都是通过形状、尺寸、纹理变量的对比设计来实现的，以形状和纹样变量表现横向对比，以尺寸和纹理明度变量表现纵向对比，以内容的对比度大小设置视觉变量的对比度大小。视觉变量的综合应用，可以加大符号间的对比度，例如，利用明度与尺寸配合来加大等级对比。符号形态类型选择，要根据图面内容密度决定，抽象符号较简洁，适用范围较广；具象符号直观，但要占用较多的图面空间，不宜在图面内容密度较大时使用。

符号系统化设计对地图内容系统的表达影响很大，不但要考虑好单独的点系列、线系列、面系列符号设计，而且要兼顾到不同系列符号组合在一起的效果（图4-6）。对设计方案效果的观察，只有将它们应用于地图以后才能看出来，因此应绘制效果样图用于效果评价。

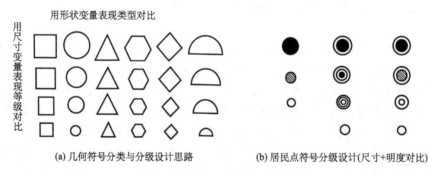

(a) 几何符号分类与分级设计思路　　　　(b) 居民点符号分级设计(尺寸+明度对比)

图4-6　地图符号的系统化设计

2. 个体符号设计

个体符号是构成地图的基本部件。构成符号的图形、纹理能否恰当地体现地理事物的属性特征，对提高地图的直观性尤为重要。个体符号设计时，首先根据地理事物的空间特征确定选用点状、线状或面状符号，然后根据地图要表达的地理事物属性特征构思具体符号要素，选择合适的符号图形。符号形态不同，视觉感受效果不同，因此适用于不同的需要。当需要简洁地图符号时，应多采用抽象符号；但当要突出体现符号的直观性时，就应在不影响整体效果的情况下，尽量选择具象符号。

问题与讨论 4-6

根据所学知识思考，地图符号设计中为什么要把地图内容的系统性特征表达放在第一位，而不把事物的个体属性表达放在第一位？

（二）体现用图者特征的图形符号设计

1. 依据视觉认知规律设计

人的视觉认知规律很多，其中视觉差异感、视觉空间深度感、视觉质感、视觉审美、视觉动感、视觉认知能力等规律对地图图形符号设计都具有重要意义，尤其视觉差异感规律在图形符号设计中应用最为广泛。

具象符号语义相对比较明确，相比抽象符号更加直观，容易识别，适合于不同文化程度的人群阅读，常用在旅游图、儿童地图上。抽象符号和半抽象符号在提高地图负载量和定位精确性方面则更有优势，但是对地图使用者的文化程度、专业水平要求较高，通常应用于专业人员使用的地图上。

2. 依据视觉审美规律设计

人们在探索客观事物美的规律的过程中，发现了美的对象在形式上具有一些共性，即形式美的规律。形式美从美的对象中抽象出来，在客观世界中普遍存在，与人的审美心理结构相对应，广泛运用于艺术创作、各种设计和审美活动中，是普适和重要的视觉审美规律。形式美的总体规律是多样统一。具体形式美体现在对比与协调、对称与均衡、比例与尺度、整齐与错落、节奏与韵律、重点与层次等方面，这是提高图形符号乃至地图整体审美价值的重要方面。图 4-7 是一组具有视觉动感的静态图形。

图 4-7　具有视觉动感的静态图形

地图符号的审美特征体现在个体符号与符号系统相互作用所构成的综合效果上。地图图形符号的美化设计，就是通过将点、线、面等基本要素构成二维平面上的完美图案，各个部分在形式上具有某些统一因素，不同图形符号之间建立起关联、呼应、协调、衬托的关系，使每个个体符号都成为整个有机统一体中的不可缺少的元素，形成丰富而不杂乱、协调而不单调的美感效果。

不同的图形符号设计方案会形成不同的符号审美风格。因为不同地图的图幅大小、符号密度、专题内容与底图内容等可能大不相同、千变万化，所以设计图形符号时必须"因图制宜"，将每一张图视为一个系统整体，综合协调处理点、线、面之间的关系，按照美的规律设计，使地图上的所有符号构成一个既有对比又能协调的有机整体，产生多样统一之美。图形符号线条的粗细关系到地图是否精美，设计时应当把握住两点，一是重视以线立骨，二是强调主次分明。对线条进行艺术概括和提炼，不宜烦琐；对于主要线条，如轮廓线、结构线等，都应当清晰、明确、突出表现；次要线条不宜过分强烈、突出，以免干扰主要线条。

3. 依据视觉生理特点设计

人的视觉生理特点是制约符号最小尺寸的基本条件。图形符号的大小要大于人的视觉阈值，尤其要控制好最小符号尺寸、最细线条宽度和最小线条间距。否则，必然会导致阅读困难（表 4-5）。

表 4-5　不同视距的视觉最大辨别能力　　　　　　（单位：mm）

视距	点的直径	单线宽	双线间的空白宽	虚线间的空白宽	汉字边长
250	0.17	0.05	0.10	0.12	1.75
500	0.30	0.13	0.20	0.25	2.50
1000	0.70	0.20	0.40	0.50	3.50

（三）地图符号库调用与定制

专业地图制图软件都配有常用的地图符号库，供地图编绘人员选择使用。一般情况下，编绘者只需要定义图形符号的尺寸、色彩属性等，不再需要专门设计或重新定制符号。但是软件自带的符号库也存在不能满足制图需要的情况。为了达到理想的效果，就有必要做一些符号定制。例如，点符号形状、线条粗细、纹理等方面的修改，点划线、虚线线段长度和间距的修改等。对于符号库中已有近似符号的情况，应按照所编绘地图内容特征的需要，根据视觉变量规律及审美规律，对符号图形的对比度进行微调；对于没有相似符号的情况，就需要对图形符号造型进行设计创作。

通常制图软件的符号尺寸单位采用磅，1 磅约为 0.35mm，一般情况下，为保证符号清晰、明确，点符号控制在 1.5mm（4 磅）以上为宜，线条宽度控制在 0.08mm（0.2 磅）以上为宜。

非地图制图专业软件没有专业符号库，如果经常使用此类软件制图，应当自己建立符号库。

三、地图色彩设计

色彩在表达地图内容方面发挥着重要作用，同时配色方案对地图审美风格也有重要影响。色彩不能脱离图形符号而存在，但是它有自己的独立属性。因此，也可以将色彩看作一种独立的地图语言。

（一）色彩基础

不同专业会从不同的角度研究色彩。地图学不但要研究色彩的表意功能，还要研究地图色彩审美问题。初学者只有在掌握色彩基础知识的基础上，勤于观察和实践，深入理解色彩语言的表意功能和审美意义，才能提高地图色彩设计水平。

1. 色彩的感知机理

色彩是由光的作用和人的视觉感受而产生，光和视觉感官是色彩形成的必备条件。白色感知是同时等量感受到高强度红、绿、蓝三种光混合的结果；灰色感知是同时等量感受到较弱强度红、绿、蓝三种光相混合的结果，感受强度均介于黑与白之间；黑色感知则是没有光的一种感受。

理论上的色彩数量是无限的。根据视觉感受可以分为两大色系：无彩色系和有彩色系。

1）无彩色系

无彩色系也称非彩色，指黑色、白色及由黑白两色相混成的各种深浅不同的灰色。从物理学角度看，在可见光谱中没有无彩色系，因此不能称为色彩。但是，从视觉生理学、视觉心理学角度，它具有完整的色彩性，应该包括在色彩体系之中。

由白到浅灰、中灰、深灰再到黑色，色度学上称其为黑白系列。中国自古就有青、黄、赤、白、黑五色之说。黑白系列在孟塞尔色立体模型中是用一条垂直轴表示的，一端是白，另一端是黑，中间是各种过渡的灰色（图4-8）。

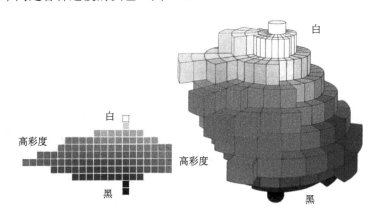

图 4-8　孟塞尔色立体（色彩三属性之间的关系）

2）有彩色系

有彩色系指包括在可见光谱中的全部色彩。如果某种色彩在视觉上能被辨别出属于某一色相（红、橙、黄、绿、蓝、紫）的某一色彩，则该色即为有彩色。

2. 色彩的视觉属性

色相、彩度、明度是色彩的视觉三种属性，是定义色彩视觉特征的基本指标。在地图色彩设计中，色彩三属性作为符号三种重要的视觉变量，是定义符号色彩属性的基本内容。色彩三属性具有三位一体、互为共生的关系，三属性中的任何一个要素改变，都将牵动原色彩的其他性质的变化。

无彩色系里没有色相与彩度的概念，也就是说其色相、彩度都等于零，只有明度的变化。有彩色系中的任何一种色彩都具有色彩的三种属性。熟悉和掌握色彩三属性，对于认识色彩特性和进行色彩设计极为重要。

1）色相

色相又称色别，是有彩色系最主要的特征和区分色彩的主要依据。色相在物理学意义上是由光波波长决定的，可见光谱上不同波长的光，被人的视觉感受成红、橙、黄、绿、蓝、紫等不同特征的色彩，当人们称呼其中某种色彩的名称时，就会有一个特定的色彩印象，这就是色相的概念。人眼能区分出的色相约有 180 种。

色相可用纯色色环表示。以红、橙、黄、绿、蓝、紫的光谱为基本色相，构成环状有序排列逐渐过渡的纯色色相环。如果将纯色色相环按等距离分割，分别可做成 6 色相环、12 色相环、20 色相环、24 色相环等（图 4-9）。

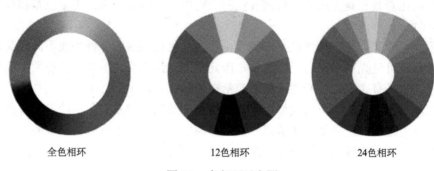

全色相环　　　　　　　　　12色相环　　　　　　　　　24色相环

图 4-9　色相环示意图

2）彩度

彩度又称纯度、饱和度、鲜艳度、含灰度等，表示色彩的鲜艳程度。凡是有彩度的色彩，必定有相应的色相感。一种色彩的色相感越明确、纯净，其色彩的彩度就越高，反之，彩度就越低。因此，彩度是有彩色的属性，其高低取决于光波波长的单纯程度。在色彩中，红、橙、黄、绿、蓝、紫等基本色相的彩度最高，黑、白、灰色的彩度为零。一个色相加白色后得到的为明色，加黑色后得到的为暗色，统称为清色；一个色相加入灰色，则得到的是浊色。浊色与清色比较，明度上可能相同，但彩度上浊色比清色要低。例如，当红色混入白色时，仍旧具有红色色相的特征，但鲜艳度降低、明度提高，变成了淡红色；当红色混入黑色时，鲜艳度降低、明度变暗，变为暗红色；当红色混入与绿色明度相似的中性灰时，明度没有改变，但彩度降低，变成灰红色。这是彩度区别于明度的特性之一。

彩度变化的色，可以通过三原色以各种比例互混产生，也可以由某一纯色直接单独或复合地加白、加黑、加灰产生，还可以通过补色相混产生。

3）明度

明度又称亮度、深浅度，反映色彩的明暗程度。色彩明度的形成有三种情况，一是由于光源强弱变化而产生的同一种色相的明度变化；二是由同一色相加上不同比例的黑、白、灰而产生的明度变化；三是在光源色相同情况下各种不同色相之间的明度变化。在彩色中黄色明度最高，紫色明度最低。

4）色彩三属性之间的关系

色相的彩度、明度不能成正比，彩度高不等于明度高，而是呈现特定的明度。不同色相不但明度不等，彩度也不相等。例如，纯色中彩度最高的色是红色，黄色彩度也较高，但绿色的彩度几乎只有红色的一半左右。从孟塞尔色立体中能清晰地看出色相、明度与彩度之间的关系（图 4-8）。日常所见到的物体色彩，绝大部分不是高彩度色，大多数都含有无彩色。

明度在色彩三属性中具有较强的独立性，它可以不带任何色相的特征而通过黑、白、灰的关系单独呈现出来。色相与彩度则必须依赖一定的明度才能显现，色彩一旦发生，明暗关系就会同时出现。一般来说，色彩的明度变化会影响其彩度的高低。任何一个有彩色，当掺入白色时，其明度将提高；当掺入黑色时，其明度将降低；当掺入灰色时，就会得出混合的明度色。

3. 色彩的原色

原色，又称基色，指光线中或颜料中无法再分解出其他色彩，也无法用其他色光或色料混合出来的色彩。原色的彩度最高，视觉感受最纯净、最鲜艳。原色是调配其他色彩的基本色，有三原色光和三原色颜料。

三原色光分别是红（red）、绿（green）、蓝（blue），常记为 RGB；三原色颜料分别是青（cyan）、品红（magenta）、黄（yellow），常记为 CMY。三原色光等量混合，可得到白光；三原色颜料等量混合，会变成黑浊色（图 4-10）。若以各种比例混合，则三原色光或三原色颜料可调出千变万化的色彩。日常所见的色彩，大多都是由两种或更多色彩光或色彩颜料混合而成。

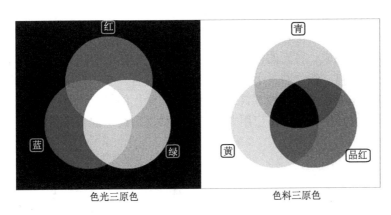

色光三原色　　　　　　　　　色料三原色

图 4-10　色彩的原色

4. 色彩的混合

两种或两种以上的色彩互相混合而产生新色彩的方法称为色彩混合。色彩混合有加色混合、减色混合和中性混合三种。

1）加色混合

加色混合是色光混合，其特点是混合的色彩成分越多，生成的色彩明度越高，故称加色混合。加色混合的三原色是红（朱）、绿（翠）、蓝（紫）。加色混合后彩度不变，但会导致色相、明度改变。如果将色光的三原色按不同比例混合，还可得出更多的色光。

在计算机系统中，每种原色取值 0～255 中的任意整数，三原色组合即可产生一种色彩，所以排列组合共能得到超过 1600 万种色。色相环中任何直径两端相对的色均为互补色，如黄与蓝、青与红、品红与绿等。互补色为强对比色，混合会得到无彩色。两种互补色光等量混合后成为白色，两种互补色颜料等量混合后成为黑色。

2）减色混合

减色混合是颜料色或物体色混合，其特点与加色混合相反，混合的色彩成分越多，生成的色彩明度越低；三原色混合成为黑浊色，故称减色混合。减色混合的三原色是青、品红、黄。减色混合有颜料和叠色两种形式。颜料混合，参加混合的颜料种类越多，生成的色彩越暗。两种原色混合得到的色彩为间色，两种间色混合得到的色彩为复色。如果按不同比例做这种减色混合，就可以得到多种色彩。叠色混合，是透明物体相重叠时，透视光产生的新色彩。因为透明物重叠一次，透过光量就会相应减少，导致透明度降低，得到明度较低的色彩，所以也属于减色混合。叠色产生的色相常偏于上面一层色，而非两色的中间色。

从理论上看，用颜料三原色可以调配出任何色彩，但是现实中颜料的物理特性常有偏差，三原色等量混合后并不能合成纯黑色。彩色打印或印刷就是减色混合，但不是三原色套印，而是青、品红、黄、黑（CMYK）四色套印，以提高色彩准确性。制图软件中也有模拟减色混合的调色模式可供选择，调色板中 CMYK 值为 0～100%，设置每种原色的数值可得到所需的色彩。

3）中性混合

中性混合是指混合后与混合前的色彩明度无变化的混合方式，也称空间混合或视觉混合，主要有色盘旋转混合与空间视觉混合两种方式。色盘旋转混合是将多种色彩涂到色盘上，高速旋转后混合成一个新的色彩。如将红、橙、黄、绿、蓝、紫等色料等面积涂在圆盘上，旋转后会呈现浅灰色。空间视觉混合是将两色或多色并列，当观察距离超出人眼分辨能力时，视觉上会自动将它们混成一种新的色彩，其明度是被混合色的平均明度。根据空间视觉混合原理，将不同色彩以点、线、网、小块面等形状交错组合，在较远距离上就能看到空间混合的新色。若空间视觉混合的原色为颜料三原色，则混合出的间色、复色等与色盘旋转混合的结果接近。中性混合在地图设计中应用非常广泛，如使用纹理混合成新色彩、采用套网印刷彩色地图等（图 4-11）。

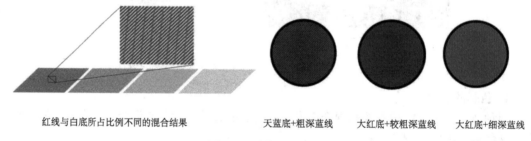

红线与白底所占比例不同的混合结果　　　　　天蓝底+粗深蓝线　　　大红底+较粗深蓝线　　　大红底+细深蓝线

图 4-11　中性混合示例

问题与讨论 4-7

请观察思考：降低一种色彩的彩度只会导致明度提高、降低或不变，还是三种可能性都有（在制图软件的调色板中做色彩调配实验来观察）？

（二）地图色彩的作用

色彩在表达地图内容中发挥着特殊的作用，这种作用不仅表现在彩色地图上，也通过明度设计表现在灰度图上。地图上色彩的作用主要表现在强化地图表现力、丰富地图信息量、突出地图主题和表现地图审美风格四个方面。

1. 强化地图表现力

色彩在两方面强化地图的表现力。一方面，彩色地图与黑白地图相比，多了色相与彩度对比要素，用色相表现不同事物的分类、颜色、质地等属性，用色彩明度及彩度来分层，达到让人一目了然的效果；另一方面，色彩还具备表现地理事物质地、冷暖、比重、肌理、湿度等特性的能力，对表现事物个体属性具有积极意义。恰当地利用色彩，对提高地图易读性，帮助用图者理解地图内容具有重要意义。

2. 丰富地图信息量

人对色彩的敏感度远高于对灰度的敏感，在相同的图幅面积上，色彩能够提供更加丰富的信息。因此，在可以使用色彩的条件下，用色彩区别各要素性质，用色彩浓淡及彩度分层表示要素数量和等级差异，不仅增加了地图的信息量，还能让所表达的要素特征更易于识别。

3. 突出地图主题

色彩具有强烈的视觉感受和象征意义，运用色彩对比可以突出主题内容。例如，高彩度色彩用于专题要素，低彩度色彩用于底图要素，就能突出专题要素的地位；在生态保护评价地图上，使用绿色表现生态环境保护良好的区域，红色表示生态环境破坏严重的区域，有利于主题内容的表达。如果仅用图形来表现这些内容，很难达到理想的效果。

4. 表现地图审美风格

色彩的特性决定了其在审美风格方面的主导作用，表现效果远比图形符号明显。设计者如果想在地图上表现华丽与朴素、淡雅与凝重、现代与古朴等效果，使用色彩系统更加容易实现。如果色彩设计不好，同样会更加严重地影响地图的审美效果。一般而言，彩色图要比单色图美观，鲜艳的色彩比平淡的色彩有更强的视觉冲击，但是色彩的应用不能陷入认识上的误区，不能认为色彩越多越美，越鲜艳越美，符合色彩审美规律的搭配才是理想的。

（三）体现地图内容特征的色彩设计

地图色彩设计的目的是更好地表达地图内容和美化地图，主要通过色相、彩度、明度对比的科学设计来实现。与图形符号设计一样，色彩符号设计也必须依据内容结构体系特征和事物属性特征，表现为个体符号色彩设计和系统色彩设计，基本原则是局部必须服从整体。

1. 系统色彩设计

地图系统色彩设计是指从全局角度审视地图的色彩体系，通过合理设计和运用，使地图色彩具有视觉条理性。系统色彩设计，首先必须明确地图内容的结构特征，然后以此为据，利用色彩的色相变化表达分类信息，利用明度、彩度对比表达分级信息。对于不同类型的事物，应采用强色相对比区分，即选用色相环上角度相距较远的色彩；对于同类型但不同等级的事物，宜采用同色纯度、明度的对比，在浅色背景上的高彩度和低明度用于表达高级别内容，相反，则用于表达低级别内容。

色彩在表达层次关系方面比图形更有优势，效果更好，因此可充分利用色彩的这种优势处理专题要素和底图要素的对比关系。高彩度色彩适用于突出表现专题内容，低彩度色或灰色适用于表示底图内容，这样就能达到很好的分层效果。彩度或明度宜与符号面积成反比，小面积符号应增加其彩度，降低明度；大面积符号则相反，以减轻其视觉上的"重量"。

地图上各类界线的色彩设计对总体效果有很大影响。用黑、白、灰等无彩色调和色相对比，可增加图面色彩的协调性；采用有彩色则容易导致图面色彩不和谐。此外，深色界线还有使面符号更加厚实、清晰、明确的效果。

2. 个体符号色彩设计

个体符号的色彩设计，应兼顾局部与整体的关系，当相互矛盾时，必须以整体为重。

在不影响地图内容系统特征表达的情况下，利用色彩表现内容的个体属性也很重要。色彩在表达地理事物的表面色彩、肌理、硬度、比重、温度、湿度等特性方面有较好的效果，还能使图面更加直观、生动。提高符号直观性的方法，一是用类似客体的色彩，如蓝色表示水面、绿色表示植被；二是用符合视觉效果的色彩，如冷色表示冷的、湿的事物，暖色表示暖的、干的事物；三是利用色彩的情感效果，如红色表示热烈的、危险的，绿色表示平静的、新鲜的；四是利用色彩的象征意义。

符号学研究表明，符号具有多义性，不仅可直接表征意义还可有其他意义。符号的多义性不仅与符号本身的属性有关，还与读者心理及文化背景有关。对于地图色彩符号来说，它不仅能直观表达地理信息，还有其他感受效应。色彩是一种具有文化意义的符号，同一种色彩在不同文化背景下可能具有不同含义，并由此可以延伸色彩的所指内容。表 4-6 是部分色彩具有的视觉感受效应。

表 4-6　部分色彩的联想与感受效应

色彩	具体联想	感受效应
红色	太阳、火、鲜血	活力、光辉、热情、兴奋、刚强、危险
橙色	秋叶、黄土、柑橘	明亮、热烈、喜悦、堂皇、烦恼、焦燥
黄色	光线、柠檬、油菜花	素雅、欢乐、光明、豪华、忠义、衰败
绿色	森林、树木、草地	青春、温柔、新鲜、生意、和平、复苏
蓝色	天空、水面、大海	镇定、宁静、清雅、纯洁、凄凉、悲伤
紫色	鲜花、葡萄、茄子	高贵、庄严、奢华、优雅、阴暗、险恶
白色	雪地、盐、白云	朴素、纯真、高雅、明快、寒冷、衰亡
黑色	黑夜、煤炭、铁	坚固、庄重、沉重、悲哀、恐怖、绝望
灰色	乌云、淤泥、树皮	朴素、沉默、镇定、平淡、空虚、沉闷

问题与讨论 4-8

请在制图软件中做色彩对比实验，分别以白色和黑色为背景，在上面放置红、橙、黄、绿、青、蓝、紫、浅灰、中灰、深灰的圆形符号，观察哪些色彩最突出，哪些色彩比较突出，哪些色彩看不清晰，分析这主要是什么因素（符号色与底色的哪种色彩属性对比）造成的。

（四）体现人体视觉规律的色彩设计

地图色彩设计应以视觉认知和审美规律为依据。

视觉生理和认知心理规律表现在多个方面，如色彩的视觉敏锐度，色彩的视觉残像、光渗、疲劳现象，色彩的温度、轻重、远近错觉等。全面了解和科学运用这些视觉规律，才能提高地图色彩设计效果。人对色彩非常敏感，正常人眼可分辨大约 700 万种不同的色彩，但是受各种客观因素（如色彩对比度不足）影响，就难以区分两种色彩。人眼看过一种色彩后会在视网膜上留下该色彩的补色，因此绿色上配红色就会有晃眼的感觉。过多使用高彩度色彩，明度差或彩度差较大，容易造成视觉疲劳，例如，较长时间凝视红色会产生眩晕现象。暖色、深色感觉重、近，冷色、白色会感觉轻、远，所以同样大的形体，白色显得大，黑色显得小。现实生活中，人对色彩差异的辨别能力是有限的，因此地图色彩设计要在视觉规律指导下，充分利用色相、彩度和明度的系列色区分度，让用图者能够比较容易地分辨图上的不同色彩。

色彩对地图审美效果影响很大，甚至超过图形的作用。从地图审美的角度，地图色彩设计首先要重视格调，明确地图风格定位；其次色彩数量要适度，多样与统一相结合，尽量少而简洁，一张地图的色彩不是越多越好看；再次要注重搭配，没有不好看的色彩，只有不合理的搭配；最后要重视无彩色的利用，黑、白、灰与任何色彩都易于协调相配。若要体现格调的高雅性，应当少用高彩度色彩。在人的视觉认知中，每一种色彩都会呈现一定的格调，或华丽或朴素，或厚重或轻盈，或高雅或艳俗，或古朴或清新，等等。一般认为，浮、燥、火、艳、俗、脏等的色彩是不美的，这类色彩在地图色彩设计时应当少用或慎用。色彩格调上务求古厚、典雅、沉着、明快，用色以古雅为上；重彩唯求古厚，淡色唯求清逸；重而不浊，淡而不薄，艳而不俗。

（五）制图软件调色板运用

制图软件都有调色板，便于作者定义符号色彩。

使用调色板，首先要选择调色模型。最常用的调色模型有 RGB（色光）、CMYK（颜料）、HSB（三属性）三种。从色彩视觉特性看，由于使用三原色模型自定义色彩，不易直接达到视觉所需效果，它与色彩视觉变量不对应。而用 HSB 调色板模式调色效率最高，能达到事半功倍的效果。其次要设置色彩模式。常用的色彩模式有 RGB、CMYK、灰度、位图等。RGB和 CMYK 模式之间可以互相转换，也可以转换为灰度、位图模式。为了避免打印效果与屏幕显示色彩有偏差，可直接采用减色模式配色。

在计算机图形处理中常能听到一句话——所见即所得，表达了一种"显示器中显示的与打印出的效果完全一样"的思想。实际上，所见即所得具有相对性，由于软件性能、显示与打印技术的误差，常会出现所见非所得的情况。第一，软件显示性能的影响。矢量制图软件显示的线条粗细不够精准，尤其是细线条，看到的效果并非真实的效果，只有转化成栅格图像才能观察到真实的宽度。第二，显示器性能的影响。不同显示器对色彩显示的精确性有一定差异，一般情况下阴极射线管（cathode-ray tube, CRT）显示器比液晶显示器对色彩显示得更精准一些，同一类型显示器的品牌和档次不同，色彩显示的质量也不一样，要获得精准的色彩显示效果，应选择印刷排版专业显示器。第三，打印设备性能的影响。激光打印和喷墨打印效果有所不同，通常喷墨打印色彩效果好一些。喷墨打印机及使用的墨水质量对打印效果有比较明显的影响。

四、地图注记设计

地图注记是指地图上的文字，是地图表达内容的语言之一，能弥补其他语言的不足，它与地图符号相配合完成地图信息的传输。符号、文字、色彩是地图的三大构成要素，其中符号与文字是地图中不可或缺的图面构成要素。绝大多数情况下，地图上的文字是不能省略的。因此，无论从内容表达，还是从地图艺术化角度看，地图注记设计在地图设计中都具有重要的地位。

地图注记设计要实现两个目标：一是设置文字，配合图形符号说明地图内容；二是将文字看作抽象图形，按照图像构成的美化要求设置注记字体。注记设计的主要内容包括确定文字的字体、字号、排列、装饰处理等方面。

（一）地图注记分类

按地图注记的功能将其分为名称注记、说明注记和图幅注记三种类型。

1. 名称注记

名称注记指用于说明地物名称的文字，如居民地、河流、区域、山峰、山脉、单位等的名称。

正确表示地名有利于地图的使用。同时，地名的称谓关系国家领土主权和民族尊严，因此地名标注必须符合国内外地名使用标准、规范。在编制中文版的外国地图时，应按相关规范使用汉译外国地名。使用原名时，原则上应以各主权国官方最新地图的地名写法为准，并注意反映我国的外交立场。若没有该国官方地图，应以国际通用的地图为依据。

2. 说明注记

说明注记指用于说明事物性质的文字。地理事物的某些性质无法用符号或色彩表达时，通常使用文字来说明。例如，用茶、果、松、竹等文字表示地表植被；用数字说明经纬度、高程、河宽、水深、树高、楼高等。

3. 图幅注记

图幅注记指用于说明与地图相关的各种内容的文字，如图名、图例、成图时间、作者等。图幅注记一般放置在制图区域外的空白区，也可以放置在图廓之外。

（二）基于内容特征表达的地图注记设计

地图注记也需要依据表示对象的属性和内容结构体系特征进行设计，包括系统化设计和个体文字两部分。

1. 地图注记系统化设计

地图文字系统化设计所要传达的信息是分类与分层信息，基本思路是配合符号说明地图内容在整个地图内容系统中的分类、分级属性，使地图内容具有视觉条理性。

利用文字的字体、大小、轻重表达内容的分类与分层信息。一般来说，字体类型不同表达性质差异，用来区分类型；字号大小不同表达等级差异，用来区分层次；文字笔画粗细，以及文字的视觉混合明度所表现出来的轻重感，也常用于区分层次。

用不同字体表示不同内容，有利于增强图面要素的秩序性。例如，水系的注记字体与地形、居民点的注记字体要有区别。从分级角度看，字体一般分2~3个层面为宜。第一层面文字居上层，字体笔画应当粗壮，选用粗黑、粗圆、琥珀等字体；第二层面文字居中层，字体笔画中等粗细为宜，选用黑体、中圆、宋体等字体；第三层面文字居下层，字体笔画要轻细，选用仿宋、楷体、细黑、细圆等字体（图4-12）。

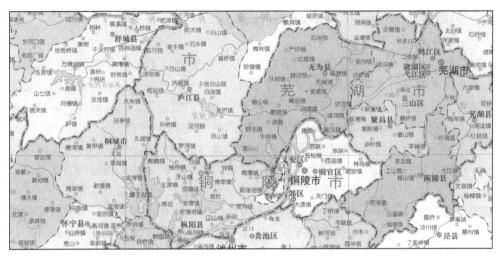

图 4-12　注记字体的系统化设计示例

（《安徽省地图集》编纂委员会，2017）

2. 地图注记个体文字设计

个体文字设计考虑的是个别文字的设计，传达的是局部信息。地图上的文字以简明扼要为好，尽量减少不必要的文字覆盖度，以减轻图面负担。不同字体在字号相同的情况下，所占面积是不同的。在汉字字体中，综艺体、圆角体、水柱体结体宽博，占用空间最大；宋体、黑体占用空间居中；仿宋、楷体占用空间最小，也是在结体上最紧凑的两种字体。地图中的文字字体适宜用印刷体，这样有利于形成精致、端庄、简洁的特征，一般不用手书体。

文字直观性差，但它适合于表达抽象信息，能传达地名、路名、山名、水体名等信息。因此，根据对象的特性赋予字体一定形象化意义也是有必要的。例如，水系名称用左斜楷体、圆角体，山体和山脉名称用长黑体、耸肩体，地区名称用扁平的字体，等等，这些变化都使注记能与所表达对象的个体性质特征更加吻合。

问题与讨论 4-9

从视觉传达设计角度分析，为什么说地图注记也可以看作是一种图形符号？

（三）基于视觉认知和审美规律的地图注记设计

地图注记设计要以视觉认知规律、审美规律和视觉生理规律为依据。

1. 注记排列方法

注记的作用是配合图形和色彩说明地图内容。从认知角度看，注记与符号的位置在视觉关系上应当具有紧密或协调的关系。为此，文字排列应当采用"压""靠""和（hè）"等方法。"压"是指压在符号上；"靠"是指紧靠在符号边上；"和"是指与符号的尺度与形状相附和，即保持配合关系。这些方法需要根据实际情况灵活应用，既要增加视觉条理性，减少误读，又要尽量避免注记占据不必要的空间。例如，双线河流和街道的注记，放置在双线内要比放置在双线外紧凑；但是单线河和街道注记则以"靠"的方法效果更好，如果"压"在线上，会影响线的连续性。如何让注记与线状、面状符号相附和呢？线是长的，其注记就应当散列于沿线方向上；面是有范围的，其注记就要散列于面上，而不能堆在一起。

2. 注记排列方式

注记排列方式选择因文字类型不同而有差异。不同国家有不同的文字，汉字是表意文字，其他大多数国家都是拼音文字。拼音字母竖排和将字母分开排都会影响阅读，所以英文地图的文字排列难度会大些。汉字在排列方式选择上有很大的自由度，可以横排、竖排、单字分开排，且不影响阅读，也更容易实现注记与图形的捆绑效果。

不同图形符号，与其相关联的注记汉字摆放位置与排列方式不同。

（1）点状符号的注记，以符号为中心，紧靠着符号，以经纬线或图框为方向基准，按照符号的正右、正上、正下、正左顺序来选择摆放位置。摆在符号的左上、左下、右上、右下效果较差（图 4-13），但不是绝对不可以，不得已时可以放在这些位置。字数较多的注记，宜排列成两行，显得紧凑。在很多情况下，为了防止压盖地物，注记往往不能放在理想的位置，这时就要权衡利弊，统筹兼顾。排列的方向以横排为最佳，不得已时也可用竖排。

（2）线状或面状符号的注记，应沿线或附和面的范围分散排列，根据实际情况可在横排、竖排、斜排、雁行排列、屈曲排列等形式中选择合适的形式，以保持注记与符号之间关系的紧密性与协调性（图 4-14）。等高线注记应压在线上，字向朝向山顶，与等高线垂直，且要避免文字方向颠倒。不管选择何种排列方式，其根本目的都是提高注记与符号关系的紧密度，使得地图要素在视觉上更有序。在此基础上，再考虑阅读的方便程度。例如，在屈曲排列与雁行排列都紧密的情况下，选择哪种方式更理想？如果采用屈曲排列，有时会导致注记东倒西歪或者倒立，显然都不便于阅读，在选择排列方式时应考虑这个问题。

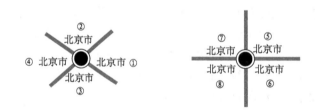

图 4-13　点状符号注记的位置选择

（图中数字为注记位置优先选择顺序）

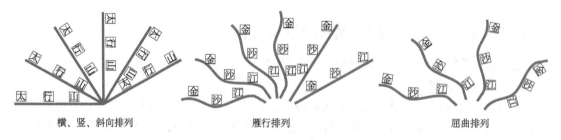

横、竖、斜向排列　　　　　　　　雁行排列　　　　　　　　屈曲排列

图 4-14　线状和面状符号注记排列方式

3. 注记字体与字号

文字设计要符合多样统一的审美规律，以实现图面美化。一张图中只用一种字体，注记无轻重、大小变化，就会显得很单调。为了丰富图面效果，避免单调感，文字要有字体、轻重、大小的变化，同时保持其协调性，避免杂乱。图面上文字不宜太密、太满。此外，不同

风格特征字体的组合模式及其所占比例也会影响整个图面的格调。过多地使用黑体等粗重字体，图面会有沉重感；过多地使用仿宋体等纤细字体，图面会有轻巧感。字号设计对图面效果也有影响，地图上用字应当以小字为主，大字为辅，使图面显得内容充实、精致。通常大多数注记文字以 5～8 磅字号为宜。大字用得太多，会使图面显得粗糙，没有精致感。

文字设计要符合人的视觉生理规律。因为宋体字横划较细，在字号很小的时候看起来不实在，所以宋体字不宜作小字用。字号选择应当考虑字的清晰性，通常 5 磅以上的文字不影响阅读。不同年龄群体的视力有差异，中小学低年级学生识别较小的字有困难，年龄较大的人看小字也很吃力，因此文字设计时要考虑地图用途和用图者群体的年龄情况。

问题与讨论 4-10

观察两张地图，看看注记的层次感是否明显，根据本节所学到的理论来分析其设计方案成功或存在缺陷的原因，并提出改进措施。

（四）电脑字库字体调用与补充

电脑字库字体具有字体质量高、调用方便快捷的特点，应用非常普遍。尽管当代制图人员已经不需要手写图上文字，但仍需要熟练掌握各种字体的风格特征，否则就不能得心应手地用好字库中的各种字体。汉字字体有书写体和印刷体两大类。书写体一般分为篆、隶、楷、行、草。随着印刷技术的发展，又出现了许多印刷字体，字体种类更为多样。印刷体可以分为三大类：宋体及其变体，黑体及其变体，手书体。

选用字库字体时，先定义字体，后确定字号。地图上适宜使用的字体主要是印刷体中工整的字体，行书、草书不宜使用；隶书、魏碑不适宜用于小字号注记。如果字库中的字体不能满足制图的需要，可下载所需字体字库，将其安装或复制到制图软件系统的字库中即可使用。

计算机制图技术的出现，不仅使注记设计工具发生了根本变化，文字的装饰手法也较以前更加多样，例如，给文字加背景、加轮廓、加阴影、立体化、反白等特殊处理方法，对强化或弱化注记文字表现效果很有意义。

第三节　地图表示方法

空间性是地理信息的主要特性，而直观、精准地传达地理信息是地图的优势，也是地图的主要任务。因此，对地图表示方法的研究也是以点、线、面和体等空间形态为主线来探索地理事物空间特征和属性的表达途径。经过地图学家的努力，现已形成了一些成熟的表达方法，主要有定点符号法、定点图表法、线状符号法、动线法、质底法、范围法、等值线法、点值法、分区图表法、分级统计图法、分层设色法、晕渲法等 12 种表达方法。这些方法在地图实践中得到广泛应用的同时，也验证了它们对表达地理信息的有效性与实用价值。

一、点分布信息表示方法

地理学意义上的点通常是指在地图上面积很小，无法依比例表示的事物，有时是指没有面积的点，如高程点。点分布信息在地图上采用定点符号法、定点图表法表示。

（一）定点符号法

1. 概念与适用范围

将点状符号定位于对象所在点上，以表示该事物所在位置、性质、等级和数量等信息的地图表示方法称为定点符号法。

定点符号法在各种地图中均有应用。凡是空间分布特征上具有点位意义的地理事物，均可以使用此表示方法，如居民点、高程点、三角点、旅游景点、矿产、车站等（图 4-15）。

图 4-15　定点符号法（地热、矿泉水、居民点符号）应用示例

（《安徽省地图集》编纂委员会，2011）

定点符号法所用符号是不依比例符号，通过符号图形、色相、结构变化表示地理事物质量特征的差别，通过符号大小、彩度、明度、结构变化表示地理事物等级、数量特征的差异。

2. 比率符号

点状符号尺度与它所表示的数量之间，如有一定的比率关系，称为比率符号；如无比率关系，称为非比率符号。非比率符号只能表示模糊的数量等级关系，例如，用形状相同、大小不同的符号表示城市 GDP 总值高、中、低等。比率符号能更好地表达要素数量信息，在专题地图上应用很广泛。根据符号大小与事物数量之间的比率关系特征，比率符号分为绝对连续比率、条件连续比率、绝对分级比率、条件分级比率 4 种（图 4-16）。

1）绝对连续比率

绝对连续比率指符号面积比等于其表示的数量比，即符号面积与所表达数量之比为一常数。采用连续比率符号，每一个数量值均有一个确定大小的符号与之相对应。符号的基准线是决定符号大小的量，如圆的直径、正方形和正三角形的边长等。现以圆形符号为例，说明绝对连续比率符号的设计。

设最小符号的基准线长为 r_1，对应的数量值为 x_1；待表示的数量值为 x_n，其与最小符号表示的数量的比值为 $x=x_n/x_1$，则 x_n 对应的符号基准线长度 d 为

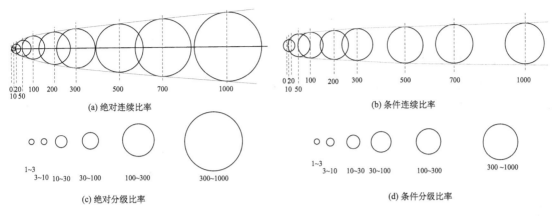

图 4-16 比率符号的种类

$$d=\sqrt{r_1^2 \cdot x} \tag{4-1}$$

例如，若最小符号基准线长 r_1=1.0mm，表示 10 万人口数量，则 1000 万人口对应符号的基准线长 d=10.0mm。

2）条件连续比率

条件连续比率指符号面积与所表达数量之比符合某种函数条件。采用条件比率符号，每一个数量值也都有一个确定大小的符号与之相对应。

通过函数条件可以改变符号面积比变化的速率。绝对连续比率符号的优点是符号面积与表示数量之间有准确的比率关系。但是，当所表达要素数量相差较大时，就会出现表示大数值的符号面积过大，而表示小数值的符号面积过小，容易造成图面负载过重，以及一些符号因太小不易阅读的情况。当所表达要素数量相差较小时，又会出现符号大小区分不明显的情况。通过给基准线长附加函数条件，如通过对基准线长开平方以加大符号面积的递减率，通过对基准线长乘方以加大符号面积的递增率。

3）绝对分级比率

绝对分级比率指符号面积与其表示等级的代表数值之比为一常数。绝对分级比率针对分级数据，每一等级包含一定范围的数值，通常在其范围内选择一个具有代表性的数值表示该等级。采用绝对分级比率符号，每一个等级有一个符号与之对应，符号基准线长根据代表该等级的数值计算。

数据分级的目的是突出地理事物集群性分布特征，直观准确地表达数量对比，能更加有效地表现分布规律，但同时也会带来信息损失。分级数量以数据特点和易读性为依据，影响分级数量的主要因素是表示方法、色彩和技术水平。认知心理学研究表明，当符号等级超过7 个时，人的短时记忆效果下降，会影响认知效果；但是分级数越少，信息损失就越大，会影响事物数量特征的准确表达。因此，一般情况下分级数在 5～9 比较合适。分级方法有等间隔分级、向数列高端变大或变小的间隔分级、按某种变量系统确定间隔的分级和自由分级，表示某等级的代表性数值可在该等级数据的均值、中数、最大值和最小值等特征值中选择。

4）条件分级比率

条件分级比率指符号面积与其表示等级的代表数值之比符合某种函数条件。条件分级比率针对分级数据，每一等级有一个确定大小的符号与之相对应，符号大小按一定函数条件计算得到的数值绘制。

条件分级比率符号不同于非比率符号，两者存在本质的区别。非比率符号的大小与所表示数量之间并没有确定的数学关系，各符号尺寸可任意确定，以从视觉上能区分表现出不同符号所代表的数量等级大小为准。

3. 方法应用

1）符号形状

定点符号法用于表示点的质量特征，其形状需要兼顾内容系统性和事物性质的形象表达，可选择具象符号，也可选择抽象符号。使用具象符号，形象直观、图面生动，内容容易理解，但是符号图形所占面积较大，而且也难以确定其图上准确位置。使用抽象符号，图形规则、简洁，符号占用面积小，定位明确。

2）符号尺度

定点符号法用于表示点的数量特征，其尺度表达事物的等级、数量，可采用不同大小的非比率符号表达事物的等级，也可根据制图目的、数据等情况，选择比率符号来表达事物的数量。

3）符号位置

根据事物的地理位置确定表达该事物的符号在图上的位置。几何符号因为几何中心明确，更有利于读者观察其精确位置，例如，圆形符号以圆心为定位点，三角形符号以底边中间点为定位点，等等。而形状不规则的符号不利于读者观察其精确位置。除了测量控制点、高程点等具有精确地理位置的要素以外，其他点状要素的位置是一个相对精确的位置，因为这些地物实际上是有面积的，只是在比例尺很小的情况下而无法显示其面积。国家基本地形图对点状符号的精确位置表示有严格规定，在制图时必须按照有关规定来定位（详见地形图制作的国家标准），其他地图的符号可参考这些标准来设计。

（二）定点图表法

1. 概念及适用范围

将统计图表定位于表示对象所在点上，以表示该事物所在位置和数量特征的地图表示方法称为定点图表法。统计图表根据所表示要素的统计数据制作。

定点图表法常用于编绘专题地图，适用于表示定位于监测点或居民点上的各种统计数据，监测点数据如气温、风向、降水等气象观测数据，居民点数据如人口、产值、物价、工资等社会统计数据（图 4-17）。

2. 常用统计图表

常用统计图表有结构图、柱状图、曲线图、风向玫瑰图和金字塔图等。结构图、柱状图、曲线图很常见，绘制也比较简单，这里不再赘述，重点介绍风向玫瑰图和金字塔图。

1）风向玫瑰图

风向玫瑰图是指将某气象台站在一定时段内各个风向出现的频率按一定比例绘制而成的统计图表，又称风向频率玫瑰图。风向玫瑰图通常采用多年风向的平均值绘制，风向一般有 8 个或 16 个方位（图 4-18）。风向玫瑰图也用来表达其他地理事物某一种指标在不同方位的频率，反映事物多方位的结构特征。

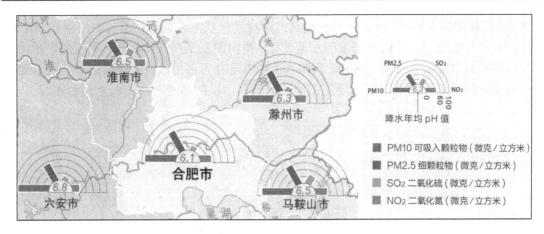

图 4-17　定点图表法应用示例
（《安徽省地图集》编纂委员会，2017）

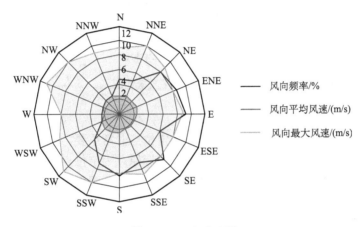

图 4-18　风向玫瑰图

　　风向玫瑰图的绘制方法如下：第一步，按照制图设定的时间范围，利用观测数据统计各方向的风向频率；第二步，确定方向线上单位长度所代表的频率值；第三步，按统计的风向频率在相应方向线上确定端点，将各端点依次连接成图。

　　2）金字塔图

　　金字塔图是指将代表不同要素或不同等级的水平柱叠加，综合反映地理现象内部多项组成和结构特征的统计图表。金字塔图表常用于表示城市或区域的人口性别和年龄构成，故也称人口金字塔图（图4-19）。

　　人口金字塔图的绘制方法如下：第一步，按一定的年龄分级，统计各年龄段不同性别的人口数和占总人口的比例；第二步，从最低年龄段开始，将每一年龄等级的男女人口数占总人口的百分比分别绘成水平柱，自下而上逐层叠加；第三步，根据需要在水平柱内填充颜色或晕线。

　　3. 方法应用

　　1）统计图形式

　　统计图的形式多种多样，选择何种统计图取决于其能否形象直观地反映表达对象的数据特征。在长期的实践中，统计图的应用已经形成了一些为人们所熟悉的习惯用法。例如，曲线图表示气温变化，柱状图表示降水量变化，结构图表示产业结构，风玫瑰图表示站点风向频率，金字塔图表示人口结构，等等。可参考这些习惯用法，选择确定符合表示对象特点的统计图。统计图大小根据地图图面情况设置，以内容清晰、图面协调为宜。

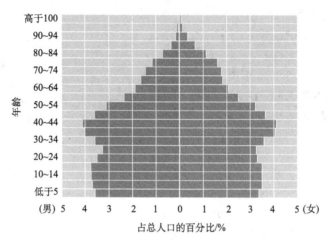

图 4-19　人口金字塔统计图

2）统计图位置

统计图面积较大，形式各异，确定统计图的定位点非常重要，定位点是定点图表法区别于分区图表法的本质。有坐标系的统计图，一般坐标原点为定位点，如曲线图、柱状图、金字塔图等；圆形或椭圆形统计图，通常以圆心为定位点，如圆形结构图、饼图等，也可以将统计图设置为半透明色来防止遮盖底图要素。

问题与讨论 4-11

由于统计图面积都很大，这给精确定位提出了难题。请观察一些地图案例，说明如何定位统计图所在的精确位置比较理想。

二、线分布信息表示方法

线分布指地理事物在地图上其宽度不能依比例表示，呈线状或带状分布的一种形态。线状分布信息主要是线状事物的位置、类别、等级、数量、方向等信息。对于无方向性的事物，一般采用线状符号法表示，有方向性的事物，宜采用动线法表示。

（一）线状符号法

1. 概念与适用范围

用线状符号的图上位置表示事物在地表的位置和分布形状，用色彩、结构表示事物的类别、性质，用粗细表示主次和等级的地图表示法称为线状符号法。

线状符号法适用于表达各种线状或带状分布的事物，如河流、交通线、境界线、水岸线、地质构造线等，广泛应用于普通地图和专题地图（图 4-20）。

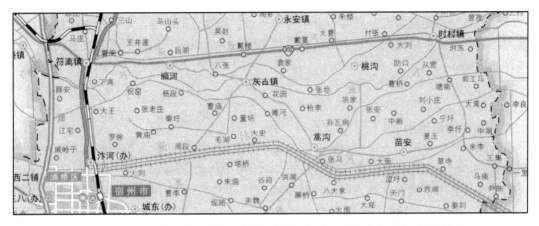

图 4-20　线状符号法（铁路、公路、堤坝、河流、境界等符号）应用示例

（《安徽省地图集》编纂委员会，2011）

2. 方法应用

1）线条样式

线条样式指线状符号的形状和纹样，主要用于表达事物的质量特征。设计或选用线条样式，一是要符合所表示事物及其特征的要求，二是要兼顾符号使用习惯。不同事物采用不同样式的线条，样式的对比度大小视具体情况而定。例如，公路、河流、境界在性质特征上相差很大，所对应的三种线条样式就要有很大的对比度；高速公路、一级公路、二级公路等都是公路，只是等级不同，各等级公路符号的样式就要增加相似性和协调性，降低对比度，反映其属于同一类别的性质（图 4-21）。如果样式变化难以达到明确表达类别、性质等信息的效果，可以借助色彩增强表达能力。地图制图软件中大都提供常见线条样式库，可满足一般制图需要。

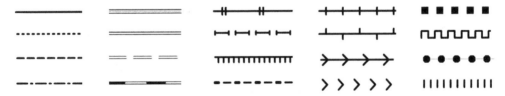

图 4-21　线状符号设计示例

2）线条宽度

不论从准确表达线状或带状事物主次、等级特征的角度，还是从提高图面视觉效果的角度，线条宽度设计都具有重要意义。大多数地图线条粗细与地理事物本身的实际宽度没有直接关系，主要用于表达事物的重要性和数量的等级特征。通常，线状或带状事物的等级高、数量大，宜采用尺寸较宽的符号，相反，适合用较细的线条。通过建立线条宽度与事物某一数量指标之间的函数关系，可表示线状或带状事物某一方面的数量特征。

3）线条定位

线条位置表达地理事物的实际位置，有中心线定位、线边沿定位和概略定位三种方式。中心线定位，即以线形符号的中心线表示事物的实际位置，具有严格定位意义，应用非常广泛，如表示海岸线、铁路、公路等；线边沿定位，即以线形符号的一边沿表示事物的实际位置，同样具有严格定位意义，多用于表示有向一边扩展性质的事物，如突出主区的境界线，通常加绘有色带；概略定位只表示线状或带状事物的大致走向，或仅表示起讫点位置，如航海线、航空线等。

（二）动线法

1. 概念与适用范围

用箭形符号表示沿着一定方向移动的地理事物质量特征、主次、等级等信息的地图表示法称动线法，也称运动线法。箭形符号是指带有箭头的线状符号。

动线法适合表示具有移动方向的地理事物（图 4-22），如台风运动、货物运输、人口流动、行军路线等。多个箭形符号的组合还可表达面的运动状态，如大气运动、寒潮、洋流等。

2. 方法应用

1）线条样式

在表达地理事物位置、类别、性质、等级等特征方面，动线法与线状符号法相类似，利用线条样式、色彩表示质量特征，线宽表示主次和等级特征，线条位置表示起讫点和经过地点。不同的是，动线法采用箭形符号表示了事物的运动方向，给符号样式、色彩和宽度赋予了更加丰富的信息，如运动性质、运动强度等。

动线法的线条样式设计，一方面要体现事物本身的性质、等级等特征，另一方面要具有动感。箭形符号的箭头式样在动感方面有重要作用。另外，半透明渐变处理，使箭头前深后浅，不仅能增强动感效果，还可以减少对其他要素的遮挡。对单一运动内容，采用简式动线表示，对同一方向有多种要素运动的复杂情况，可采用复式动线表达（图 4-23）。

2）线条宽度

动线法中的线条宽度与地理事物实际宽度没有关系，主要表示运动事物的重要性和数量等级。为了强调专题内容特征，动线的线条宽度通常要进行夸张处理。当表示运动事物移动的数量时，可通过建立线条宽度与移动数量之间的对应关系，表达移动数量信息，如货流量、客运量等。

3）线条定位

当用动线法表示点的运动或线状地物上的运动事物时，线条定位有精确定位和概略定位两种。精确定位是以运动事物的起讫点位置、运动方向和实际移动路线表示其运动特征，可采用线条中心线或线边沿定位。概略定位一般只准确表示运动事物的起讫点和运动方向，移动路线仅为示意性质，不代表具体路线位置，甚至可以用有箭头的直线将起讫点连接起来表示。

动线法表示面的运动状态时，往往无法确定运动的起讫点位置，只是在运动的面状事物范围内绘制成组的箭形符号，表示其运动特征。

三、面分布信息表示方法

定点符号法、线状符号法是在二维平面上表达零维和一维要素，符号变化的自由度较高，通过点状或线状符号形状、大小（宽度）、色彩、结构的变化，同时表达事物的位置、质量和数量特征。在地图上表达面状分布的地理事物，即在二维平面上表达二维要素，符号变化的自由度就大大降低了。面状事物的轮廓位置依比例表示，质量和数量特征只能在范围轮廓内填充色彩、晕线或注记给予表达。所以，表达面状分布信息比较复杂，必须针对不同的质量、数量特征，选择不同的表示方法。

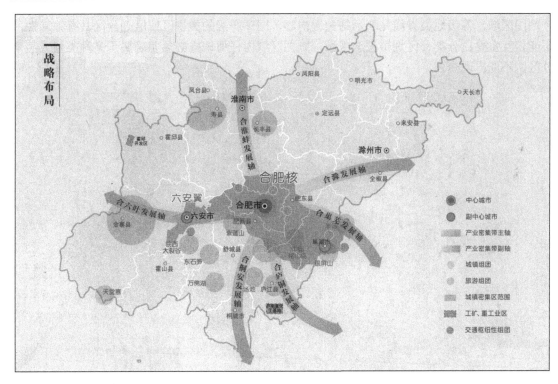

图 4-22　动线法应用示例

（《安徽省地图集》编纂委员会，2017）

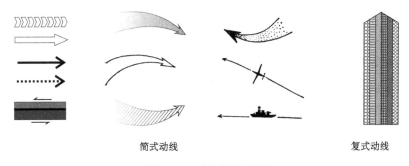

简式动线　　　　　　　　　　　　　复式动线

图 4-23　动线符号示例

　　在常用的面分布信息表示方法中，表示要素质量特征的方法有质底法、范围法，表示要素数量特征的方法有点值法、分级统计图法和分区图表法。

（一）质底法

1. 概念与适用范围

　　利用色彩或晕线区分制图区域内地理事物类型的地图表示法称为质底法。该方法的本质是表示整个制图区域内事物类型的差异，反映要素的质量特征。

　　质底法适合表示地理事物的类型、区划等内容，如地貌类型、土壤类型、植被类型、土地利用现状、行政区划、自然区划、经济区划等（图 4-24）。质底法表达的事物连续布满整个制图区域，各级地类界线是表示的关键内容。同一等级的类型区或区划分区具有独立性，不能相互重叠；分类、区划覆盖全区域，制图区域内任何地方必须明确属于某种类型或某个分区，不能出现空白。

图 4-24　质底法应用示例

（《安徽省地图集》编纂委员会，2017）

2. 方法应用

质底法表示地理事物的类型或分区，首先要确定制图对象的分类体系或区划系统，对制图区域进行分类或分区，然后勾绘出各类型的地类界线或区划的分区界线，最后按照图例设计方案，在各类型、分区单元内填绘纹理、色彩或注记表达其属性。地理事物的分类体系或区划系统是质底法科学性的重要基础，类型界线、分区界线是质底法的关键数据，这些内容都是非常专业的知识，因此需要参照相关学科研究成果，确定制图对象的分类体系或区划系统。

（二）范围法

1. 概念与适用范围

利用轮廓界线表示地理事物在制图区域内的分布范围的地图表示法称为范围法，也称区域法。该方法本质上是表示某一种事物的分布区域。

范围法适合表示地理事物的空间分布状况，如森林分布、沙漠分布、耕地分布、小麦种植区分布、民族分布等（图 4-25）。任何地理事物都分布在特定的区域内，而且两种不同地理事物可能具有共同的分布区域。因此，范围法表达的事物在地理空间上具有不连续性和可重叠性。例如，每个民族都有自己的分布区域，呈不连续状态；在同一地区，有可能分布着两个或更多的民族，不同民族的分布范围相互重叠。

图 4-25　范围法应用示例

（《安徽省地图集》编纂委员会，2017）

2. 方法应用

范围法表示地理事物的分布范围，首先要确定地理事物的范围轮廓，然后在图上绘出轮廓界线，并按照图例设计方案，在范围轮廓内填绘纹理、色彩或注记表达其性质。确定地理事物的分布边界是范围法制图的关键，根据分布边界的精确程度，可分为精确范围法和概略范围法。精确范围法适合表达具有确切边界的事物，必须绘制准确的范围界线，如沙漠、冰川、积雪分布等；概略范围法适合表达没有确切边界的事物，分布边界可用规则图形粗略表示分布区域，也可用单个或成组的具象符号表示分布区域，如大熊猫、东北虎、长须鲸的分布等。当边界数据不够准确时，也可使用概略范围法。如果出现两种事物重叠分布，即便是彩色地图，也最好采用纹理叠加，而不是两色叠加，以便于识别。

问题与讨论 4-12

从《中国统计年鉴》中查找分别适合于质底法与范围法表示的 10 种统计数据，以帮助理解两种表示方法的概念。

（三）点值法

1. 概念与适用范围

用一定大小、相同形状且代表具体数值的点表达地理事物数量和分布特征的地图表示法称为点值法。点值法的基本思路是确定一个代表固定数值的点状符号，然后将各统计单元的统计数据换算为对应的点状符号个数，并绘制在相应区域单元内，通过制图区域内不同统计单元内符号个数的多少，表达事物数量和分布规律（图 4-26）。点值法采用的点状符号一般是圆形小点，也可以选用其他形状的符号。例如，在图幅负载允许时，用人形、动物形、汽车形、果实形等符号，可提高地图形象性。

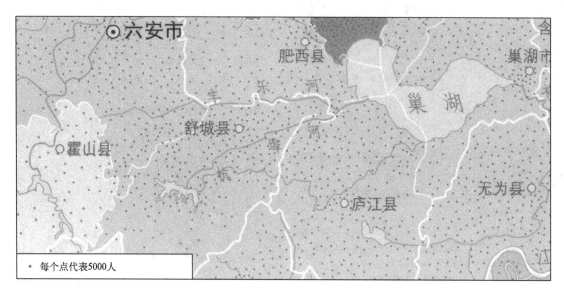

图 4-26　点值法应用示例

（《安徽省地图集》编纂委员会，2017）

点值法适于表达可进行数据统计的各种专题内容，如人口数量、农作物产量、汽车拥有量等。点值法制图的关键是确定统计单元等级和确定点值。统计单元通常是行政区划单位，如省、市、县、乡等，统计单元的行政区划单位越小，制图的分辨率越高，反映的事物分布特征越精细，但数据收集和处理难度也越大。点值是单个符号所代表的数值，与区域单元统计数据的最大密度、最小密度有关，最大密度单元的符号最拥挤，最小密度单元的符号最稀疏，只有合理的点值才能做到最稠密区域符号不重叠，最稀疏区域有符号分布。

2. 方法应用

1）确定点值

首先确定点的大小，然后在图上选定密度最大统计单元，紧密且均匀布点，直到布满整个单元，再将该单元要素数值除以所布点数，得到每点所代表的数值，凑整后即为点值。点的直径应≥0.5mm。设密度最大单元的要素数量为 $A_{\max}$，可容纳最多点数为 N，则点值 S 为

$$S = \text{INT}\left[\frac{A_{\max}}{N}\right] \tag{4-2}$$

据此，由各单元的统计值 A_i 计算得到对应的点数 N_i 为

$$N_i = \text{INT}\left[\frac{A_i}{S}\right] \tag{4-3}$$

设圆形小点直径为 d，单位为 mm，密度最大单元的图上面积为 P，单位为 mm²，也可根据下式计算点值 S：

$$S = \mathrm{INT}\left[\frac{A_{\max}(d+0.2)^2}{P}\right] \qquad (4\text{-}4)$$

式中，$(d+0.2)$ 是为了保证符号不重叠。例如，编绘某地区人口分布图，若 $P=36$，$A_{\max}=1000000$，$d=1$，则点值 $S=4$。

当制图区域各单元专题要素数量差异巨大时，可确定两种不同大小的点代表不同点值，在密度较大区域，采用代表数值较大的点，在密度较小区域，采用代表数值较小的点。

2）布点方法

点值法有两种布点方法：均匀布点和条件布点。均匀布点法假设专题要素数量在统计区内均匀分布，因此在统计区内均匀绘制点，其特点是简单、便捷，但不能反映统计区内要素分布的实际情况。条件布点法假设专题要素数量在统计区内的分布与地貌、水系、交通、居民点等基础地理要素相关，因此在统计区内根据基础地理要素分布特征布设点，其特点是所表达的要素分布特征更接近实际情况，但对制图者的地理专业素质、底图内容详细程度都有更高的要求。

（四）分级统计图法

1. 概念与适用范围

将制图区域内各单元的统计数值分级，用纹理、色彩区分不同等级，以表达地理事物数量等级和分布特征的地图表示法称为分级统计图法，又称分区分级统计图法、比值分级法。

分级统计图法可用于表示各种经济统计数据的区域差异，如经济发展水平、人口数量、受灾情况、农产品产量等，也可用于表示自然地理现象，如土壤肥力、水土流失状况、石漠化程度等（图 4-27）。分级统计图法多用于表达相对数量指标，如人口密度、人均产值等，也可用于表达绝对数量指标，如人口总数、GDP 等。分级统计图法只能表示制图单元间的数量等级差别，不能表示同一统计单元内部的差异。

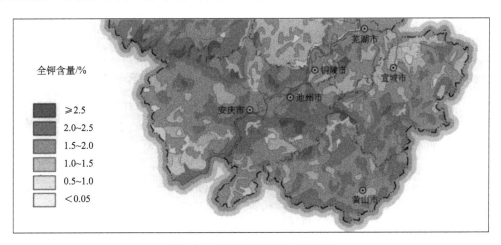

图 4-27 分级统计图法应用示例

（《安徽省地图集》编纂委员会，2011）

2. 方法应用

1）划分制图单元

制图单元大小决定了制图资料的详细程度，是影响分级统计图法概略或准确程度的关键因素。制图单元一般依据行政区划或自然区划划分，制图单元面积越大，所表达的事物数量特征越概略；反之，制图单元面积越小，所反映的事物数量特征越精确。

2）确定数据分级

数据分级对正确表达事物数量特征也具有重要意义。有关数据分级的问题，在定点符号法的分级比率符号中已有讲述，这里不再重复。

3）设计纹理、色彩

彩色地图上，分级差异以明度对比为主，结合彩度对比体现。灰度地图上，分级差异用灰度变化体现，或者用不同密度（明度）的纹理表现。色彩设计，高密度或高强度等级一般用深色，低密度或低强度等级用浅色，从高等级向低等级逐级过渡，以达到分级明确的目的。

由于人对色彩识别的准确度有限，等级划分的数量要适当。等级太少，则不能较为准确地反映地理事物数量分布特征；等级太多，则不易为用图者识别。因此，根据视觉认知规律，分级数目一般以 5～9 比较合适，分级少易于识别，分级太多则不易识别。如果用纹理填充制图单元，则应关注不同等级的纹理视觉混合的明度对比。

（五）分区图表法

1. 概念与适用范围

将统计图表绘制在表示对象所在统计单元里，表示各区域单元统计数量特征的地图表示法称为分区图表法。分区统计图表法的统计图表与定点图表法的统计图表具有相同的设计方法。

分区图表法常用于表达区域统计特征的专题地图，适用于表示以行政区或自然区为单元的各种统计数据，反映自然、经济和人文社会某方面的数量、结构、变化等特征，如土地资源、水资源、人口数量、生产总值、粮食产量等的数量和结构（图4-28）。

图 4-28　分区图表法应用示例

（《安徽省地图集》编纂委员会，2011）

2. 方法应用

分区图表法和定点图表法具有很多相同之处，但其意义有本质区别。定点图表法表达的是地图上呈点状分布事物的统计数量特征，而分区图表法表达的是地图上呈面状分布事物的统计数量特征。因此，对定点图表法来说，统计图表必须定位在明确的点位上；对分区图表法来说，安置统计图表的位置则比较灵活，一般在统计区居中位置，如遇到遮挡重要要素的矛盾时，可适当移动位置。当因图表太大或统计区面积太小，使统计图表无法放在统计区内时，也可将统计图表伸展到区外，或将统计图表置于区外，并用连接符号指示。

分区图表法与分级统计图法都以统计数据为基本资料，目的都是反映各统计单元间数量分布特征的差别，也都不能反映各统计单元数量的内部结构。在实际应用中，分区图表法和分级统计图法常配合使用，图面信息量大，效果较好。一般以分级统计图法作为背景，采用色彩或纹理表达一种数量指标的分布，再以分区图表法为主题，采用统计图表表达其他相关指标的特征，如在某地区工业图上，用分级统计图法表示人均工业产值，用分区图表法表示工业结构和产值。

四、三维表面表示方法

三维表面是指呈体状分布的地理事物的表面形态，如地球自然表面。因为地图是一个二维平面，不可能在图上直接表达三维表面的起伏变化。所以，三维表面的地图表达就需要一些特殊的方法。地表形态是地图上最常见和最重要的三维表面表达对象，其地图表示法一直是人们探索的领域。近代曾出现过晕滃法，这是一种通过在地图上绘制长短不一、粗细不等的线划表示地表高低起伏的方法。地势越高，线划越长；坡度越陡，线划越粗。虽然晕滃法在表达地表高低起伏的准确度方面较以前有了很大提高，也有一定的立体感，曾在欧洲大比例尺地形图上广泛使用，但是晕滃法的制图工艺比较复杂，地形复杂时线划遮挡的面积也很大，因此现在已经很难见到晕滃法图了。目前常用于表示地表形态的方法主要有等高线法、分层设色法和晕渲法，其中等高线法是等值线法的一种具体应用。

（一）等值线法

1. 概念与适用范围

用一组等值线表示面状连续渐变分布事物形态特征和变化趋势的地图表示方法称为等值线法。以某一数值（如 0）作为起算面，将三维表面垂直投影到起算面上，就转换为面状连续渐变的形式，这样便可以用等值线描述了。等值线是指将数值相同的相邻点连成的平滑曲线，一般由离散点数值通过插值方法得到整数点并连接而成。在等值线上加数字注记，以便于获得准确的数量指标。

等值线法是一种三维表面表示方法，适用于表示在地球表面呈连续而逐渐变化的各种自然现象，如地形起伏、等气压面、等温度面等。当图上两条相邻等值线的间距为一常数时，等值线的疏密反映地理事物变化的速率，等值线越密集，变化速率越大；反之，等值线越稀疏，变化速率越慢。等值线法的应用十分广泛，常见的等值线图有等高线图、等深线图、气压图、气温图、降水量图等（图 4-29）。

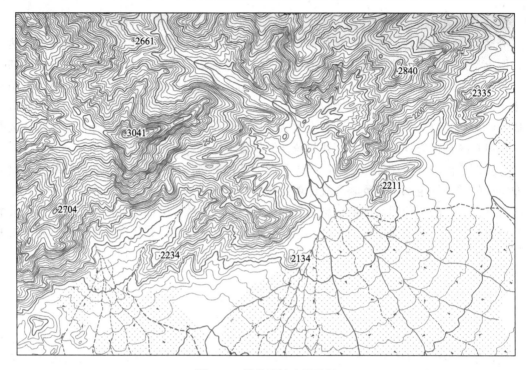

图 4-29   等值线法应用示例

（《中国西部地区典型地貌图集》编纂委员会，2013）

2. 方法应用

使用等值线法，首先要设定等值线的起算值和相邻两条等值线的间距。一般情况下，等值线的起算值取 0，相邻两条等值线的间距取常数，多为 10、100 等的整倍数，同时兼顾具有地理学意义的等值线。特殊情况下，相邻两条等值线的间距可以取非常数。相邻两条等值线的间距的大小决定着图上等值线的疏密。间距越小，等值线越密集，内容精确度越高，表达的信息量也越丰富，但图面负载越重。因此，用等值线法编绘地图时，要根据地理事物特征确定合适的等值线间距，如果没有经验可供参考，应进行样图试验。

等值线也可利用色彩突出三维视觉效果，例如，有明暗变化的等值线能产生更好的立体感。如果等值线是地图的主要内容，应提高彩度，明度可设为中等或低明度。

3. 等高线与地形表示

等高线是等值线的一种，指地面上海拔相等的相邻点的连线。利用等高线表示地形特征，能准确表达地面海拔高度、坡度和坡向，具有其他表示方法不可替代的效果。等高线配合特殊地貌符号，是地形图表达地形信息的基本方法。

1）等高线原理

假设以平均海水面作为高程起算基准面，用许多平行于这个基准面且间隔相等的水准面与地球表面相割，然后将水准面与地表面相交的闭合曲线垂直投影到基准面上，即得到等高线（图 4-30）。等高线在地面上是一条虚拟的曲线。

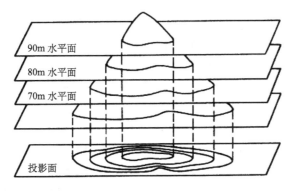

图 4-30　等高线原理

等高距和平距是等高线法的两个重要概念。等高距是相邻两条等高线的高程差，其大小决定了反映地形地貌的详细程度。平距是相邻两条等高线间的水平距离，等高距相同时，平距与地面坡度成反比关系，即平距越小地面坡度越大。

问题与讨论 4-13

根据地表坡面平距变化可以判断地面坡形的特点，如匀坡的等高线平距大致形同。请问凸形坡和凹形坡的平距变化各有什么特点？

2）等高线种类

为了精确地表现地形地貌，便于测图和用图时计算高程，地形图规范中将等高线分为首曲线、计曲线、间曲线、助曲线四种。难以用等高线表示的地形要素，用地貌符号和注记补充说明（图 4-31）。

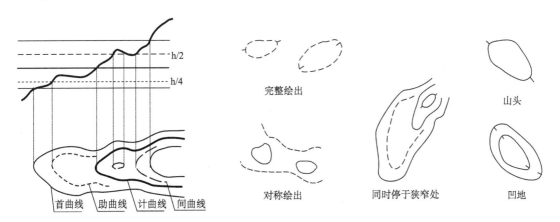

图 4-31　等高线种类及其画法

首曲线，又称基本等高线，是指按相应比例尺地形图规定的基本等高距绘制的等高线，由高程基准面起算，用细实线表示。

计曲线，又称加粗等高线，是指每隔 3 条或 4 条首曲线加粗的等高线，其目的是方便读取高程，用粗实线表示。例如，基本等高距为 5m 时，相隔 3 条首曲线即为 5m 的 4 倍，等于 20m；基本等高距为 10m 或 20m 时，相隔 4 条首曲线即为 10m 或 20m 的 5 倍，分别等于

50m 和 100m。

间曲线，又称半距等高线，是指按照 1/2 等高距绘制的等高线，其目的是补充描绘基本等高线难以表达的较小地形起伏，如小山头、小凹地等，用细长虚线表示。

助曲线，又称辅助等高线，是指按照 1/4 等高距绘制的等高线，其目的是补充描绘首曲线和间曲线均不能表示的重要微地形，用短虚线表示。

地形图上用示坡线指示坡面倾斜方向。示坡线是在最大坡度方向绘制的垂直于等高线的短实线，指向海拔降低方向。地表倾斜状态清楚时，不用绘出示坡线。

首曲线和计曲线是地形图上等高线的基本类型。间曲线与助曲线是对首曲线的补充，仅用于局部地区，因此在图上不一定自身闭合，表示山头和凹地的间曲线、助曲线应完整绘出，两端终止于最窄处，表示鞍部时要对称地绘出两条间曲线或助曲线。

地形图上的等高线用棕色绘制。在地理图或专题地图上绘制的等高线，应根据全图色彩构成需要设计，可用棕色、灰色、灰绿等色彩。

3）明暗等高线法与粗细等高线法

等高线法表达地形起伏的缺点是立体感不够强，为了增强立体感，有学者发明了明暗等高线法和粗细等高线法。明暗等高线法是将地形受光面的等高线设为白色，地形背光面的等高线设为黑色，这样可以使采用等高线表示的地形具有一定的立体感。粗细等高线法是将地形受光面的等高线用细线表示，地形背光面的等高线用粗线表示，这样也可以增强地形的立体感（图 4-32）。这些方法虽然能增强地形的立体感，但是会干扰其他地图内容的表达，因此在现实中应用不广。如果仅仅只有地形内容，或者其他内容很少，也可以采用这种表示方法。

 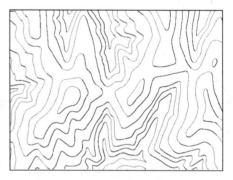

(a) 明暗等高线法　　　　　　　　　　(b) 粗细等高线法

图 4-32　明暗等高线法与粗细等高线法示意图

（二）分层设色法

1. 概念与适用范围

用一组以明度变化为主、彩度和色相变化为辅的色彩来表示面状连续渐变分布事物形态特征和变化趋势的地图表示法称为分层设色法。由于分层设色法是以等值线为基础，故也称为等值线分层设色法。将等值线序列划分成若干等级，给整个等级系统配以系列色彩，不仅能达到突出形态特征的目的，同时也提高了三维视觉效果，可弥补等值线法立体感较差的不足。设色可直接用色彩的明度系列变化，也可用纹理空间混合造成的色彩明度系列变化。

分层设色法以等值线为基础。在表示地形特征时，分层设色法通常用于地理图、专题地图，称为等高线分层设色法。分层设色法同样适用于气压、气温、降水等自然要素分布特征的表达（图 4-33）。

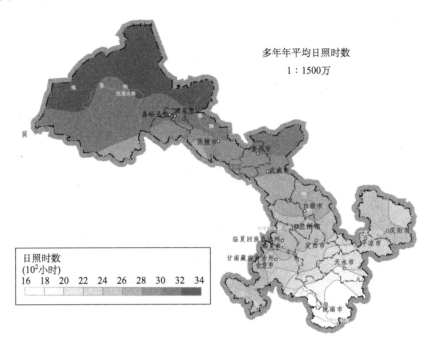

图 4-33　分层设色法应用示例
（甘肃省地图集编纂委员会，2007）

2. 方法应用

1）分层设计

分层设色法的基础是等值线，在等值线图上确定分层界线，即确定不同色块的界线，是分层设色法的重要工作。首先，分层界线要选择具有明确地理意义的等值线，达到突出地理分布规律的目的。例如，200m 等高线是划分低平原的界线，在表达地形地势特征时很重要；200mm 等降水量线是区分干旱区和半干旱区的界线，在降水量图上就具有重要地理意义。其次，受人的视觉认知能力限制，不宜设置过多的色彩，色彩数量太多，对比度不足，就会影响内容识别。因此，分层数不宜太多，选用的等值线应与色彩数量相对应，在同一分层内不再绘制等值线。当因某种目的确有必要时，可保留同一分层内的等值线，但不宜过密，否则会影响色彩识别效果。

分层设色法的图例采用色层表表示。

2）分层色彩设计

分层设色法的色彩运用，以由明到暗变化和单色相明度变化为主，色彩构成连续渐变，相互协调，以增强层次感，突出分布或发展趋势。当色彩不够用时，再借助彩度及色相的变化来表现，如由暖到冷色的过渡。分层设色法的色彩构成模式是渐变的，即便相邻色彩区分度较低也比较容易识别。因此，与分级统计图法相比，分层设色法的色彩区分度可以小一些，即可以适当增加色彩层数。等值线本身的色彩，应当采用比最深色块更深的低彩度色彩，或者用深灰色。

等高线分层设色图一般习惯使用绿褐色系的色层表，低地用绿色，丘陵用黄色，山地用褐色，雪山和冰川用白色或青色等。等高线分层设色图上的等高线宜用暗棕色、暗灰绿或深灰色，与绿褐色系色彩容易协调（图4-34）。

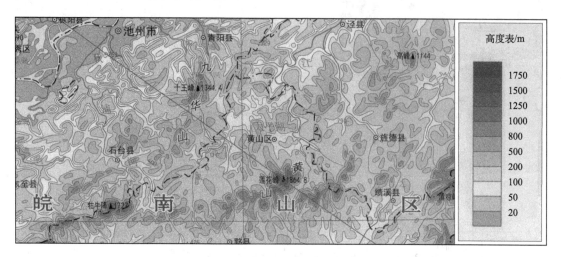

图 4-34　分层设色法系列色彩设计

（《安徽省地图集》编纂委员会，2011）

（三）晕渲法

1. 概念与适用范围

以色调明暗变化表现地表起伏状况的地图表示法称为晕渲法。晕渲法以光影成像原理为基础，根据光源的位置和地势起伏状况，用深浅不同的色调在背光坡涂绘阴影，制成具有立体感的地图图像，故也称光影法或阴影法。在手工制图时期，晕渲法的阴影是用墨渲染出来的，技术要求高，绘制工作量大。现在可以利用计算机软件快速生成用晕渲法表示的地图。

晕渲法的特点是立体感很强，形象直观，能给人以身临其境之感，具有很好的视觉效果，因此常用于表现地形起伏状况。晕渲法也可以用于表示建筑、植被或地表肌理。晕渲法的主要不足表现在无法定量表达地表状态，如海拔、坡度、坡向等，同时阴影对其他地图内容的表示也有较大干扰。等高线与晕渲法综合应用表示地表特征，可将两种方法的优势结合起来，具有既能够获取地面定量数据，又立体感强的特点（图4-35）。

2. 方法应用

1）设定光源方位

晕渲法表现地表形态的立体感强度与光源位置关系密切。常见光源有斜照光源、直照光源和综合照光源，其中斜照光源应用最为广泛。斜照光源条件下，光线倾斜照射到地面上，朝向光源的坡面为阳坡，背向光源的坡面为阴坡。根据视觉习惯及立体感强度需要，以45°入射角从左上方照射最常见。这种情况下，坡度为45°的阳坡色调最浅，随着坡度减小或增

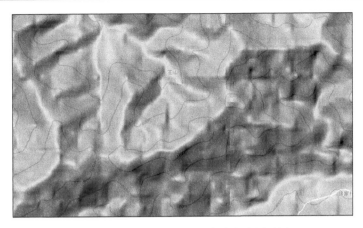

图 4-35　等高线法与晕渲法综合应用示例

大，色调逐渐变暗；坡度为 45° 的阴坡色调最暗，随着坡度减小或增大，色调逐渐变亮。直照光源条件下，光线垂直照射到地面，坡面亮度与地面倾斜角的余弦成正比例关系，因此坡度越大，坡面色调越暗。综合照光源是指以直照光源为主光源，斜照光源为辅光源，在形成坡度越陡色调越暗的直照光源效果的同时，还受斜照光源影响形成阳坡、阴坡色调差异。

问题与讨论 4-14

晕渲法表现地形形态的效果与光源位置关系密切，光源位置不同，不仅视觉效果不同，而且反映地表形态的侧重也不同。请你比较斜照光源、直照光源和综合照光源三种晕渲效果各自的特点。

2）色彩运用

晕渲法可采用单色晕渲和多色晕渲。单色晕渲是用灰色或一种色相渲染来表现地表起伏状况的晕渲方法。多色晕渲又分为双色调晕渲和仿真晕渲。双色调晕渲在阳坡面用暖色系，阴坡面用冷色系，高地用暖色调，低地用冷色调；仿真晕渲是模仿地表色调和肌理，结合阴影的明暗绘制而成，更具真实感。晕渲法的染色面积大，宜用低彩度色彩。在晕渲法图上叠加等高线时，等高线宜用较深的同色相色彩，表现不宜太突出，以隐含其中为佳。

五、地图表示方法比较

地理信息的地图表示方法有很多种，为了便于科学地应用这些方法来表达地理信息，表 4-7 对这些方法做了一些比较。由于事物空间分布特征各不相同，有时一种数据只能选择一种表示方法，有时一种数据可以选择多种表示方法，尤其是面状和立体分布的信息。在选择表示方法时应当把握一个原则：既能形象直观，又能精准表达地理事物的分布规律和位置。符合这个原则的方法就是理想的方法。这里需要考虑的因素主要有：所表达的事物分布规律、方法表现效果和资料条件。如果方法很好，但是没有足够数据，也就没有意义。例如，统计数据是以乡为单位和县为单位，还是以省为单位，情况大不一样。

表 4-7　地理信息的地图表示方法及其应用范围比较

地图表示方法	能表示地理信息的空间分布特征				能表达事物的信息		
	点	线	面	立体	定性	定量	定级
定点符号法	√				√		√
定点图表法	√				√	√	√
线状符号法		√			√	√	√
动线法		√			√	√	√
质底法			√（连续）		√		
范围法			√（不连续）		√		
点值法			√		√	√	
分区图表法			√		√	√	√
分级统计图法			√		√	√	
等值线法			√连续渐变	√	√		
分层设色法			√连续渐变	√	√	√	√
晕渲法				√	√		

　　在编绘地图时还经常将两种或两种以上的方法配合使用。两种以上的表示方法用于一张图上，不但可以充分利用一张图的多余空间来表现更多的信息，减少系列图的总量，同时还便于说明不同要素之间的相互关系。如果多种表示方法叠加时，不会相互干扰，而且可能相互补充，那就是最佳的配合关系。通常点、线、面符号法之间一般可以相互配合，互不干扰，因为点或线不会严重压盖面，点和线也能互相配合。但是面分布的表示方法之间往往不容易配合，需要根据具体情况来确定。如果要在一张图上表达多种要素，尤其是多个面状要素，表示方法之间就可能发生冲突。表 4-8 对各种方法之间的配合使用情况进行了总结，供设计时参考。

表 4-8　不同表示方法的配合的可行性

配合的可行性　　表示方法 表示方法	定点符号法	定点图表法	线状符号法	范围法	质底法	点值法	分级统计图法	分区图表法	等值线法	动线法
定点符号法	可以	不常用	可以	良好	可以	可以	不常用	可以	可以	可以
定点图表法		可以	可以	可以	可以	不常用	不常用	**不能**	可以	可以
线状符号法			可以	良好	可以	可以	可以	可以		可以
范围法				可以	不常用	可以	不常用	不常用	可以	良好
质底法					不常用	不常用	**不能**	不常用	可以	可以
点值法						可以	可以	可以	不常用	可以
分级统计图法							**不能**	良好	不常用	不常用
分区图表法								可以	不常用	不常用
等值线法									可以	可以
动线法										可以

第五章 地图概括

在一个十分有限的幅面上表达丰富多彩的世界，对每一位制图者都是一个挑战：什么内容应该画上去，什么内容可有可无，什么内容一定不能画出来，这正是地图的魅力和创造力所在，也是评价一幅地图质量的重要标准之一。

地图是客观世界的缩小表示。把世界缩小到地图上，可以让读者一览所感兴趣的整个区域，甚至一览整个地球。同时，为了使读者看清楚所感兴趣的内容，又不得不夸大表示这些内容，这一特性在小比例尺地图上更为突出。在1：600万的全国地图上，0.5毫米宽的线划相当于实际3千米的宽度，用这个宽度的符号表示河流、公路、铁路，必然要挤占一些其他事物的位置，而那些实际位置被夸张符号占掉的事物，要么移动到其他位置，要么就不要出现在地图上。

地图不是机械地缩绘客观世界。每一幅地图的编制都有特定的目的性，制图者为了更好地达到目的，自然会特意选择要表示的内容，刻意强调那些能够引导读者"发现"某种特征或规律的东西，这种手法在教育、宣传、商业等领域使用的地图上屡见不鲜。1941年4月10日，德国通讯社在其出版的《事实回顾周报》上刊登了一张地图，用粗黑的界线将世界划分为4大区域，暗示美国的"利益范围"在南北美洲，以达到迎合美国民族主义、奉劝"山姆大叔"不要插手欧洲事务的意图。还有一个商业方面的例子是美国一家连锁餐馆的广告地图：这家连锁餐馆的50余个分店绝大多数位于明尼苏达州，仅有3个试营业分店在邻州，广告地图以明尼苏达州行政区为底图，只选取了位于该州的分店予以表示，使表现分店分布的点显得更加密集。

地图就是这样一种存在某些"不真实"的科学作品，而地图概括是造成这种现象的主要手段。学习地图概括理论和方法，不仅能帮助我们在编绘地图时正确地进行取舍和简化，而且有助于我们在阅读使用地图时正确地理解作者的意图。本章将先介绍有关地图概括的概念、影响地图概括的因素、地图负载量和地图概括发展的趋势，然后着重讲解地图概括方法，并介绍一些简单的地图概括数学模型和典型要素概括。

第一节 地图概括概述

一、地图概括的概念

（一）地图概括的定义

地图概括是对地理空间信息从感知到理性认识的抽象过程，是地图设计制作的核心环节，是地图构成的重要法则之一。在很多文献中也常用制图综合一词。

编制地图的数据来源多种多样，所反映的自然和社会人文内容形形色色，当地图比例尺缩小时，在相同图幅面积上不能清晰地表示原比例尺地图上的全部内容。编制地图必然会遇到一些基本且重要的问题：在地图上应该呈现哪些内容？这些内容应该表现到何种详细程度？如何通过科学的抽象与概括，实施符号化，最终使新编地图能正确地表现制图区域特征和制图对象特点？只有科学的地图概括才能回答这些问题。

地图概括蕴含着创造性思维，是一定程度上的艺术加工行为，贯穿于各种比例尺的普通地图和专题地图的设计与编绘工作中。地图概括把复杂多维的现实世界清晰地表现在有限的二维图面上，实现由地理数据向抽象的形象——符号模型的转变。普通地图和专题地图就是对地面测量数据、遥感数据或社会与经济等领域的各类统计数据等实施符号化的结果。

地图概括的实质就是通过对数据资料取舍、简化和图形处理，在有限图幅面积上表示出制图区域的基本特征和制图现象的主要特点。因为不同理论面对不同的目标和过程，所以对地图概括概念的表述也不尽相同。从关系代数理论的角度，地图被视为一定数据模型支持下的空间目标及其空间关系的集合，故将从大比例尺到小比例尺的地图概括过程定义为集合上的映射过程，包括目标元素映射和空间关系映射。从信息熵理论的角度，认为大比例尺地图为信息发送方，小比例尺地图为信息接收方，所以地图概括表现为具有噪声干扰的信息通道，在地图信息传送过程中，部分信息被丢失、派生和曲解，产生不确定性。从人工智能的角度，地图概括被定义为一个智能体的行为过程或问题的求解过程。

（二）地图概括的性质

地图是地球表面事物和现象的缩小表达。

通过地面实测方法测制大比例尺地形图时，外业测图需根据测图细则对地形、地物点进行分类和必要的取舍，内业成图也需按编图规范对所测绘图形进一步描绘，对地物的轮廓形状依比例尺进行简化，在符号密集时进行必要的移位处理。

利用卫星图像和航空像片资料制图时，虽然图像已经经过了成像过程中的自然压缩，但是仍然要根据制图目的进行内容选取。为了能够在图面上清晰地表现出地物的主次、从属关系和重要程度，在符号化过程中，同样需要对数据的数量和质量进行概括，对轮廓形状进行简化或夸张处理。

同样，利用地图资料和调查统计数据制图时，资料图的比例尺通常大于新编地图的比例尺，地图内容和符号尺寸会超出新编地图的要求，因此需要对地图资料、调查统计数据进行必要的分类、选取、简化等一系列处理。

综上所述，任何地图的编绘制作都有地图概括的过程，这一过程包括外业测图、内业编图的制图对象和制图资料的选取，地图内容的取舍，专题要素的分类、分级，表示方法的选择，以及地图符号设计。

随着地图比例尺的缩小，地图内容及其图解形式的抽象概括程度也随之提高，地图的几何精确性将逐渐让位于地理适应性，即在小比例尺地图上更注重地理形态与结构的表示。

在具体实施地图概括的过程中，应避免两种极端倾向。一种是片面强调机械地依比例尺概括；另一种是片面强调地理适应性的塑造。前者可简称为比例概括，这种概括方法虽易于实施，但不能保证地图内容的详细性与图面清晰易读性的统一；后者可简称为目的概括，这种概括方法易受人为主观的不确定因素的影响，难以保证地图的几何精确性与地理适应性的统一。正确做法是两者之间的协调统一，即比例概括不应破坏制图对象的清晰易读性和规律性，目的概括不应丧失图面要素的几何精确性和客观性。

问题与讨论 5-1

遥感影像的空间分辨率不同，像片上能分辨的地物详细程度就不同，显然遥感影像在成像的时候已经对地表事物进行了"概括"。请问遥感影像的"概括"与地图内容的"概括"在本质上有什么不同？

二、影响地图概括的主要因素

地图概括的影响因素主要有地图用途、比例尺、制图区域的地理特征、制图数据质量、图解限制等。这些影响因素不是独立割裂存在的，在地图概括时不能仅考虑某一个因素或某几个因素，而应同时顾及相关的各种因素的影响，才能取得良好效果。

（一）地图用途

地图用途直接决定着制图对象的取舍及其概括的程度。

每幅地图的图幅面积都是有限的。地图编绘目的与任务不同，图上所表达内容的广度和深度也不同。因此，对制图对象的选择，必须限于与某种特定用途和地图主题相关的内容。例如，图 5-1 是两幅不同用途的北冰洋地图，均以北冰洋及其周边地区普通地理要素为主题内容，图 5-1（a）是中国地图出版社编制出版的《世界地图集》，原图比例尺 1∶3350 万，图 5-1（b）是中国地图出版社编制出版的义务教育教科书《地理图册·七年级下册》，原图比例尺 1∶4000 万。由于两种图的用途不同，其概括程度、表现手法、印刷质量都有明显的差别。教学参考图要求重点突出，内容简明，与教材内容结合紧密，突出表示了我国北极黄河站和 1977 年苏联"北极"号的航线，还采用象形符号表现了北冰洋主要动物的分布范围；普通参考图内容更加丰富，采用晕渲法较详细地表达了洋底地形特征，地名注记使用中英文对照，注记数量也明显较多，较教学参考图更加详细地反映了北冰洋的一般地理概况，使用纸张和印刷质量也较好。

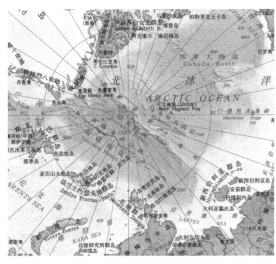

(a) 普通参考图　　　　　　　　　　　　　(b) 教学参考图

图 5-1　不同用途地图概括程度比较

（二）比例尺

比例尺大小主要取决于地图的用途，对地图概括的影响极为明显。比例尺限定了制图区域的幅面尺寸，决定着实际地表面积映射到地图上面积的大小。比例尺的大小制约着地图内容的选取和概括程度，当比例尺确定后，地图所表达地理信息的详细程度也随之确定了。比例尺越小，地图上所能表示的内容就越少，需要对所选取的内容进行更大程度的概括；反之，比例尺越大，地图上所能表达的内容就越多，对内容的概括程度相应较小。

比例尺的变更影响地图概括的重点，也制约着地图上地物质量特征的表达。在大比例尺地图上，地理要素表达得较为详细，地图概括的重点是对地理要素内部结构的分析和概括；在相同区域的小比例尺地图上，地理要素主要采用点状或线状符号表示，由于无法细分其内部结构，概括的重点则放在地理要素外部形态的概括及同其他地理要素的联系上。

例如，在大比例尺地图上，城市居民地用面状符号来表示，地图概括的重点是建筑物的类型、街区内的建筑物密度，以及各部分的密度对比、主次街道的结构和密度等；在小比例尺地图上，则改用建筑物的外部轮廓甚至图形符号表示城市居民地，地图概括的重点不再是地理要素内部，而是其外部的总体轮廓特征及同周围其他地理要素的联系。如图 5-2 所示，由较大比例尺概括为较小比例尺地图后，图上所表示的同一居民点的质量特征发生了明显的变化，由能清楚显示居民点内部详细结构（左），转变为只能显示其外部轮廓（中），到最终仅用圈形符号表示（右）。

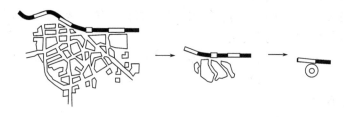

图 5-2　不同比例尺地图上的居民点图形变化

（三）地理特征

不同制图区域具有景观各异的地理特征，如空间分布、空间关系、类型、等级等。在进行地图概括时，必须以地理规律为指导，正确地反映该区域的景观结构特征，以及空间分异的规律性。同时，因为同一地理要素在不同区域中的地位和意义有明显不同，所以需根据区域的特点确定地理要素的选取指标。

以水系为例，在小比例尺地图上选取水网稠密区域的水系时，通常不表示井、泉及普通的人工水体；但在水网稀疏的干旱地区，不仅必须表示全部河流、季节河及井、泉，还应尽量表示一般人工水体。又如地形，由于几十米的高差对地势起伏大的山区影响不明显，可适当拉大等高线间距；但在平原地区，几十米的高差可能就是重要的地形特征，因此必须详细表示。再比如居民点，在人口稠密的区域，乡镇一级的居民点重要性较低；但在居民点很少的地区，乡镇一级的居民点则具有举足轻重的地位。

（四）制图数据质量

编绘地图所用的各种图表、影像、统计数据和文字资料，通常有以下四种形式。

1. 大地、天文、全球定位系统测量资料

包括平面控制点和高程控制点，主要以数字形式呈现。

2. 遥感图像和地图资料

包括可获得的各种实测原图、航空像片、各类卫星图像、像片镶嵌图，以及各种地形图、地理图和专题地图，表现形式为图形或图像。

3. 现势资料

指对上述图像和地图新增的行政隶属变更、地名更改、水系和道路改道、地磁数据的重新测定结果等，主要表现为文字或图表。

4. 各种专题编图资料

包括各种专题的图表资料（如土壤剖面、地质剖面）、数字资料（如人口统计、气象报表）、文字资料（如历史、地理和其他专业部门的研究成果），主要表现为文字或图表。

根据制图要求，地图数据源的精度应高于新编地图的精度。精度高的制图数据，对地理要素的内容和细部反映的较为丰富与详细，为地图概括提供了可靠的基础和操作余地。如果制图数据质量不高，在此基础上进行地图概括必然会出现偏差，甚至误导读者。在利用地图数据库进行概括时，必须知道输入原始数据信息的比例尺精度及准确程度，以便正确地制定自动概括的技术方法和实施概括的程度。

（五）图解限制

图解限制通常包括两方面含义：一方面是在地图上对地图图形所表示精细程度的制图限制；另一方面是人们由于受生理和心理因素作用对地图图形识别的限制。物理因素、生理因素和心理因素的共同作用，决定了地图上所采用符号的图形尺寸、图解精度、色彩对比度以及地图的适宜容量。只有在深入了解上述限制条件和地图用途的基础上，才能正确选择地图的适宜容量、地图图形的图解精度，并进行正确的地图概括。

物理因素是指制图时使用的设备、材料和制图者的技能，如印刷机和纸张的规格、方便描绘的线划宽度、注记字体和大小、网线规格、符号膜片及绘图材料等。材料对制图者和机器的限制没有多大区别，但就绘图的技艺讲，机器的能力远远强于人，这不但表现在机器绘图的可重复性方面，还反映在绘图可能达到的精确度和精细程度上。生理因素和心理因素通常是共同起作用的，主要指读者对图形要素的感受和对感受的调节能力，它反映了人们对符号、图形、色彩的辨别能力。

问题与讨论 5-2

同一地理要素在不同区域中的地理意义和地位可能有很大不同。除了课文中提到的水系、地形、居民点等几个案例外，试根据自己的知识和经验再举出几个例子来。

三、地图载负量

地图载负量是衡量地图在满足清晰易读情况下所能表达地物要素内容多少的量化指标，

一般以图廓内符号和注记数量计算。合理的地图载负量既能保证图面内容的清晰，又能表达丰富的地理信息，是地图概括的目标。通常情况下，一幅地图总载负量中居民地的载负量占比很大，最大可达 70%～80%。所以，在研究地图载负量时，居民地应是研究的重点。

常用地图载负量有面积载负量、数值载负量、极限载负量和适宜载负量。

（一）面积载负量

面积载负量是指地图上所有符号和注记所占面积与图幅总面积之比。这是一项面积指标，规定用单位面积内符号和注记所占的面积来表示，以"mm^2/cm^2"或"cm^2/dm^2"表示，如 20 mm^2/cm^2。对于不同的制图区域，由于制图对象的重要程度、分布特点等的不同，经常规定不同的面积载负量。

在计算面积载负量时，不同要素采用不同的计算方法。居民地的载负量依点状符号和注记面积计算，因不同等级居民地的符号尺寸和字体大小不同，故应分别统计，注记可按平均字数计算；道路、境界线等有固定宽度的线状符号，根据符号长度和宽度计算，水系只计算单线河、水域水涯线及水系注记的面积。面状符号按符号和注记占用面积计算，彩色地图上填充在面状符号轮廓内的色彩、棕色的等高线均不计算载负量。

（二）数值载负量

数值载负量是指单位面积内符号的个数。考虑到点、线、面状符号几何特征的差异，为便于计算，通常用一定的规则来确定符号的个数。例如，对于点状地物，直接统计独立符号个数，用"个/cm^2"表示；对于线状地物，根据线状符号的长度计算，用"cm/cm^2"表示；对于面状地物，则以要素符号面积的百分比表示。

简化的数值载负量计算方法，是将线状和面状符号也转换为"个"数，与点状符号的个数一样计算，例如，图上线状符号长度每 1cm 计 1 个（点），面状符号每 1cm^2 计 1 个（点）。按照这样的规则，就可以比较容易地统计出纸质地图上单位面积"点"的数量。

（三）极限载负量

极限载负量是指地图理论上可能达到的最高容量。地图上的载负量是不均匀分布的，这是因为地理事物在空间分布上通常是不均匀的，而且在地图编绘过程中，为了突出主题和重点，往往对不同地理要素采用不同大小的符号。因此，极限载负量是图上符号和注记密度最大区域的载负量。

极限载负量受地图比例尺、地图用途、制图区域地理特征、地图表示方法、地图绘制和印刷技术条件等诸多因素影响。研究表明，当比例尺<1∶100 万时，极限载负量增加比较缓慢；当比例尺达到 1∶400 万时，极限载负量逐渐趋于一个常数。

（四）适宜载负量

适宜载负量是指与地图比例尺、地图用途、制图区域地理特征、制图技术条件等相适宜的地图载负量。

问题与讨论 5-3
地图载负量是衡量图面所表达的信息量与图面内容清晰度指标的矛盾统一体。请问它们在大、小两种比例尺情况下，哪个指标显得更为重要？

四、现代地图概括方法趋势

（一）手工概括

手工作业是传统地图编绘的主要特征。在编制地图过程中，人工的地图概括是地图编制的理论与技术核心，是解决缩小了的地图与作为制图资料的较大比例尺地图之间、有限图幅面积与庞大且复杂的地理信息之间数量和质量矛盾的主要途径。

在传统的手工地图概括过程中，由于制图者的认识水平和技能差异，往往导致地图概括存在着一定程度的主观性，具体表现为在同样的制约条件下，使用同样的资料，不同的制图者所制作的地图图形不一致。例如，在进行手工删除制图对象不重要的碎部时，通常需要凭直观感觉，通过对碎部图形的大小、位置（与周围的关联）和形状特征等条件的主观判断，决定其是否重要。因此，只有积累了丰富经验的制图者，才能比较客观地建立这种直观感觉，合理地删除不重要的碎部。

手工概括理论与方法的形成、完善和系列编绘规范的制定，为后继的自动概括奠定了理论和方法的基础。

（二）自动概括

在使用计算机进行地图制图后，国内外学者就开始研究地图自动概括以代替手工概括。

1966 年，Tobler 首先提出了计算机制图自动概括的理论原则，拉开了地图自动概括研究工作的序幕。在用于线状要素综合的 Douglas-Peuker 算法和基于 Delaunay 三角网剖分的自动概括方法被提出来后，涌现了大量的地图自动概括理论和方法。但是，由于相关理论和技术条件的限制，这些方法均具有各自的优缺点和适用范围，使得地图自动概括仍是一个国际性难题。

早期的自动概括方法主要包括面向模型的总体选取模型、结构选取模型、几何选取模型，以及面向滤波的自动概括、面向信息的自动概括和专家系统自动概括等。随着诸如数学形态学、分形理论、小波理论、基于人工神经网络及 Agent 的地图概括模型等现代数学理论和方法的提出与应用，地图概括开始进入以数学模型和智能化方法为主的数字化综合时代。

1. 基于数学形态学的自动概括方法

基于数学形态学的自动概括方法，主要是通过平移、反射等一些特定的数学变换算法，对基于栅格形式的图像选择合理的结构元素进行变形处理，近似得到地图概括的效果。数学形态学在自动概括中的典型应用是采用数学形态学中的"膨胀"和"腐蚀"两个基本运算，来实现对居民地街区的合并与建筑物多边形的化简。

2. 基于分形理论的自动概括方法

分形是指部分与整体以某种方式相似的形体，可用于对自然界中事物所呈现的结构自相似或自仿射等特性进行分析。在地图概括的过程中，比例尺的变化将减少单个目标的信息量，从而导致空间目标的结构形态发生变化，这种空间目标在不同比例尺上的结构复杂性和不规律性可采用分维数的衰减变化来反映。基于分形理论的自动概括方法，主要应用于开方根规律公式的分形扩展及其在地物中的选取，以及等高线的自动概括等。

3. 基于小波分析的自动概括方法

小波分析的基本思想是用一簇小波基函数去表示或逼近一个信号。小波基函数由基本小波函数的平移与伸缩构成，其变换系数可用于描述原来的信号。多分辨率分析是小波理论最基本的概念之一，它提供了在不同比例尺下分析函数或信号的手段。由于较高分辨率的子空间包含了较低分辨率子空间的全部信息，任意基本子空间经过比例尺伸缩可派生所有子空间序列，全部子空间则可构成研究空间。在地图自动概括领域，小波分析主要用于场数据（如DEM）的自动概括以及线状地物的自动概括。

4. 基于人工神经网络的自动概括方法

人工神经网络是一种基于经验的学习系统，采用数学方法简化、抽象，并模拟人脑的思维研究方式。在地图自动概括领域，可通过利用已有的地图知识，为不同类型的地图综合智能体建立专用的并行分布处理连接网络模型，用于自动综合中知识的获取，如涉及语义信息和需要进行模糊推理时制图算子的选择、海图水深注记的选取、海岸线和等深线的自动综合等。

5. 基于 Agent 的自动概括方法

人工智能的目标是构造能表现一定智能行为的 Agent，即可用于完成某类任务的、能在一定环境下自主发挥作用的、有生命周期的计算实体。应用 Agent 的能动学习性、自治性、反应性和通信性等特点，可对用户的地图概括行为及操作过程进行监控。基于 Agent 自动概括算法的地图概括监控模型由感知、日志、分析、动作和知识库组成，监控 Agent 模型构建的智商程度由地图概括知识库的知识量及其运行管理模式决定。因为 Agent 技术可极大提高地图概括的自动化程度，所以在地图概括领域得到了关注，特别是在地图概括知识库及其数据的组织与管理、地图概括质量监控与评估等方面已有广泛应用。

问题与讨论 5-4

地图概括开始进入以数学模型和智能化方法为主的数字化综合时代，书中列举了 5 种自动概括方法。请查阅文献，再列举出除书中所列 5 种之外的 1～2 种自动概括方法。

（三）数字地图时代的地图概括

数字地图是以数字形式记录和存储的一类地图新品种，既便于存储、复制、传输、共享、分析和更新，又可经计算机处理转换为纸质地图，或经可视化处理在计算机屏幕上显示。数字地图时代，由于地图承载媒介、表达形式和数据来源多样化，地图概括的对象、环境、目的和任务等都在发生变化。

数字地图时代出现了网络电子地图、导航电子地图、多媒体电子地图等多种形式。地图概括的对象也不再仅限于传统的地图和地图要素，地图概括出现了示意图生产、网络渐进传输、全息位置地图表达与综合等新的研究内容。地图主要以数字地图、网络电子地图、虚拟现实地图等软地图形式存在，甚至在某些应用场合，如智能驾驶、机器人自动巡航中，读图者由人变成了机器，地图根本不需要显示，地图表达的信息量已不再是主要制约因素。地图承载媒介的变化必然会影响地图概括的研究，包括综合任务和目的、综合算子、综合标准等。

传统地图概括采用的是图形简化和数据压缩方法，主要有选取、化简、合并、概括和位移等。在大数据背景下，地图概括逐渐外延为空间信息综合，甚至在很多应用场景中以数据特征抽取的形式发挥作用。地图概括对象与领域知识的联系更加紧密，上下文关联更强，结构特征提取、知识发现、宏观决策等成为地图概括新的任务。从研究目的和研究对象来看，将由强调图形综合向数据密集型的时空特征综合和知识发现转变。传统的地图概括，由于受载负量的限制，地图上难以清晰地表达足够多的信息量，当尺度变化时，地图内容的概括尤为重要。当今地图的内涵和外延都发生了变化，人们使用较多的是数字地图甚至是无须显示的隐性地图，地图概括的概念和侧重点也应该随着地图概括对象的改变而改变。新时代的空间数据综合不仅要关注图形的综合，更需要将传统面向图形的地图概括和空间数据挖掘与知识发现相结合，从单纯的空间思维外延至空间-时间-语义三种维度的联合。地图概括已经沿着"图形概括→时空数据的概括→大数据的概括"的路线迈进。

　　总之，地图概括的实现遵循了一个由简单到复杂、由局部到整体、由数字化到智能化的客观发展过程，但离真正的自动化、智能化的要求还有不小的距离。随着人们认知水平的不断提高和新技术的层出不穷，地图概括的方法和过程还会不断改进和优化，相关计算方法也逐渐向并行化和高性能计算平台化方向发展。当前地图概括研究的瓶颈在于很多地图概括方法本身不易准确定义，半结构化特征明显，对领域知识和经验的依赖性很强。传统基于专家知识库的地图概括方式，受地图概括知识获取瓶颈的制约无法有效利用。因此迫切需要机器学习等智能方法，对地图概括知识的来源、表现形式以及自学方式进行系统性研究。例如，从现有的大量地图概括成果出发，通过深度神经网络等机器学习技术，通过深度模型的建立，提取特征，发现规律，指导新的制图综合任务。

　　在地图概括方法上经历了经验范式（试验归纳）、理论范式（模型推演）、模拟范式（数字制图综合）等，现在正向着以数据分析为基础的科学范式发展，如时空大数据的尺度变换、可视分析、时空流数据的特征提取与挖掘等。大数据时代的到来，以时空大数据为基础，以互联网、物联网、云计算等为新的技术手段，通过大数据分析和大数据挖掘，去发现过去的科学方法发现不了的新模式、新知识和新规律，也是现代地图学要解决的问题之一。

第二节　地图概括方法

　　制图的目的是突出制图区域对象的类型特征，抽象出其基本规律，以便用地图形式向读者传递有效信息。但随着比例尺的缩小，不可能把基本比例尺制图对象依比例缩小直接表示，必须根据一定规则对制图对象进行筛选（选取），并对选取的对象细部特征进行简化（或夸张），这就是地图概括过程中的两项主要工作——选取与概括。

　　地图概括工作贯穿于整个制图过程。从原始的地球表面选取地理要素、测制基本比例尺地图，再由基本比例尺地图到各种缩小比例尺地图，都涉及选取与概括过程。如图 5-3 所示，

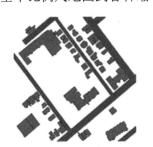

　　　原始地图(1：1000)　　　　　　概括地图(1：2500)　　　　概括地图(1：25000)

图 5-3　地图概括示意图

从 1∶1000 原始地形图到 1∶2500 地形图、再到 1∶25000 地形图，随着比例尺缩小，制图对象的轮廓细节也随之变化。显然，如果在 1∶25000 时还保留所有路径或建筑物的轮廓，那就会使图形非常凌乱，什么也看不清楚。所以，只有削去了不重要的"枝枝叶叶"，才能更好地突出主要的制图信息，地图才能达到它应有的对地理空间特征的表达效果。

一、内 容 选 取

（一）内容选取的概念与原则

内容选取是指选择那些对新编地图有用的制图信息，舍去那些不需要的制图信息。如何判断哪些信息对新编地图是必要的，哪些不是必要的，这就需要根据新编地图的编制目的、用途、比例尺等条件，采取某种定性或定量准则，对制图内容进行取舍。取舍时，可能将某一类信息全部舍弃掉，例如，编制交通图时，全部的电力与通信设施类都不予表示；也可能只是将某种级别信息舍弃掉，例如，水系中的小支流，次要的居民地等。

合理的内容选取必须遵循科学的原则和规律。首先，要保持地理事物分布的特点；其次，要正确反映地理事物的密度对比；最后，要正确反映制图区域的地理特征。例如，居民点多分布在河流和主要道路旁边，在不同地区之间居民点密度有一定的对比关系，较低等级的居民点在人口密集的平原区和在人口稀少的干旱或高寒区具有不同的地理意义，在选取时都要予以考虑。

选取有类别选取和级别选取两种。类别选取是指在不同类制图对象间进行的取舍，与新编地图的主题密切相关，是对地图内容的设计，例如，交通图强调交通、河流、地形等信息，而忽略与电力通信相关的信息。级别选取是指在同类制图对象中对不同级别对象的取舍，选取主要的、等级高的对象，舍去次要的、等级较低的对象。当然，主要与次要、高级和低级都是相对概念，是定性描述，在具体实施过程中存在一定的主观性。

（二）内容选取的方法

1. 资格法

资格法是以制图对象的数量或质量等级指标作为选取标准而进行选取的一种方法。通常是将制图对象由高级到低级、由主要到次要、由大到小的顺序进行资格排队，然后确定选取指标。例如，在水文图编制中，如果把 1cm 的长度作为河流的选取标准，那么地图上长度大于 1cm 的河流即可选取，长度小于 1cm 的河流将被舍去。

数量指标通常采用制图对象的长度、面积、高程或高差等自然属性值，以及诸如人口数、产量或产值等人文属性值等。例如，应用资格法选取城镇居民点时，可以按居民点的人口数进行排序，然后规定人口大于 1000 的居民点作为选取标准，那么少于 1000 人的居民点将被舍去。

质量指标通常包括制图对象的等级、品种、性质、功能等定性数据。例如，行政等级、道路类别、交通要塞以及革命圣地等均可作为质量指标。

资格法的特点是标准明确、简单易行，在地图编绘工作中得到了广泛的应用。但是，资格法也存在缺点：首先，资格法只用一个指标作为选取制图要素的条件，实际上一个指标通常不能全面衡量出制图对象的重要程度，例如，一条同样大小的河流处在不同的地理环境中，其重要程度是不一样的。其次，按同一个资格进行选取无法预计选取后的地图容量，很难控制各制图区域间的对比关系。为弥补资格法的不足，对于第一个缺点，常常在不同的区域确定不同的选取标准，或对选取标准规定一个范围。例如，A 地区和 B 地区具有不同的河网密度和河系类型，针对河网密度的不同，可以规定不同的选取标准，如 A 地区图上长度大于 6～10 mm 可选取，B 地区长度大于 8～12 mm 可选取，用以保持 A、B 地区河网密度的正确对比关系。至于第二个缺点，则需要用定额法作为补充或配合使用。

2. 定额法

定额法是以规定新编地图单位面积内应选取的制图对象数量或密度作为选取条件而进行选取的一种方法。定额法的目的是在不影响易读性的前提下，使新编地图具有丰富的内容。制图对象选取定额通常由地图载负量决定。

定额法的优点是可以保证图面选取的内容既能清晰易读，又能有足够的数量和适宜的密度。采用定额法时，不仅要考虑在图面上选取数量的密度和适宜性，同时还应该顾及选取对象的重要程度、地图符号大小与注记规格对选取的影响等，以保证新编地图信息容量的适宜性。

定额法也存在明显的缺点，即无法保证在不同地区保留相同的质量资格。例如，制图目的和用途要求各地区应保留全部乡镇级以上的居民地，但是按照定额法就有可能使居民地密度大的地区个别乡镇级以上的居民点不能被选取。为了弥补这个缺点，使用定额法时也可以分地区设定指标，或给出一个临界指标，即规定一个高指标和一个低指标。例如，我国 1：100 万地图上居民地的选取指标，在中密度地区为 120～160 个/dm^2，在稠密地区是 160～200 个/dm^2；普通地图上的水系选取，可根据河网密度将区域分为极稀区、较稀区、中等密度区、稠密区、极密区，并设定相应的选取指标标准，如表 5-1 所示。考虑地区特征差异，在规定范围内调整，就可以使不同区域采用相同的质量标准，同时保持分布密度不同的相邻区域在选取后保持密度的逐渐过渡。这样做既能保证正确反映制图对象在整个区域的分布规律，又能体现同一要素在不同区域单元的重要程度。这种处理方法也被称为区域指标法。

表 5-1 我国地图上河流选取标准

河网密度分区	密度系数/（cm·km^{-2}）	河流选取标准/cm
极稀区	<0.1	基本全取
较稀区	0.1～0.3	0.5～0.8
中等密度区	0.3～0.5	0.6～1.0
	0.5～0.7	0.8～1.2
	0.7～1.0	1.0～1.4
稠密区	1.0～2.0	1.3～1.5
极密区	>2.0	>1.5

在地图制图实践中，经常是将定额法与资格法结合起来运用。

问题与讨论 5-5

内容选取有类别选取和级别选取，请问分别对地形图、专题图进行综合时，如何考虑其差异？

二、内 容 概 括

（一）内容概括的概念与原则

内容概括是指对制图对象质量特征、数量特征的化简过程，其目的是对那些选取了的制图对象，在比例尺缩小的条件下，仍然能够反映原制图对象之间层次关系、几何关系及逻辑关系，以正确的形式展示出来并传输给读者。概括和选取虽然都是去掉制图对象的某些信息，但它们是有区别的。选取是整体性去掉某类或某级别的制图对象，概括则是通过合并类别或等级以减少地图所负载的信息量，达到地图概括的目的。

内容概括分为质量特征概括和数量特征概括。质量特征概括是在对制图对象质量特征分析和研究的基础上，将较详细的分类分级转换成较概略的分类分级，具体表现为制图对象分类分级数的减少。数量特征概括是在对制图对象数量特征分析和研究的基础上，用较概略的等级替换较详细的等级，表现为分级数的减少。

内容概括以所表达地理事物的科学分类、分级体系为依据，根据地图适宜载负量确定表达的类别等级。当制图对象的某些质量或数量特征因比例尺缩小而不能表达出来时，就要在相应学科理论指导下，按地图制图要求进行重新划分。重新划分的类别、等级，应使同一类型或同一数量等级内的差异尽量趋小，不同类型或不同等级间的差异尽量趋大。

问题与讨论 5-6

重新划分类别、等级时，应使同一类型或同一数量等级内的差异尽量趋小，不同类型或不同等级间的差异尽量趋大。请举例说明其含义。

（二）质量特征概括

1. 分类概括的概念

制图对象质量特征是指描述制图对象性质的特征。用符号表示制图对象时，不可能对所有具有某种差别的对象都配置不同的符号，而是用同样的符号来表达质量比较接近的一类对象。分类概括就是根据地理事物性质的异同，对其进行分类，并采用相应的符号系统表达出来，即用分类表示代替具体表示，从而达到将具有相近性质的地理事物合并为同类的目的。

随着地图比例尺的缩小，图面上能够清晰表达的制图对象数量会越来越少。这时就要用概括的分类分级代替详细的分类分级，将同属一个高级类别的各低级类别合并，减少制图对象类别、等级数量，使地图保持适宜的载负量。

分类比分级的概念要广一些。分类是对性质上有重要差别的制图对象进行的归纳和划分，例如，河流和居民地就属于不同的类别。分级则是指对同一类对象由于其质量或数量标志存在某种差别而进行的归纳和划分，以进一步区分出不同的等级。例如，居民地分级，可按行政意义分为首都、直辖市、省会城市、地级市、县（市）、乡（镇）6 级，也可按规模等级划分为特大城市、大城市、中等城市、小城市、城镇 5 级，还可以按人口数量分为 10 万人以下、10 万~50 万人、50 万~100 万人、100 万~500 万人、500 万人以上 5 级。从地图概括的角度，按事物质量标志划分的等级与事物分类具有相似性，同属质量特征概括。

质量特征概括的结果，常常表现为制图对象间质量差别的减少，以概略的分类、分级代替详细的分类、分级，以总体概念代替局部概念。

2. 质量特征的概括方法

1）合并

合并是指将原来的若干级别合并为一个级别，以达到减少分级的目的。具体做法是用较高的类别归纳较低的类别。例如，大比例尺资料图上，铁路分为单线铁路、复线铁路、窄轨铁路、电气化铁路、建筑中铁路等 5 类，新编小比例尺地图上可合并为铁路和在建铁路 2 类；又如，把居民地规模等级中的特大城市、大城市两个级别合并为大城市一个级别。

2）删除

当地图比例尺缩小或地图用途发生改变时，会出现在新编地图上整体删除某类制图对象的情况。例如，地图在不需要表示河流通航性质的情况下，可以删除可通航河流类别，从而减少河流之间的质量差别。图 5-4 是 1∶10 万和 1∶25 万地图图例水系部分的比较。在 1∶10 万地图上，河流分成四类，但到 1∶25 万地图上就统一为一类了；1∶10 万地图上的渠道，在 1∶25 万地图上被删除了。再比如普通地图上的居民点，资料图上划分为首都、直辖市、省会、地级市、县（市）、乡（镇）6 个等级，在比例尺缩小后的新编地图上简化为首都、直辖市、省会、地级市、县（市）5 个等级，删除掉了乡（镇）一级居民点。

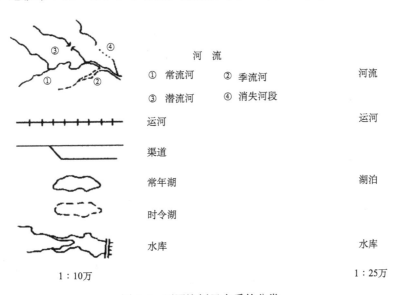

图 5-4 不同比例尺水系的分类

3）概念替换

概念替换是指用比较概括的质量概念代替某一些具体的质量概念，或用表示地理要素关系的新概念替换原来的一些质量概念。例如，在大比例尺资料图上表示了耕地间的田埂、较小的果园等内容，在较小比例尺新编地图上，田埂、果园因缩小后面积太小被舍弃，其性质变为耕地，其实质就是一种概念替换，即用总体的概念代替了较小的或不重要的概念。

专题地图主题多涉及一些专业性很强的学科领域，因此所表达内容的分类系统往往比较复杂，有严谨的分类依据和体系。因此，对专题要素质量特征的概括，必须在系统地了解相关学科分类体系的基础上，再根据需要进行简化。以地貌类型图为例，确定地貌分类系统的依据是形态成因，中国陆地地貌分为五个等级，如表 5-2 所示，在编制较小比例尺地貌图时，对地貌类型的等级合并必须以此为根据进行，否则就不能保证地图的科学性。

表 5-2　中国地貌分类系统

第一级	第二级	第三级	第四级	第五级
陆地地貌	受大地构造制约的大型地貌类型，如大平原、大高原、大山地	内外营力共同形成的基本形态类型，如平原、台地、丘陵、山地及其按坡度、高度差标志划分的次级形态类型	内外营力作用下的基本形态成因类型，内外营力、形态组合而成的基本形态成团类型	内外营力作用下的次级形态成因类型
海底地貌	……	……	……	……

（三）数量特征的概括

1. 数量概括的概念

制图对象数量特征是指可以用数量形式描述的特征，包括制图对象的长度、面积、高度、深度、坡度、密度等。在地图概括过程中，制图对象的选取和形状概括都会引起数量特征的变化。例如，舍去小的河流或去掉河流上的弯曲，就会使河流总长度减小，从而引起河网密度的变化；去掉小数点后面的值，简化了高程或比高注记数值，同时也引起了高程值的变化。此外，根据制图需要，还应对制图对象的某些数量特征进行等级划分和等级合并，即进行数量特征的概括。

分级是对地图数量特征概括的基本方法。通过划分等级，将制图对象庞杂的实际数值划归为若干个组，起到了简化的作用。以全国人口分布图为例，假定以县域为基本统计单元，则每个县都有对应的实际人口数，如果不加以分级，不仅在符号上难以区分，而且也难以形成人口分布的概念；采用分级概括的方法，将人口数分为小于 10 万人、10 万～20 万人、20 万～40 万人、40 万～80 万人、80 万～160 万人、160 万～320 万人、大于 320 万人等 7 级，就能解决上述问题。

数量特征概括的基本思想是将制图对象按数量排序，并按照等差、等比或任意分级的规则进行级别划分。数量特征的概括程度主要表现为各等级间的间距大小和等级数的多少，划分的等级越多，概括程度越低，反之，等级越少，概括程度越高。随着比例尺缩小，较详细的分级不能清晰表示在新编地图上，因此就要进行概括简化。但是，如果分级数太少，就不能反映制图对象的数量分布特征。在实际应用中，概括后的分级一般以 5～7 个等级为宜。

2. 数量特征的概括方法

1）合并等级

将相邻等级合并，扩大级差，是减少等级数最简单的方法。例如，在资料图上居民点按人口数量分为 7 个等级：1 万人以下、1 万～5 万人、5 万～10 万人、10 万～30 万人、30 万～50 万人、50 万～100 万人、100 万人以上；在新编地图上，由于比例尺缩小，可将人口数量等级简化为 5 级：1 万人以下、1 万~10 万人、10 万~50 万人、50 万~100 万人、100 万人以上，其中对 1 万~5 万人、5 万~10 万人和 10 万~30 万人、30 万~50 万人进行了相邻等级的合并。再如，大比例尺地理图上，将海拔划分为 9 级来表示地形要素，在较小比例尺地理图上，海拔等级就被概括为 7 级了。

相邻等级并不是在任何情况下可任意合并的，那些重要的等级边界必须保留，例如，200m、500m 等高线对地形特征的表达具有重要意义，当采用等高线法或分层设色法表示地形特征时，在任何比例尺图上都应保留。

2）增大点值

点值法是一个特例。在用点值法表示地理事物数量分布的专题地图上，随着地图比例尺的缩小，原来的点值不能清晰表示时，可采取增大点值来减少点数，实现对数量特征的简化。例如，在资料图上一个点代表 500 人，在新编地图上提升为一个点代表 1000 人，这样图上点数会大大减少，在比例尺变小的情况下，地图仍然能保持适宜的载负量。

问题与讨论 5-7

对地理要素数量指标的分级是地图数量特征概括的主要方法。结合课文中居民点人口数量分级的例子，请思考：在减少分级数、合并相邻分级时，应以什么为原则，才能保留事物数量原本的特征，正确地传输要素数量特征信息？

（四）典型化处理

典型化处理是指在质量特征概括和数量特征概括时，通过制图数据排序、分级和分群得到新的数据集，新数据集中不保留任何原始数据，取而代之的是一个源于原始数据且被"典型化"了的数据。在数字制图中，典型化处理不同于一般意义上的简化，简化只是删除或修改原始数据集中的某些数据，而典型化则是生成新的数据集。典型化通常采用选择分级间隔和聚类算法实现。

点状数据的典型化是指按制图对象属性分群，或选择恰当的分级间隔对数据重新分组，将属于同一种类的数据分在一组。点状数据有时也按位置分群，采用数学模型中的点聚类，将点状要素按某种参数划分点群，并对每个点群选择一个"典型化"的位置来代表点群中的众多原始数据点。例如，点群的几何中心就常被用作"典型化"位置，如图 5-5 所示。

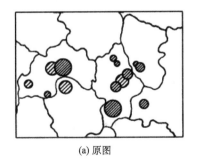
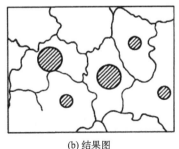

(a) 原图　　　　　　　　(b) 结果图

图 5-5　点群典型化处理

线状数据的典型化表现为线聚类。例如，两个城市之间存在众多的通道，为了概括表达其客货流量，可将众多通道的流量聚集成一条虚拟的流量线，这条虚拟的线就是典型化处理的结果。还有一种线聚类表现为线状图形的类型化，是用特定的数学模型来描述制图对象特征，经过数据处理得到新类型的线状图形。

问题与讨论 5-8

对点群典型化处理得到的点位置是不是必须放在点群几何位置中心？在对行政区划（面）图层内点群典型化处理后，典型化的位置如何选定？

三、图 形 概 括

（一）图形概括的概念与原则

图形概括是指根据制图对象的图形特征，删除图形中不必要的碎部，保留或适当夸大重要特征，构成能表现制图对象本质特征的明晰轮廓，用总的形体轮廓代替详细的轮廓形状，以保持与适宜载负量相适应的基本地理特征。图形概括的对象是所选取内容要素的符号图形。符号图形是对制图对象进行符号抽象与概念概括的结果，是符号化的体现。符号化与地图概括有所不同，某些符号化过程存在对内容的概括，但不是所有的符号化过程都有对内容的概括。

图形概括要保证图形的相似性、准确性、正确性和清晰性。相似性指概括前后的图形具有相似的特征，在图形轮廓、弯曲形状、结构、方向等方面相似和一致；准确性指经过概括的图形具有位置准确的特征，尤其是图形的重要特征点，要保证准确定位；正确性指概括后的图形与其他要素之间具有正确的空间关系，反映地理要素之间位置关系的合理性；清晰性指概括后地图仍具有适宜的载负量，在符号密度最大区域能保证清晰阅读。例如，对黄土高原沟壑区等高线的概括，在保证图面清晰可读的前提下，要做到弯曲、走向与实际情况相似，沟缘等高线特征点、等高线转折点位置准确，等高线与水系走向关系合理，能正确表达沟谷地形与塬、梁、峁等沟间地貌的联系。

（二）图形概括的方法

图形概括的主要方法有删除、夸大、位移、合并与分割。图形降维转换也是图形概括的一种方法，即因比例尺缩小或制图目的不同等原因，将高维图形符号转换为低维图形符号，以降低地图载负量。例如，在大比例尺地图上，居民地轮廓图形、双线河流都是二维的面状符号；在小比例尺地图上，居民点用圈形符号表示，符号图形从二维降到零维，河流用单线符号表示，符号图形从二维降到一维。图形降维转换方案在符号设计阶段确定。

1. 删除

删除就是去掉因比例尺缩小而无法清楚表示或不重要的图形细碎部分。如图 5-6 所示，河流、等高线、居民地外部轮廓、森林边界，在比例尺缩小后一些细节碎部因过于细小而无法清晰表示，这时就应予以删除。

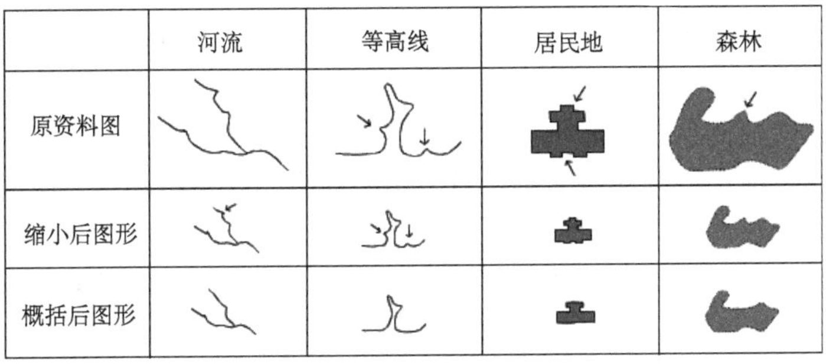

	河流	等高线	居民地	森林
原资料图				
缩小后图形				
概括后图形				

图 5-6 图形碎部的删除

对图形细节的删除，应遵循一定的原则，以保证删除的合理性。总体上讲，保持图形的基本特征，首先要在删去小弯曲的同时，保留或适当夸大能反映图形特征的弯曲；其次要把握曲线的弯曲特征，保持不同线段上曲折系数和单位长度上弯曲个数的对比关系不变；然后要保持图形的类型特征，如不同类型海岸线具有不同的形状特征；最后要保持图形的结构对比和面积平衡。

针对一个具体的弯曲，是删除还是保留，可以借助定量指标辅助确定。如图 5-7 所示，设新编地图上图形的最小弯曲宽度为 W，最小弯曲深度为 d；若资料图上地物轮廓的弯曲宽度为 W_i，弯曲深度为 d_i，则根据下列规则确定该弯曲是否保留。

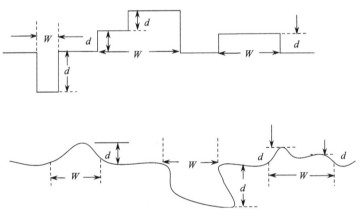

图 5-7 图形边界最小尺寸

当 $W_i \geqslant W$ 且 $d_i > d$ 时，应保留（选取）；当 $W_i < W$ 且 $d_i < d$，应删除；当 $W_i < W$ 且 $d_i > d$ 时，则应考虑弯曲的形状特征，需删除弯曲或通过夸张使弯曲大于限定尺寸。

手工作业时，删除主要靠制图者的直观感觉，通常根据碎部图形的大小、同周围相关联的位置和形状特征等条件来判断其是否重要，这种直观感觉只有在积累了丰富的经验后才能应用自如。例如，图形缩小后，图上小于 0.2mm 的碎部特征可以删除，制图者根据自己的判断具体处理。

数字制图作业时，删除表现为对制图数据的删除和修改。形状概括中的删除，主要是对组成线状物体或面状物体边线的坐标串进行处理，首先是减少因比例尺缩小后而变得冗余的数据量，然后在此基础上，删除或修改坐标串中的次要点，保留主要特征点，被保留的点必须是描述制图对象所固有的点。常用算法有隔点法、偏角法、道格拉斯–普克法等。

2. 夸大

夸大就是将那些依比例不能表示但具有重要意义的地理事物，或虽然过于细小但能反映图形重要特征的图形细小部分，夸大到可以表示的程度，以保持制图区域地理特征原貌。夸大往往是与删除同步进行的。

制图区域特征是由不同地理事物及其组合共同表现的。因此，当某些具有重要意义的地理事物因比例尺缩小后不能正常表达时，就应突破比例尺限制，适当放大表示，或转换成不依比例、半依比例符号表达。例如，在小比例尺地理图上，为了表示区域水系特征，对一些重要但面积过小的湖泊适当夸大，对河流的某些河段采用双线符号突出表示等，都是夸大处理的结果。又如，比例尺从 1：5 万缩小到 1：50 万，图上表示一般公路的符号宽度都是 0.5mm 的情况下，相当于实地宽度就从 25m 变成了 250m，显然夸大了很多；如果比例尺再缩小，其宽度的夸张比例就更加明显。因此，较小比例尺地图一般不适宜进行精度要求较高的量测。

图形基本特征是众多细小碎部特征的综合表现，当过多的细节被删除后，图形整体的特征也将不复存在，因此图形简化不能机械地删除所有不符合比例尺条件的细小碎部，还必须对图形重要特征细节适当夸大。例如，一条微弯曲的河流，若机械地按指标进行概括，微小弯曲可能全部被舍掉，河流将变成平直的河段，失去原有的特征。这时，就必须在删除大量细小弯曲的同时，适当夸大其中的一部分特征弯曲。再如图 5-8 所示，在居民地外部轮廓线、交通线、海岸线、等高线上，都有一些特征弯曲，如图中箭头所指处，通过夸大处理后，地物原有的图形特征得以保留。

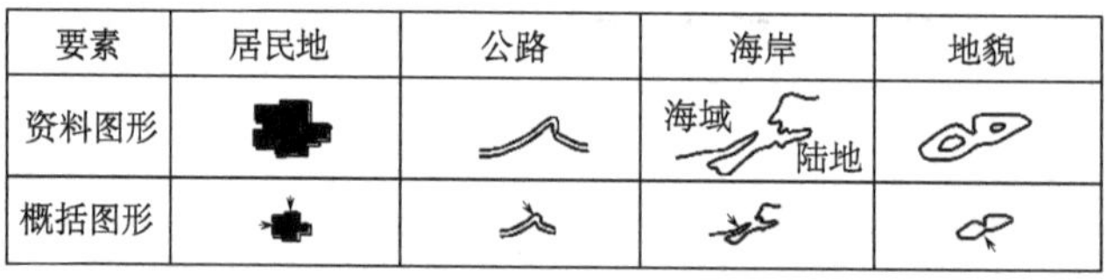

要素	居民地	公路	海岸	地貌
资料图形			海域　陆地	
概括图形				

图 5-8　形状概括时的夸大

数字制图作业时，夸大也是通过对制图数据进行修改来实现的。通常利用对比拉伸的算法增强相邻点值的差别，达到使小弯曲夸大显示的目的。

问题与讨论 5-9

删除、夸大是图形概括的主要方法之一，且夸大往往是与删除同步进行的，请举例解释为什么会这样？

3. 位移

位移就是移动符号位置，使各符号的相对位置关系与其所代表事物的实际地理位置关系相适应。随着比例尺缩小，不依比例、半依比例符号占据了更多的"实际"面积，图形夸大处理也起到同样的作用，这样一些地理事物的准确位置被夸大的重要事物所挤占的现象就不可避免；同时，为了保证图面清晰，还必须保持符号间有一定的间隔，通常不能小于 0.2mm。这种现象不做处理，在视觉上就会破坏制图对象之间的相关性或拓扑关系。因此，被挤占了准确位置的地理事物，只能通过移动其符号到附近合理位置上，才能解决这一占位问题。在小比例尺地图上，位移的例子非常多。例如，河谷地带，铁路和公路往往沿河流建设，且河流、铁路、公路均采用半依比例符号，这时应将河流符号准确定位，铁路和公路符号根据实际位置关系位移，正确表示三者之间的空间关系。

1）定位优先级

在上述例子中，为什么是将河流符号准确定位，而不是铁路或公路呢？这里就涉及定位优先级的问题。地图符号间的占位矛盾是地图上常见的现象，地图比例尺越小，占位矛盾越突出；地图载负量越大，占位矛盾也越突出。定位优先级是指在遇到符号占位矛盾时，符号定位的先后次序等级。定位优先级较高的符号先定位，优先级较低的符号根据已定位的符号位置做位移处理。在制图实践中，只需确定点状符号和线状符号的定位优先级，面状符号可通过轮廓线配合阵列符号、网纹与色彩填充等方法处理。

点状符号的定位优先级按从高到低的顺序依次为：①有坐标位置的点，如平面控制点、国界上的界碑符号点等，任何情况下不可移动；②有固定位置的点，如居民点、独立地物点等；③只具有相对位置的点，位置依附于其他要素，当所依附的要素位置变化时，点位随之变化，如路标、水位点等；④定位于区域范围的点，如森林里的树种符号等；⑤阵列符号，如离散符号组成的图案等，不是严格意义上的点状符号。

线状符号的定位优先级按从高到低的顺序依次为：①有坐标位置的线，线的位置是由具体坐标限定的，如国界线由界标确定准确位置，任何情况下不能移动其位置；②具有固定位置的线，如铁路、公路、河流等；③表达三维特征的线，包括各类等值线，它们除了本身具有平面位置和形状特征外，还与邻近等值线组合以保持某种图形特征和彼此协调关系，位移时需注意；④具有相对位置的线，位置依附于其他要素，当所依附的要素位置变化时，线的位置也随之变化，如依附于河流主航道线的境界线、依附于道路的地类界等，位移时应保持原有依附关系；⑤面状符号的轮廓线或边界线。

当出现不同优先级符号占位矛盾时，移动优先级较低的符号；当出现同一优先级不同符号占位矛盾时，根据彼此重要程度确定定位关系，一般自然要素优先于人文要素，如河流与道路出现占位矛盾时，准确定位河流符号，移动道路符号。

2）位移方法

位移的技术手段主要有舍弃、移位和压盖。

（1）舍弃。当同类符号定位发生占位矛盾时，舍弃其中等级较低的一个。例如，两个行政等级不同的相邻居民点，一个是县政府所在地，一个是镇政府所在地，比例尺缩小后出现占位矛盾，这时显然应舍弃镇政府所在地的居民点符号。

（2）移位。当不同类符号定位发生占位矛盾时，按照定位优先级原则移动等级较低地物的符号位置，即移位。移位处理有两种情况：一是发生占位矛盾的两个地物同等重要，采用双方同时相对移位的方法，两个符号之间保留必要的间隔；二是发生占位矛盾的两个地物重要程度不同，采用单方移位方法移动较次要地物的符号，并保持符号之间正确的拓扑关系。例如，位于河流一侧邻岸的居民点，在小比例尺地图上按其正确几何位置表示，则会出现居民点符号压盖河流符号的情况，造成河流与居民点拓扑关系的扭曲；依据重要程度原则，对居民点符号进行移位处理，就保持了它们之间正确的关系。图 5-9 是移位处理地物拓扑关系的几个案例。

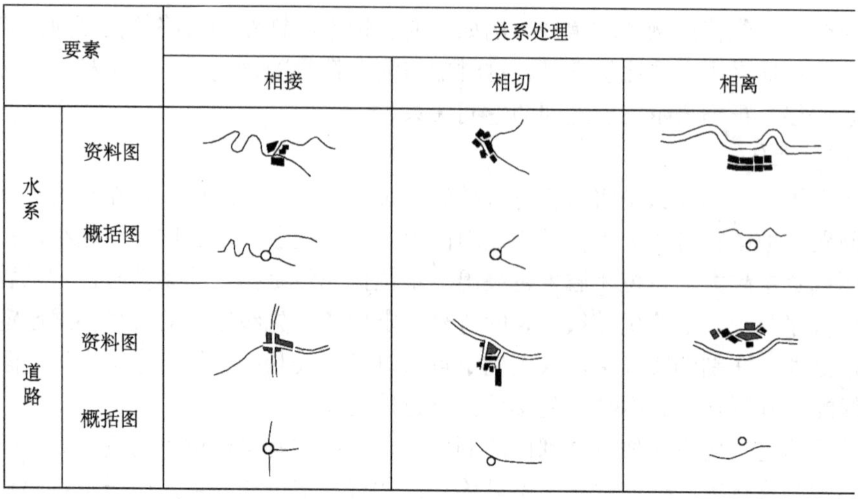

要素		关系处理		
		相接	相切	相离
水系	资料图			
	概括图			
道路	资料图			
	概括图			

图 5-9　点（圈形）符号与线状要素的关系

对不同类符号的占位矛盾，首先应考虑采用移位处理，如果周围有密集的图形，难以实施移位时，可采用舍弃方法，舍弃较次要的地物。

（3）压盖。当点状符号或线状符号与面状符号发生占位矛盾时，将点状或线状符号覆盖在面状符号之上，保持点状或线状符号的完整，即压盖。例如，城市中的水塔、烟囱等独立地物，或穿过市区的河流，当这些地物符号与街区符号出现占位矛盾时，完整绘制出水塔、烟囱、河流的符号，通过牺牲街区图形完整性，来保持重要独立地物和线状地物的位置和形状的正确性。

问题与讨论 5-10

移位处理时，当出现同一优先级不同符号占位矛盾时，根据彼此重要程度确定定位关系，一般自然要素优先于人文要素，请解释为什么要这样处理？

4. 合并与分割

合并与分割是针对面状事物内部结构的图形概括方法。合并是将制图对象内部的细节合并简化，侧重于表示地理事物总体特征；分割是对制图对象内部进行拆分，侧重于表示地理事物的内部结构和格局。合并和分割联系密切、相辅相成，联合运用能更好地表达事物本质特征。

1）合并

合并有两种情况：一种是两块相邻的同类面状事物，因比例尺缩小后间隔太小不能区分，可将其合并为一个整体；二是在同一个面状事物内部，因比例尺缩小后其细节结构过细不能表示，需删除过小细节。如图 5-10 所示，上面部分是通过合并街区内部细节实现对街区结构图形概括的案例；下面部分是两块森林轮廓间隔很小时，合并成一个大的森林范围的案例。

合并的实质是删除图形不重要的细节。例如，删除市区内较小的街道，就实现了街区合并；删除两片森林间的草地，就得到了合并后的森林范围；删除表示细小沟壑的等高线，结果就是将小沟壑两边的山脊合并成了一条山脊。

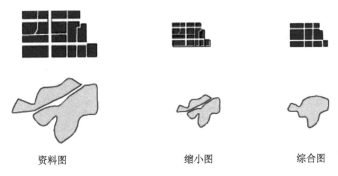

资料图　　　　　　　　　缩小图　　　　　　　　　综合图

图 5-10　形状概括中的合并

2）分割

在一些情况下，对面状符号图形进行合并后，事物内部结构无法合理体现，这时就可采用分割方法，将面状事物内部不太重要的内容进行拆分，形成与事物结构相适应的结构图形。如图 5-11 所示，资料图上街区被两横两纵 4 条街道分割，比例尺缩小后所有街道都无法保留，但仅合并成一个整体不能反映其特征，因此用一横一纵 2 条街道分割，在满足载负量要求的前提下，较好地表达了该街区的

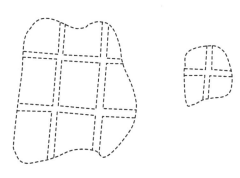

图 5-11　图形内部结构的分割

内部街道走向、纵横街道数比例等结构格局信息。分割结果是一种示意性图形，只有深刻认识面状地理事物内部结构格局的本质，合理地进行拆分，才能正确表达事物的地理特征。

问题与讨论 5-11

合并与分割是针对面状事物内部结构的图形概括方法。请比较地形图、专题图在分割与合并操作上的差异性。

第三节　地图概括数学模型

一、图解计算模型

图解计算模型是一种以地图符号的面积载负量为依据，确定符号选取数量指标的定量方法，由苏联学者苏霍夫提出，常用于确定居民点选取的数额。

设地图上居民点符号的面积为 r（cm^2），注记面积为 q（cm^2），则该图幅居民点的面积载负量 S 为

$$S = n(r+q) \tag{5-1}$$

式中，n 为图上每平方厘米的居民点个数；S 为无量纲值。

居民点注记的面积由每个字所占面积和注记字数确定，其中每个字的面积等于字高与字宽的乘积，一般情况下使用方形汉字，字高与字宽相等。假设某图幅上最高等级居民点注记的字高为 d，地名平均由 3 个汉字组成，字符间隔 0.5 个字宽，则式（5-1）可表示为

$$S = n(r + 3.5d^2) \tag{5-2}$$

　　因为在同一张地图上，不同等级的居民点采用不同大小的图形符号和文字注记，所以在计算面积载负量时，需分别计算各等级居民点的载负量。设居民点共分为 m 个等级，其中第 i 级居民点的面积载负量为 S_i（$i=1,2,\cdots,m$），各等级地名平均字数仍为 3 个汉字，则居民点总载负量为

$$S = \sum_{i=1}^{m} S_i = \sum_{i=1}^{m} n_i \left(r_i + 3.5 d_i^2 \right) \tag{5-3}$$

式中，n_i 为图上每平方厘米中第 i 级居民点个数；r_i 为第 i 级居民点符号的面积；d_i 为第 i 级居民点注记的字高。

　　在制图工作中，制图者通过对制图区域内具有不同特征的地区进行抽样统计，掌握整个区域居民点面积载负量的分布情况。表 5-3 是 4 种比例尺地图上我国不同地区的居民点面积载负量。

表 5-3　不同比例尺地图上的居民点面积载负量　　　　（单位：mm²/cm²）

地区分类	1:10 万	1:20 万	1:50 万	1:100 万
大型集团式居民点地区（中国东北）	50	30	16	14
中型集团式居民点地区（中国华北）	40	20	14	13
小型及散列式居民点地区（中国大部）	18	15	12	11

二、等比数列模型

　　心理物理学试验表明，人眼觉察到或辨认到同一要素的等级差别通常遵循等比数列规则。根据这一原理，苏联学者鲍罗金提出了利用等比数列模型确定地图要素选取的方法。下面以河流的选取为例，介绍等比数列模型在内容选取中的应用。

（一）基本方法

　　首先，量取所有河流的图上长度和相邻河流间的平均距离；然后，将河流长度按等比数列分级，记为 A_i，将河流间的平均距离也按等比数列分级，记为 B_i；通过 A_i、B_i 求得选取间隔 C_{ij}，作为判断某一河流能否被选取的依据。C_{ij} 是二维等比数列，其与 A_i、B_i 之间的关系如表 5-4 所示。

表 5-4　选取河流的等比数列

选取间隔　　　间隔分级　　长度分级	$B_1 \sim B_2$	$B_2 \sim B_3$	...	$B_{n-1} \sim B_n$	$B_n \sim B_{n+1}$
$>A_n$	C_{11}				
$A_{n-1} \sim A_n$	C_{21}	C_{22}			
...	...	...	...		
$A_2 \sim A_3$	$C_{n-1,1}$	$C_{n-1,2}$	...	$C_{n-1,n-1}$	
$A_1 \sim A_2$	$C_{n,1}$	$C_{n,2}$	...	$C_{n,n-1}$	C_{nn}

表 5-4 中，选取间隔的对角线（C_{11}，C_{22}，…，C_{nn}）为全取线，即在此线外侧的河流全部选取；长度小于最下行（$A_1 \sim A_2$）和河流间平均距离小于左列（$B_1 \sim B_2$）的河流全部舍弃。

A_1，A_2，…，A_n，或 B_1，B_2，…，B_n，数值间应符合等比关系，即

$$A_i = A_1 r^{i-1}$$

$$B_i = B_1 p^{i-1} \tag{5-4}$$

式中，r、p 为辨认系数，是经验值，一般可令 $r=1.3$，$p=1.5$。

在选取间隔中，C_{11}，C_{22}，…，C_{nn} 是河流应保持的最小间隔，计算 C_{kk}（$k=1,2,\cdots,n$）的通用公式为

$$C_{kk} = \frac{1}{2}\left(B_k + B_{k+1}\right) \tag{5-5}$$

其中，第 1 列 C_{21}，C_{31}，…，C_{n1} 代表同级平均距离的河流，当河流长度不同时获得选取的最小间隔时，其计算公式为

$$C_{i1} = C_{11} + \frac{C_{22} - C_{11}}{1+p} \times \frac{1 - r^{i-1}}{1-p} \tag{5-6}$$

第 2 列选取 C_{i2} 的公式为

$$C_{i2} = C_{22} + \frac{C_{33} - C_{22}}{1+p} \times \frac{1 - r^{i-2}}{1-p} \tag{5-7}$$

依此类推，第 k 列选取 C_{ik} 的公式为

$$C_{ik} = C_{kk} + \frac{C_{(k+1)(k+1)} - C_{kk}}{1+p} \times \frac{1 - r^{i-k}}{1-p} \tag{5-8}$$

（二）应用举例

以某一流域的支流为例，在原图上选取长度大于 15cm 的全部支流，舍去长度小于 4cm 的所有支流。在支流长度 4～14.8cm 的范围内，若河流间平均距离小于 1.5cm 时也应舍弃。其余支流按等比数列模型方法进行选取。

表 5-5　等比数列法进行河流选取的实例　　　　　　　（单位：cm）

长度分级 ＼ 距离分级 （选取间隔）	1.5～2.3	2.3～3.4	3.4～5.1	5.1～7.6	7.6～11.4	11.4～17.3
>14.8	1.9					
11.4～14.8	2.3	2.9				
8.8～11.4	2.9	3.5	4.3			
6.8～8.8	3.8	4.3	5.1	6.3		
5.2～6.8	5.2	5.6	6.3	7.6	9.5	
4～5.2	7.2	7.5	8.1	9.5	11.4	14.3

依据等比数列模型法编制表 5-5，对于长度在 4~14.8cm 之间的支流，应先选取较长的支流，并根据它们的平均距离决定取舍。例如，某一支流长 8cm，它两侧的河流间平均距离为 4cm，这条支流应该选取还是舍弃呢？从表 5-5 可知，6.8~8.8cm 长的河流入选新编地图的选取间隔为 5.1cm，即长度为 8cm 的河流，当两侧间隔大于 5.1cm 时才能被选取，两侧间隔小于 5.1cm 的河流将被舍弃，所以这条支流显然不能入选。

等比数列模型法很容易被引入数字制图作业中。

三、开方根模型

在利用较大比例尺地图编绘较小比例尺地图的过程中发现，很多概括措施取决于比例尺分母的开方根。考虑到在各种情况下都能适用的几何关系，德国地图学家弗·特普费尔提出了开方根模型理论，并被用于解决从资料地图到新编地图由于比例尺缩小而产生的制图要素数量简化问题。

设资料地图的比例尺分母为 M_A，新编地图的比例尺分母为 M_B；资料地图上某一类制图要素的数量为 N_A，新编地图上同一类制图要素的数量为 N_B；则该类制图要素的数量在两种比例尺地图上有以下数量关系：

$$N_B = N_A\sqrt{\frac{M_A}{M_B}} \tag{5-9}$$

例如，用 1∶5 万地形图做资料图编绘 1∶10 万地形图，在相应的范围内，资料图上有居民点 78 个，则新编图上的居民点数量应为

$$N_B = 78 \times \sqrt{\frac{50000}{100000}} = 55.38 \approx 55(\text{个}) \tag{5-10}$$

在实际制图工作中，内容选取不仅受到比例尺的制约，还要受到其他诸多因素的影响，例如，不同地物的重要程度有差异，不同用途的图上符号的尺寸也有所不同，内容选取要更复杂一些。针对这些情况，在式（5-9）基础上，通过增加符号尺寸改正系数和制图要素重要性改正系数，得到修正后的开方根模型公式：

$$N_B = N_A CD\sqrt{\frac{M_A}{M_B}} \tag{5-11}$$

式中，C 为符号尺寸改正系数；D 为要素重要性改正系数。

（一）确定符号改正系数 C

符号尺寸改正系数的确定有三种情况：

（1）符号尺寸符合开方根规律，即符号尺寸随比例尺缩小而缩小，这时 $C=1$，式（5-11）简化为

$$N_B = N_A D\sqrt{\frac{M_A}{M_B}} \tag{5-12}$$

（2）符号尺寸不符合开方根规律，但新编图与资料图的符号尺寸相同，这时针对线状符号的 C 值为

$$C = \sqrt{\frac{M_A}{M_B}} \tag{5-13}$$

式（5-11）变化为

$$N_B = N_A D \sqrt{\left(\frac{M_A}{M_B}\right)^2} \tag{5-14}$$

针对面状符号的 C 值为

$$C = \sqrt{\left(\frac{M_A}{M_B}\right)^2} \tag{5-15}$$

式（5-11）变化为

$$N_B = N_A D \sqrt{\left(\frac{M_A}{M_B}\right)^3} \tag{5-16}$$

符号尺寸相同，是指资料图和新编图的符号形状和大小、线划宽窄、注记大小等都一样，没有变化。

（3）符号尺寸不符合开方根规律，且新编图与资料图的符号尺寸也不相同，这时针对线状符号的 C 值为

$$C = \frac{S_A}{S_B} \sqrt{\frac{M_A}{M_B}} \tag{5-17}$$

式中，S_A 为资料图上线状符号的宽度；S_B 为新编图上线状符号的宽度。

式（5-11）变化为

$$N_B = N_A D \frac{S_A}{S_B} \sqrt{\left(\frac{M_A}{M_B}\right)^2} \tag{5-18}$$

针对面状符号的 C 值为

$$C = \frac{f_A}{f_B} \sqrt{\left(\frac{M_A}{M_B}\right)^2} \tag{5-19}$$

式中，f_A 为资料图上面状符号的面积；f_B 为新编图上面状符号的面积。

式（5-11）变化为

$$N_B = N_A D \frac{f_A}{f_B} \sqrt{\left(\frac{M_A}{M_B}\right)^3} \tag{5-20}$$

这一类情况多出现在不同用途的地图之间，如参考地图和教学地图。

（二）确定要素重要性改正系数 D

制图要素重要性可分为重要、一般、次要三个层次，与之对应的要素重要性改正系数和开方根公式如下。

（1）要素重要性为重要时：

$$D = \sqrt{\frac{M_B}{M_A}} \tag{5-21}$$

$$N_B = N_A C \sqrt{\frac{M_B}{M_A}} \sqrt{\frac{M_A}{M_B}} = N_A C \tag{5-22}$$

（2）要素重要性为一般时：

$$D = 1 \tag{5-23}$$

$$N_B = N_A C \sqrt{\frac{M_A}{M_B}} \tag{5-24}$$

（3）要素重要性为次要时：

$$D = \sqrt{\frac{M_A}{M_B}} \tag{5-25}$$

$$N_B = N_A C \sqrt{\left(\frac{M_A}{M_B}\right)^2} \tag{5-26}$$

关于确定 C、D 值的计算公式表明，要素重要性改正系数 D 是以比例尺分母的开方根形式表示的，符号尺寸改正系数 C 也可以部分地转换为比例尺分母的开方根形式。因此，可以将上述公式归纳为点状、线状和面状符号的三种一般公式。

点状符号：

$$N_B = N_A \sqrt{\left(\frac{M_A}{M_B}\right)^x} \tag{5-27}$$

线状符号：

$$N_B = N_A \frac{S_A}{S_B} \sqrt{\left(\frac{M_A}{M_B}\right)^x} \tag{5-28}$$

面状符号：

$$N_B = N_A \frac{f_A}{f_B} \sqrt{\left(\frac{M_A}{M_B}\right)^x} \tag{5-29}$$

式中，x 为选取级，可取值 0，1，2，3。

开方根模型的公式并不复杂，其优点表现在：第一，直观地显示了地图概括时从重要到一般的选取标准，是一个有序的选取等级系统；第二，公式是线性方程，在地图比例尺固定的条件下，地物选取的比例一致。不足主要表现在没有考虑地理差异，特别是地理事物分布密度变化的影响，公式中的选取级 x 没有严格的规定。

图 5-12 和表 5-6 是开方根模型选取地图内容的一个例子。以 1∶10 万地形图为编图资料，依次编绘 1∶25 万和 1∶50 万地形图。在选取河流时，按规范规定选取指标。表 5-6 中，N_B 栏括号外数字为选取的河流条数，括号内数字为按式（5-28）计算的河流条数。从表中数据可以看出，按规范选取的结果与开方根模型计算的结果基本一致。

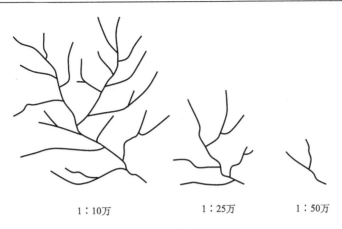

$1 : 10$ 万　　　　　　$1 : 25$ 万　　　　　　$1 : 50$ 万

图 5-12　河流选取样图

表 5-6　河流选取：规范选取结果与开方根计算比较

指标 ＼ 河流条数 ＼ 比例尺	$1 : 10$ 万 $\rightarrow 1 : 25$ 万 $x = 2$	$1 : 25$ 万 $\rightarrow 1 : 50$ 万 $x = 3$
N_A	23	7
N_B	7（9）	2（2.5）

四、回归模型

回归模型是定量描述一个变量关于另一个或另外多个变量之间依赖关系的一种数学模型。被回归的变量称为因变量，用 y 表示；影响因变量 y 的其他变量称为自变量，用 $x_1, x_2, \cdots, x_m$ 表示；只有一个自变量的回归模型称为一元回归模型，有两个或更多自变量的回归模型称为多元回归模型。

在地图概括工作中，利用回归模型可以建立制图要素在两种不同比例尺地图上的依赖关系，用以指导要素选取。

（一）一元回归模型

一般情况下，某一要素从大比例尺地图缩编到较小比例尺地图，被选取的要素数量可能与某一种指标有较为紧密的关系。一元回归模型可用于描述这种情况。下面以居民点和河流为例，介绍一元回归模型在地图概括中的应用。

1. 确定居民点选取指标的一元回归模型

选取居民点的一般规律是，资料图上的居民点密度越大，新编地图上居民点的选取程度就越低。也就是说，居民点选取程度同居民地密度存在着相关关系，因而可以建立两者之间的回归模型。

实验表明，居民点的选取程度 y 和居民点的密度 x 之间存在幂函数关系：

$$y = ax^b \tag{5-30}$$

式中，a、b 为回归系数。

在对全国范围内已正式完成的 1∶10 万、1∶20 万地形图进行的大量实际观测，建立了居民点选取模型。

对于 1∶10 万地形图，选取程度 y 和居民点密度 x 之间具有以下函数关系：

$$y = 71.78x^{-0.94} \tag{5-31}$$

对于 1∶20 万地形图，选取程度 y 和居民点密度 x 之间具有以下函数关系：

$$y = 6.06x^{-0.75} \qquad （适用于大中型居民地） \tag{5-32}$$

$$y = 5.25x^{-0.74} \qquad （适用于中小型居民地） \tag{5-33}$$

经检验，以上回归方程具有高度显著性。

2. 确定河流密度的一元回归模型

河网密度是确定河流选取指标的基本依据。河网密度系数定义为

$$K = \frac{L}{p} \tag{5-34}$$

式中，L 为河流总长度；p 为该河流流域面积。

但是图上量测河流长度工作量较大，有一定难度，流域面积就相对容易获取。从另一个角度考虑，一般单位面积内河流条数 n_0（$n_0 = n/p$）越多的地区，河网密度越大，而获取河流条数就相对比较容易。因此，可以利用河网密度 K 和单位面积内河流数 n_0 之间的关系，建立数学模型：

$$K = a\left(\frac{n}{p}\right)^b \tag{5-35}$$

式中，a、b 为回归系数。

选择某省范围内一个区域进行试验，在 1∶5 万地形图上量测 40 个小河系的河流条数 n、河流长度 L 和流域面积 p，通过回归分析可以得到河网密度模型：

$$K = 1.47\left(\frac{n}{p}\right)^{0.52} \tag{5-36}$$

经检验，该回归方程具有高度显著性。

我国在多年制图实践的基础上，已经形成了一套针对不同密度地区河流选取的惯用标准，如表 5-7 所示。

表 5-7 河流选取标准

河网密度系数 K/（km/km²）	<0.1	0.1～0.3	0.3～0.5	0.5～0.7	0.7～1.0	1.0～2.0	>2.0
河流选取标准 l_A/cm	全选	1.4	1.2	1.0	0.8	0.6	0.5

（二）多元回归模型

当影响选取的主要因素明显不是一个时，一元回归模型就不适宜了，应采用多元回归模型进行分析。

1. 确定居民点选取指标的多元回归模型

影响居民点选取指标的因素很多，诸如居民点密度、人口密度、地形、水系、交通等。由于地形、水系、交通等自然和社会人文条件对居民点分布的影响，可以具体反映在居民点密度和人口密度两个标志上，即居民点密度和人口密度包含了地形、水系、交通等其他影响因素的信息。因此，选用居民点密度和人口密度，建立居民点选取的多元回归模型：

$$y = b_0 x_1^{b_1} x_2^{b_2} \qquad (5\text{-}37)$$

式中，x_1 为居民点密度，实地密度单位为"个/100km^2"，图上密度单位为"个/dm^2"；x_2 为人口密度，单位为"人/km^2"；b_0、b_1、b_2 为回归系数。

以我国南部地区中小型居民点分布区域为例，统计对象是该地区 1∶5 万、1∶10 万、1∶20 万、1∶100 万、1∶150 万、1∶200 万和 1∶250 万地图上的居民点密度；人口密度按对应的行政区域进行统计，采用以各行政区域面积为权的加权平均法进行计算，结果见表 5-8。计算待定参数时，居民点密度 x_1 采用实地密度为输入因子，得到的模型主要用于数字制图中居民点的选取。

表 5-8 居民点选取模型参数表（以实地居民点密度输入）

模型参数	1∶10 万	1∶20 万	1∶100 万	1∶150 万	1∶200 万	1∶250 万
b_0	2.93	2.79	0.36	0.24	0.08	0.05
b_1	−0.88	−0.69	−0.90	−0.97	−1.00	−1.03
b_2	0.05	0.07	0.18	0.18	0.22	0.22

在实际制图过程中，并不都以实地密度为依据计算。例如，在编制 1∶20 万地形图时，使用的基础资料图是 1∶10 万地形图，此时就应该以 1∶10 万地形图上的居民点密度作为输入因子，这样可以得到由 1∶10 万地形图编绘 1∶20 万地形图的居民点选取模型：

$$y = 2.15 x_1^{-0.60} x_2^{0.08} \qquad (5\text{-}38)$$

同理，可以得到以下各比例尺地图的居民点选取模型，如表 5-9 所示。表中模型均通过 F 检验。

表 5-9 居民地选取模型参数表（以资料图居民地密度输入）

资料图比例尺	新编图比例尺	模型参数		
		b_0	b_1	b_2
1∶10 万	1∶20 万	2.15	−0.60	0.08
1∶10 万	1∶100 万	0.34	−0.90	0.20
1∶20 万	1∶100 万	1.06	−0.85	0.21
1∶100 万	1∶150 万	10.16	−0.76	0.15
1∶100 万	1∶200 万	14.13	−1.17	0.26
1∶100 万	1∶250 万	34.48	−0.92	0.18

2. 确定河流选取指标的多元回归模型

河流选取指标不仅与单位面积河流长度有关，还与单位面积内河流条数有关。因此，河流选取程度模型也可以采用式（5-37）。采用式（5-37）确定河流选取指标时，输入因子含义不同，x_1 为资料图上单位面积的河流条数，x_2 为资料图上单位面积内河流长度或实地单位面积内河流长度。

以某省 1∶10 万地形图编绘 1∶20 万地形图为例，在制图区域内选取样本 28 块，得到由 1∶10 万编绘 1∶20 万地形图的河流选取模型：

$$y = 0.56x_1^{-0.68}x_2^{0.37} \tag{5-39}$$

同理，可以得到以下各比例尺的河流选取模型，如表 5-10 所示。表中模型均通过 F 检验。

表 5-10　河流选取模型参数表

资料图比例尺	新编图比例尺	模型参数		
		b_0	b_1	b_2
1∶5 万	1∶10 万	0.36	−0.40	0.30
1∶10 万	1∶20 万	0.56	−0.68	0.37
1∶20 万	1∶50 万	0.18	−0.70	0.42
1∶50 万	1∶100 万	0.11	−0.90	0.76

第四节　典型要素概括

地理要素具有属性特征、几何（度量）特征、拓扑特征。显然，描述不同类型地理对象的制图要素在进行地图概括时会存在一定差别。但无论何种类型的制图要素，在进行概括时都要进行选取与图形概括两项基本操作，只是在选取规则、图形概括方面存在差异并各具特色。

一、点状分布要素概括

（一）点状分布要素的特征与概括方法

点状分布要素被认为是不具有空间尺寸的，或者空间尺寸可以被忽略的地理要素，是零维对象的表达，如测量控制点、居民点、商业网点、井、泉等。除此之外，随着地图显示比例尺的缩小，有些在大比例尺下表达为面状的地理要素，在小比例尺地图中也表现为点状分布特征。例如，大比例尺地图中的居民地要素通常表达为具有空间范围的面状要素，而在小比例尺地图中则表达为点状要素。点状分布的地理要素在数据上可以使用一个平面坐标 (x, y) 来表示。

点状分布要素的地图概括，需要重点关注要素的属性特征、拓扑特征与分布特征，以保证地图概括的结果既反映点状分布要素之间的实际状态，又能满足制图要求。

（二）居民点要素的概括

居民点要素的属性特征、拓扑特征与分布特征如表 5-11 所示。

表 5-11　居民点要素特征

特征类型	特征项	居民点要素特征
属性特征	点要素重要性程度	居民点的重要性表达。如行政等级、经济及历史地位、交通要冲、方位意义等
拓扑特征	点要素相对位置	各居民点间的拓扑空间关系
	点要素的图上距离	在特定比例尺下，各居民点要素的图上距离
分布特征	点要素的空间布局	所有居民点要素的空间分布特征，如东西方向居民点多，南北方向居民点少等
	点要素的局部分布密度	居民点在局部聚集程度，如东边居民点聚集，西部居民点稀疏等

1. 居民点要素选取

居民点要素的选取，主要依据点要素属性特征，综合应用各种选取方法进行有效筛选。居民点的属性特征是地图概括中需要优先考虑的因素，其中行政等级是首要的选取指标。例如，规定县（区）等级以上的居民点可以选取，乡镇及其以下级别的居民点不选取。此外，对于一些有特殊意义的居民点可以根据具体情况确定其取舍，如革命老区、旅游景点等。

2. 居民点要素简化

居民点要素的简化，需综合考虑点要素的属性特征、拓扑特征与分布特征。

根据定性属性将居民点要素合并，用概括的分类取代详细分类，或者取消更低级的分类。除了定性属性外，还可以利用定量属性对居民点要素进行排序、分级，通过减少数量分级，增大各等级间的数值间距，实现点要素的简化。

当全部或局部要素比较密集时，就需要考虑利用点要素的拓扑特征来实现地图概括，依据相邻点要素之间的图上距离是否合适进行简化，距离太小则仅保留二者间相对重要的居民点要素。

在要素简化时应关注要素的分布特征，最大限度地保持点要素的总体分布情况。例如，概括前居民点要素布局为东西两侧居民点分布多，南北两侧居民点分布少，那么经过简化操作后应该保持简化前后空间分布特征的相似性，即仍然是东西分布的居民点要比南北两侧明显多。此外，还应该根据居民点局部密集程度进行简化操作。若居民点的局部密度较大，则应该删除相对较多的居民点要素，保证相邻居民点要素间合适的图上距离；若居民点的局部密度较小，则应该删除少量甚至不删除居民点要素，以保证总体分布特征。

3. 居民点要素移位

因为地图符号具有一定的大小，所以在地图概括过程中符号会发生占位性矛盾。遇到这种情况时，应舍弃谁，谁该移位，往哪个方向移，移多少，什么时候可以压盖等，具体原则和方法请阅读本章第二节中图形概括部分。

（三）其他点状符号要素的概括

除居民点之外，点状制图要素还包括诸如井、泉、记号性水库、电视发射塔、纪念碑、庙宇、教堂等。这些点状要素在实地所占面积很小，都用独立符号表示。它们的综合只有取舍，没有形状概括问题。取舍的依据是其重要程度，取决于其数量特征、功能、方位意义及其密度等。

二、线状分布要素概括

（一）线状分布要素特征

线状分布要素被认为是只有长度特征没有宽度特征，或者宽度远小于长度而可以被忽略，是 1 维对象的表达。如交通线、等高线、海岸线、境界线等。线状分布要素的地图概括主要关注其属性和形态特征。线状要素属性特征是表征线状要素重要程度的特征，如道路等级、等高线类型等，是地图概括提取重要线状要素的依据。线状要素形态特征是表征线状要素几何形态，反映其弯曲程度的特征，如反映道路或海岸线弯曲特征的特征转折点，只有保留了这些特征转折点才能保持线状要素在地图概括简化后的形态相似性。

（二）道路线的地图概括

道路是陆地交通网络的主体要素，在地图上应正确显示它们的类型、位置、分布、结构、通行状态、运输能力及其与其他要素的联系等特征。

1. 道路的分类和分级

地图上道路分类的详细程度与地图比例尺和地图用途关系紧密。国家基本比例尺地图上，道路需要详细分类，在各种类型中还要区分不同的级别，如表 5-12 所示。通常会把道路作为连接居民地的网络，故也称为道路网，因此在地图概括时应将其作为网络看待。

表 5-12　道路分类

大类	分类	分类依据	子类
道路	铁路	轨道数	单轨铁路、双轨铁路、多轨铁路
		轨道宽	标准轨铁路（不单独标志）、窄轨铁路
		牵引方式	电气化铁路、其他铁路（不单独标志）
	公路	通行能力	高速公路、主要公路、普通公路、简易公路
		综合标志	国道、省道、县道、乡镇道路
		交通部标准	汽车专用道、一般公路
			其他道路：大路、乡村路、小路、时令路

2. 道路要素选取的基本原则

1）优先考虑道路等级

等级高低是标识道路重要性的主要属性。在地图概括中，要优先考虑并选取在制图区域内等级相对较高的道路要素。除此之外，具有特殊意义的道路也需要优先考虑，如作为区域分界线的道路、通向国境线的道路、沙漠区通向水源的道路、穿越沙漠或沼泽的道路、通向车站或机场等重要目标的道路，等等。

2）与居民点要素协调选取

道路与居民地有着密切的联系，是分隔不同居民区的重要因素，因此道路选取必须考虑其与居民地要素的协调性。居民点的密度大体上决定着道路网的密度，居民点的选取等级大体上决定着相关道路的等级，居民点的分布特征决定着道路网的结构。在大比例尺地图上，应该尽量保证每个居民地都应至少有一条道路与之相连，在中小比例尺地图上允许部分小居民地没有道路相连，即允许删除部分长度短或等级低的道路要素。选取道路时还应注意不同结点上条数的比例关系。

3）保持道路要素几何形态特征

道路网的结构取决于居民地、水系、地貌等要素的分布特征。平原地区道路较平直，呈方形或多边形网状结构；在山区，由于地形条件的限制，道路会构成不同的网状。选取后的道路网图形，应与资料图上的图形相似（图5-13）。

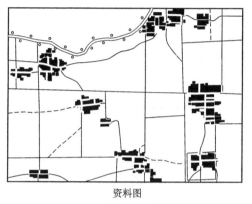

资料图　　　　　　　　　　　　　概括图

图5-13　呈矩形网状结构道路的综合

4）保持不同地区道路分布特征

道路较密集的地区，可以舍去的道路较多；道路相对稀疏的地区，则应尽量少舍去，或者保留全部道路。概括简化后的地图，应该保持各不同密度区之间的比例关系。随着比例尺的缩小，各地区间的密度差异会减少，但始终要保持道路密度对比不可倒置，即概括前相对密集的道路网，概括后仍然相对密集，不可出现反转为相对稀疏的情况。

3. 道路的形状概括

地图上应在保持道路位置尽可能精确的条件下，正确显示道路的基本形状。当道路的弯曲按比例尺不能正确表达时，就要进行概括。大比例尺地图上，道路的实际弯曲可以正确地表示出来。当符号宽度大大超过实地宽度时，道路的弯曲会自然地消失掉。例如，在1∶10万地图上，道路符号宽度要超过实地宽度近10倍，为了保持各地段道路的基本形状特征，必须对特征形状有意识地加以夸张放大表示。道路上的小弯曲可以根据比例尺标准给予删除，从而减少道路上的弯曲个数，但是要注意保持各路段的弯曲对比，如图5-14所示。

（三）等高线的地图概括

1. 等高线概括的基本原则

以正向形态为主的地貌，扩大正向形态，减少负向形态，这是对一般地貌形态适用的原则。在简化等高线形状时，采用删除谷地、合并山脊的方法。删除谷地时，等高线沿着山脊的外缘越过谷地，使谷地"合并"到山脊中。

以负向形态为主的地貌，扩大负向形态，减少正向形态。以负向形态为主的地貌一般指宽谷、凹地占主导的地区，如喀斯特地区、被严重侵蚀的砂岩地区、冰川谷和冰斗等，它们的共同特征是具有宽阔的谷地和狭窄的山脊。在简化等高线形状时，采用删除小山脊，扩大谷地、凹地的方法。删除小山脊时，等高线沿着谷地的源头把山脊切掉。

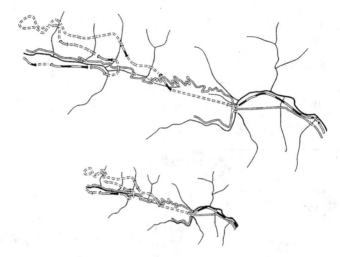

图 5-14　删除道路上的小弯曲

2. 等高线的协调

地表是连续的整体，删除一条谷地或合并两个小山脊，应从整个斜坡坡面来考虑，将表示谷地的一组等高线图形全部删除，使同一斜坡上等高线保持相互协调的特征，如图 5-15 所示。但是不能刻意去追求等高线的协调，例如，在干燥剥蚀地区，或地面比较平坦、等高线间隔很大时，都不应人为地去追求曲线间的套合。

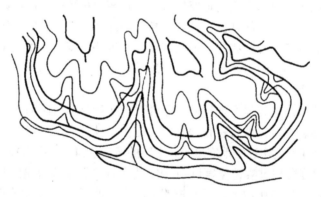

图 5-15　同一斜坡的等高线应相互协调

3. 等高线的移位

一般情况下，除非不得已，地图概括时不能移动等高线位置，即便要移动，也要把移动量控制在最小的范围之内。在以下情况下，可在规定的范围内采用夸大图形的方法适当移动等高线位置，以表达地貌局部特征：①为了达到保持地貌图形所必需的最小尺寸，如山顶的最小直径为 0.3mm，山脊的最小宽度、最窄的鞍部都不应小于 0.5mm，谷地最窄处不应小于 0.3mm，等高线与河流的间隔必须大于 0.2mm 等；②为了保持地貌形态特征，如强调局部的陡坡、阶地，或显示主谷和支谷的关系，以及协调谷底线等；③为了协调等高线同其他要素的关系，特别是同国界线的关系。

三、面状分布要素概括

面积要素被认为既具有周长特征，又具有面积特征，是二维对象的表达，如居民地、湖泊、植被覆盖等。面状分布要素的地图概括主要需要关注面要素的形状特征、属性特征及邻接关系特征，包括外部轮廓线的形态特征与内部结构的特点。经过地图概括之后，不仅要能清楚地表现面状要素的外部轮廓，同时还要能反映其内部结构。下面以居民地为例阐述面状要素的概括。

（一）居民地组成特征

居民地形状概括的目的在于保持居民地平面图形的特征，主要从内部结构和外部轮廓两个方面进行地图概括。内部结构指街道网的几何形状、主次配置和密度、街区建筑密度和重要方位物等；外部轮廓指街区的外缘图形，常由围墙、河流、湖（海）岸、道路、陡坡、冲沟等作为标志。外部轮廓的概括，除需要研究其轮廓形状外，还要研究进出通道及其同周围其他要素的联系。

街道是城市的骨架，也是表现居民地内部结构的主要内容。街道相互结合构成具有不同平面特征的街道网，如放射状、矩形格状、不规则状、混合型等。在街道网中有主要街道和次要街道，其数量和密度决定了街区的形状和大小。街区内部由建筑面积和空旷地构成，依其比例可将街区分为不同类型，如建筑密集街区和稀疏街区。在街区之外，还有独立建筑物、广场、空地、绿地、水域、沟壑等。在大比例尺地图上，还要表示重要的方位物。所有这些共同构成了城市内部的特征。

（二）居民地图形简化原则

1. 正确反映居民地内部的通行情况

街道是反映居民地内部通行情况最重要的要素。在选取街道时，首先应选取主要街道，再选取条件好的次要街道。应选取连贯性强，对城镇平面图形结构有较大影响的街道；选取与公路，特别是两端都与公路连接的街道；选取与车站、码头、机场、广场、桥梁及其他重要目标相连接的街道。最后再根据街道网的密度、形状等特征要求，补充其他街道。

2. 正确反映居民地的几何形状特征

街道网确定街区的平面图形。在简化街道的同时也进行了街区合并，这有可能改变街区形状和街道与街区的面积对比。因此，在选取街道时，应注意保持街区平面图形特征。

3. 正确反映街道密度和街区的面积比例关系

在街道密集的地段，街道选取的比例较小，但被选取和舍弃的绝对量都比较大；相反，在街道稀疏的地段，街道选取的比例较大，但被选取和舍弃的数量都比密集地段小。这样既能保持街道的密度比例，又能保持街区的大小比例，如图5-16所示。

4. 正确反映建筑面积与非建筑面积的比例关系

为了保证建筑地段与非建筑地段的面积对比，必须根据不同的街区类型，实施不同的概括方法。对于建筑密集街区，根据"合并（建筑物）为主、删除为辅"的原则进行概括。对于建筑稀疏街区，应分别采用选取、合并、删除的方法进行概括。由实地距离相距较远的独

(a) 资料图　　　　　　　(b) 正确的概括　　　　　　(c) 不正确的概括

图 5-16　保持不同地段街道密度和街区大小的对比

立建筑物所构成的稀疏街区，一般不能把建筑物合并为一个较大的地块，只能采用选取的方法进行概括。有的街区，其内部空地很大，总体上属于稀疏街区，但其中局部地段由密集的建筑物构成，也可以采用合并的办法，但是不能合并太大，以免造成歪曲。

5. 正确反映居民地的外部轮廓形状

对居民地外部轮廓图形进行概括时，应保持轮廓上的明显拐角、弧线或折线形状，保持其外部轮廓图形与道路、河流、地形要素的联系。城镇居民地的周围，通常由房屋稀疏的街区、工厂、居住小区、商业集聚点及独立建筑物构成，并夹杂有种植地和农村地带，它们都影响着城市居民地的外部轮廓。图 5-17 是城镇居民地外部轮廓形状概括示例，其中（b）图是对（a）图的正确概括，（c）图是对（a）图不正确的概括，它有几处明显的变形。

(a) 资料缩小图　　　　　　(b) 正确的概括　　　　　　(c) 不正确的概括

图 5-17　城镇居民地外部轮廓形状的概括

问题与讨论 5-12

仔细观察图 5-16 和图 5-17，找出正确的概括与不正确的概括有哪些不同。

（三）居民地形状概括的步骤

对地形图上的居民地图形通常可按图 5-18 所示程序进行概括。

（1）选取方位物。首先选取居民地内部方位物是为了保证其位置精确，并便于处理同街区图形发生矛盾时的避让关系。方位物过于密集时，应根据其重要程度进行取舍，以免方位物过密破坏街区与街道的完整。

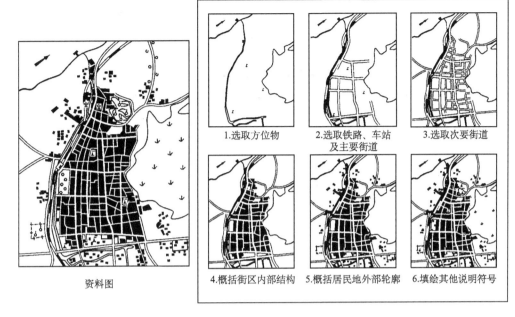

图 5-18 居民地形状概括的一般步骤

（2）选取铁路、车站及主要街道。铁路符号是半依比例符号，它占据了超出实际位置的图上空间。各种街道图形也有类似问题。为了不使铁路或主要街道两旁的街区过分缩小，以致引起居民地图形产生明显变形，由铁路或主要街道加宽所引起的街区移动量应均匀地配赋到较大范围的街区中。

（3）选取次要街道。

（4）概括街区内部结构。先依次绘出建筑地段的图形，用相应符号表示其质量特征，再绘出不依比例表示的独立房屋。

（5）概括居民地外部轮廓形状。

（6）填绘其他说明符号，包括植被、土质等说明符号，如果园、菜地、沼泽地等。

四、影 像 概 括

影像概括可以采用构建影像金字塔的方法来实现。

影像金字塔是指在同一空间参照下，根据用户需要以不同分辨率进行存储与显示，形成分辨率由粗到细、数据量由小到大的金字塔结构。影像金字塔结构用于图像编码和渐进式图像传输，是一种典型的分层数据结构形式，适合于栅格地图数据和影像数据的多分辨率组织。

影像金字塔是一组影像序列 $\{T_0, T_1, \cdots, T_p, \cdots, T_{m-1}, T_m\}$，其中 m 为金字塔级数，T_0 为原始影像，T_m 为分辨率最小的顶层影像。影像采样粒度指每一

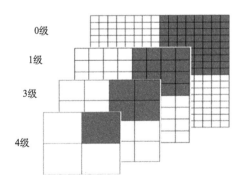

图 5-19 影像金字塔结构

次重采样顺着行方向需要处理的像元数；常用的重采样方法有最邻距离法、双线性插值法和三次卷积法。影像金字塔从底层到顶层分辨率越来越低，数据量越来越小。金字塔的级数及采样粒度根据实际需求确定。典型的影像金字塔结构如图 5-19 所示，图中的采样粒度为 4。

　　为了快速、高效地加载和显示海量地图数据，通常会为地图影像文件构建相应的金字塔结构。在进行影像渲染时，依据当前地图的显示比例尺确定适合的影像分辨率级别，然后调用相应金字塔级别的地图影像数据。

第六章　地图编绘与产品模式

编绘地图是一项创造性的工作。作为一种表达手段，每个人都可以制作自己的地图。当一个人关注于一个地理区域或一种地理现象时，脑海中就会产生关于这个地理区域或这种地理现象的图像，或清晰或模糊，或准确或概括。原始的地图绘制工作，就是把自己脑海里的这个图像展现出来。但是，地图又不同于美术作品，也不仅限于一对一的地理信息交流，在大多数场合，地图阅读者希望从中获得准确、可靠的确定性信息，甚至还需要在地图上量取具有一定精度的数值结果。所以，专业的地图编绘过程就需要在专业理论指导下，运用专业技能才能完成。

美国学者詹姆斯·E. 麦克莱伦第三在《世界史上的科学技术》一书中说"制图学是一门绘制地图的应用科学，它也许称得上是近代的第一项科学技术。" 受绘图技术的限制，直到20世纪中后期，地图编制工作仍然主要由受过制图学训练的专业人员承担，地图产品也主要通过专业机构出版和发行。数十年来，随着计算机和网络技术的迅猛发展，这一情况发生了根本改变，利用强大的制图软件和丰富的网络地理信息资源，即使是一个缺乏地图专业知识的人，编绘和发布地图也已经成为一件看上去很容易的事情。

地图内容的完备和正确具有重要意义。遗漏了重要内容的地图和内容有重大错误的地图，都会给地图使用者带来损失，甚至造成不可挽回的后果。例如，谷歌地图在处理有领土纠纷的国界时，轻率地将圣胡安河流域划入尼加拉瓜，导致 2010 年 10 月尼加拉瓜军队进入该地，哥斯达黎加也派出军队与之对峙，并上诉到联合国安理会，后经国际仲裁才得以和平解决，谷歌负责中美洲业务的发言人随后也承认"确实是地图资料出现了错误"。2012 年以来，我国国家测绘地理信息局（2018 年并入自然资源部）联合相关部门，收缴各类违法违规地图产品 20 余万件，处置存在"问题地图"网站 1000 余个。因此，在人人都能编绘和发布地图的今天，更要提防那些外表"专业"但内容存在形形色色问题的地图产品。制图者通过学习，掌握地图编绘理论和方法，仍然是保障地图产品质量的必要途径。

本章首先分别介绍传统制图技术和计算机制图技术地图编绘的一般过程，然后比较详细地讲解制图区域研究、制图资料收集与分析、地图图面配置、地图分幅与拼接等几个重要环节，最后结合地理国情普查与监测地图产品，从地图产品模式内涵、基础类地图产品、衍生类地图产品几个方面，介绍地图产品模式方面的知识。

第一节　地　图　编　绘

地图编绘是指在地图设计文件指导下，利用可能收集到的各种地图制图资料，采用适当的地图编绘技术和工艺制作地图的全部过程，其成果是各类地图产品。

传统的地图编绘过程一般划分为地图设计、原图编绘、出版准备和地图制印四个阶段。计算机地图制图技术和遥感制图技术的广泛应用，对地图编绘产生了重要影响，也改变了地图编绘的作业程序。计算机地图编绘过程可划分为地图设计、数据输入、数据处理和地图输出四个阶段。

一、地图编绘一般过程

（一）传统的地图编绘过程

1. 地图设计

地图设计是根据编绘地图的目的和要求，明确地图用途和地图使用者，收集、整理、分析、评价和加工处理制图资料，有针对性地研究制图区域地理特征，确定地图表示内容、表示方法、地图投影和地图比例尺，进行地图符号设计、地图图面设计，制定工艺流程等。地图设计阶段的成果是地图设计书或编图大纲。

普通地图设计相对比较简单。地形图编绘依据正式颁布的国家标准规范和图式，地理图编绘可参考相近比例尺地形图的编绘规范制定编图大纲。专题地图、系列地图和地图集的设计就要复杂很多。

2. 原图编绘

原图编绘是在地图设计文件指导下，展绘坐标点、坐标网，建立数学基础；利用照相转绘、网格转绘或目视转绘等方法，将制图资料内容转绘到图上；实施地图概括，完成原图清绘。原图编绘阶段的成果是编绘原图。

原图编绘工作可以通过两种不同的方法完成。一种是连编带绘法，即将内容编绘和原图清绘结合在一起，一次完成。这种方法适用于新编地图内容比较简单，地图概括程度不高，且编图者专业知识和绘图技能都较高的情况。另一种是编稿法，即将内容编绘和原图清绘分开进行，编图者先根据制图资料完成作者原图，再清绘得到编绘原图。这种方法适用于新编地图内容复杂，地图概括程度较高，制图资料比较复杂的情况。

3. 出版准备

出版准备是以编绘原图为依据，加工制作具有高质量线划和注记的出版原图，以满足地图印刷的需要。出版准备阶段的成果是出版原图和分色参考图。

制作出版原图的传统工艺是清绘和刻绘技术。清绘技术是先对编绘原图照相，然后将底片上的地图图形晒印到裱糊在金属版上的图纸上，再使用常规绘图工具按照规范要求清绘，最后剪贴注记。刻绘技术是将编绘原图照相后晒印到有遮光刻图膜的片基上，然后使用刻图工具刻绘，并剪贴注记。随着数字出版技术的成熟和广泛应用，地图出版准备的传统工艺已经被数字化出版系统所取代，实现了编绘、制版、印刷的一体化，省去了清绘或刻绘出版原图的工艺环节。

4. 地图制印

地图制印是通过印刷复制大量地图成品，以供地图用户使用。地图制印阶段的成果是成品地图。

传统地图制印的工艺过程，主要包括照相、翻版、分色、制版、打样、修版和印刷等环节。地图制印工艺通常由地图印刷机构根据需要制定工艺方案并实施。

问题与讨论 6-1

通过印刷制印地图是大量复制地图的一种方式。当需求量较小时，还有其他复制地图的方法，如早期常用的晒熏图、晒蓝图复制法，现在普遍使用的地图复印、地图喷绘等复制法。

请查阅文献，总结地图复制新方法及其特点。

地图设计和原图编绘是地图编绘过程中最具有创造性的工作，是决定地图产品质量和水平的关键环节。图 6-1 是传统技术编绘地图的过程示意图。

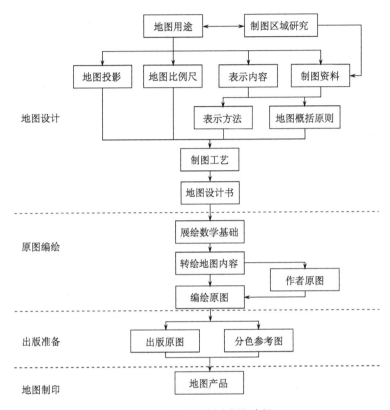

图 6-1　传统的地图编绘过程

（二）计算机编绘地图的过程

1. 地图设计

地图设计在计算机编绘地图的工作中依然居于重要地位。与传统的地图编绘相类似，地图设计是在明确制图目的和要求的前提下，根据地图用途和地图使用者特点，收集、整理、分析和评价制图资料，有针对性地研究制图区域地理特征，确定地图表示内容、表示方法、地图投影和地图比例尺，进行地图符号和地图图面设计。但是，因为计算机地图编绘的技术特点，地图编绘过程涉及数据存储格式、数据处理方法、地图符号计算机表达，以及地图制图软件及其使用等问题。所以，采用计算机编绘地图时，地图设计书中还要确定地图要素分层方案、制图资料数字化、制图数据处理、地图符号库设计等技术流程，以及地图制图软件的选用等内容。

2. 数据输入

数据输入指将制图资料数字化并导入制图系统的过程，是将各种制图资料转化为计算机可处理的数据并最终完成地图编绘的重要基础工作。

制图资料可能是存储在各种电子媒介上的数字化资料，也可能是存储在纸质等传统媒介上的非数字化资料。数字化资料经过格式转换等处理后即可用于计算机制图系统，而非数字化资料则必须首先将其转换成数字形式才能使用。尽管数字形式的制图资料使用已经越来越普遍，但是仍然有大量的非数字形式的制图资料需要数字化。

根据制图资料种类的不同，制图资料数字化可分为地图资料数字化、图片资料数字化、统计资料数字化、文字资料数字化四类，其中地图资料数字化最为重要。

1) 地图资料数字化

将传统的实物地图转换成计算机可识别的图形数据，才能实现地图资料的计算机存储、分析和图形输出。在实际工作中，地图资料主要是纸质地图。手扶跟踪数字化和扫描数字化是地图资料数字化的两种途径。

手扶跟踪数字化方法使用手扶跟踪数字化仪，在数字化仪面板上采集点的平面坐标值 x、y，并通过具体的输入方式选择和定义，完成点、线和多边形边界的数据输入，实现点状要素、线状要素和面状要素的数字化。具体输入方式与仪器型号和软件有关。手扶跟踪数字化方法由于劳动强度较大，效率较低，正在逐渐被扫描数字化方法所取代。

扫描数字化方法使用扫描仪将地图资料转换成图像数据，经过几何纠正后，采用屏幕跟踪或自动跟踪获取点的平面坐标值，实现地图资料的数字化。屏幕跟踪数字化是把经过几何纠正的扫描图像放大显示在计算机屏幕上，在数字化软件支持下，利用鼠标逐点采集点的平面坐标值和属性值，完成点、线和多边形边界的数据输入，过程与手扶跟踪数字化相类似。自动跟踪数字化是利用计算机图像识别算法，由数字化软件自动跟踪、识别，提取特征点的平面坐标和属性值，是地图资料数字化的方向。

对地图资料分图层进行数字化，可以有效地提高图形数据管理和使用效率。在实施数字化之前，依据地图内容设计并结合地图资料情况，划分地理底图层和专题图形层，地理底图层可再细分为水系层、交通线层、居民点层等，专题图形层也可根据具体情况进一步细分图层。逐层进行地图资料数字化，分层提取和存储制图数据。

2) 其他资料数字化

图片资料包括遥感像片和其他普通图片资料，用于制作附图或用作底图背景。使用扫描仪将图片资料转换成图像数据是图片资料数字化的一般方法，使用数码照相机翻拍也可获得图片资料的图像数据。遥感像片用于制作地理底图背景时，数字化获得的原始图像数据，必须在专业软件支持下进行几何纠正和坐标配准等预处理。

统计资料泛指统计部门或单位搜集、整理、编制和发布的各种统计数据资料，多为表格形式，是编制人文社会经济地图经常使用的重要资料。印刷发行的统计资料，一般采用人工键盘录入，建立统计数据库。

文字资料包括地名注记、文字说明等地图上的文字和数字。文字资料可采用人工键盘录入、语音录入、扫描识别录入等方法数字化。

3. 数据处理

数据处理指利用计算机软硬件系统，根据制图任务要求，通过人机交互对制图数据进行编辑处理，建立绘图文件的过程。绘图文件按预先设计的图层系统存储和调用，经过数据处理的绘图文件全部图层叠合，可获得全要素新编地图。

数据处理过程的难易程度和作业量大小，因所编绘地图的不同而有很大的差异。制图数据编辑处理工作主要涉及以下六个方面的内容。

（1）编辑制图数据：对制图数据进行检索、更新、排序、筛选等一般性编辑处理。

（2）变换地图投影：地图资料的地图投影不同于新编地图要求的地图投影时，对地图资料数字化成果进行投影变换。

（3）转换格式和类型：根据新编地图的要求，转换处理，使制图数据的格式和类型满足编图需要。

（4）整理组合数据：依据新编地图内容的分类、分级要求，对制图数据进行重新分类和分级处理。

（5）简化图形：按照地图概括设计要求，对图形数据进行简化和编辑处理。

（6）定义符号和色彩。

4. 地图输出

地图输出是将经过数据处理后的新编地图的绘图文件可视化表达。地图输出有电子地图和印刷地图两种形式，通过图形显示器、绘图机、打印机等设备实现可视化，其成果是地图产品。

1）电子地图输出

电子地图输出是将新编地图的绘图文件以数字形式存储在计算机存储介质上，在计算机系统支持下实现新编地图的屏幕显示和网络传输。

2）印刷地图输出

印刷地图输出是在印刷系统平台支持下，使用绘图文件进行地图数字制版印刷的工艺过程。一般程序是将新编地图绘图文件传输到打样系统，输出彩色样图，经检查、修改后，利用激光照排系统输出 Y（黄）、 M（品）、 C（青）、 K（黑）分色胶片和线划专色胶片，制版印刷。

图 6-2 是计算机地图编绘的过程示意图。

问题与讨论 6-2

制图软件是利用计算机系统编绘地图时的重要工具。常用于编绘地图的软件既有如 ArcGIS、MapGIS 等专业软件，又有如 Photoshop、Coreldraw 等通用绘图软件。你使用过哪些绘图软件？尝试用绘图软件绘制一幅地图。

二、制图区域研究

（一）制图区域研究目的

制图区域研究是根据新编地图目的、主题和用途要求，针对特定制图区域开展的地理特征和地理规律的研究工作，是地图编绘过程不可或缺的重要环节。

地图是制图者对自己所认识的地理现象和规律的可视化表达。制图者对制图区域特征及新编地图主题的理解和认识，很大程度上决定了地图产品的质量。地理现象和规律具有区域性、综合性、复杂性的特点，在编绘地图过程中，深入地研究制图区域地理特征，分析、总结制图对象空间分布规律，提高制图者对制图区域和新编地图主题的认识，有助于正确评价和利用制图资料，合理表达地理要素分布特征和规律，丰富地图内容和表现形式。

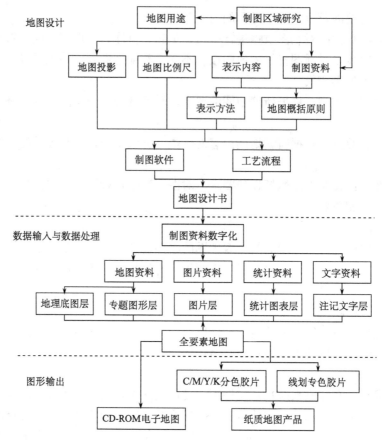

图 6-2　计算机编绘地图的过程

1. 正确评价和利用制图资料

建立关于制图区域正确的地理概念，是科学评价制图资料质量和合理利用制图资料的重要基础。制图区域研究与制图资料收集和利用互相促进，联系紧密。制图资料既是新编地图的数据基础，也是制图区域研究的重要参考。首先，制图区域研究能够使制图者正确认识新编地图主要地理要素的区域特征，这是鉴别制图资料内容正确与否的前提。例如，对制图区域地貌类型及其形成和发育程度的研究，形成对该区域地貌特征的正确概念，才能判断不同制图资料上地貌特征的表达是否正确。其次，制图区域研究能够使制图者比较全面地了解制图区域发展过程，熟悉该区域相关地理问题的研究状况，当遇到因政治立场、学术观点、资料年代等造成制图资料观点不一致甚至矛盾的情况时，做到能够合理评价、正确处理。例如，对制图区域不同时期行政区划界线变化和地名变更及其原因进行研究，对制图者正确使用行政区划界线和地名资料、合理利用不同时期的人口和经济统计数据，都具有重要意义。

2. 合理表达地理要素分布特征和规律

特定的制图区域往往具有独特的区域地理特征，这种特征通过自然地理要素和人文地理要素及其相互之间的联系体现出来。深入研究制图区域地理特征，深刻理解新编地图表达对象的分布和规律，是科学地选择地图内容、制定分类和分级系统、确定地图概括原则和指标的前提，并对合理地选用地图表示方法、设计符号和色彩、制作附图附表有重要的指导意义。

制图区域研究是认识制图区域地理特征的重要途径。只有充分认识制图区域的地理特征，才能正确地表达制图区域地理要素的分布和规律。例如，渭河，南岸支流数量较多，都发源于秦岭山地，谷狭坡陡，源短流急，径流量比较大，含沙量小，而较大支流主要在北岸，多发源于黄土高原，河源相对较远，纵比降较小，含沙量较大。又如，干旱区水资源匮乏，地表水系稀疏，井、泉意义特殊；荒漠和高寒地区人烟稀少，道路和沿线居民点地位重要。能否采用合理的制图原则和恰当的表示方法将这些特征正确地表现出来，不仅反映制图区域研究的水平，而且影响着地图产品的质量。

（二）制图区域研究内容

制图区域研究内容与新编地图类型、主题和用途有关。编绘普通地图时，研究内容主要集中在制图区域自然和社会经济要素的一般地理特征上；编绘专题地图时，研究内容主要针对特定地图主题和用途确定。

1. 制图区域概况研究

区域概况研究是对制图区域的一般了解。不论编绘普通地图还是专题地图，了解制图区域概况都是必要的。区域概况研究一般从三个方面着手。

1）地理位置和区域范围

地理位置一般指制图区域的地理坐标范围，也可以通过行政区、自然地理区、交通或海陆位置关系表达。区域范围为制图区域面积、行政区划隶属关系等内容。

2）自然地理概况

自然地理概况包括制图区域主要地貌类型，地表平均海拔和最高、最低点海拔，主要气候类型，年平均气温和年降水量，主要河流、湖泊及其名称，植被覆盖状况等。

3）人文社会经济概况

人文社会经济概况包括制图区域历史沿革，人口与民族，主要城市（镇）及其地名，交通状况，经济总量和产业结构等。

2. 普通地图地理要素研究

普通地图地理要素指水体、地貌、土质植被、居民地、交通线、境界线，是地形图和地理图的主要内容。在编绘普通地图时，需要对上述六种要素进行详细的研究。

1）水体

研究内容为海洋和陆地水系，主要包括海岸类型，河口、滩涂、潮浸地带、海底地形和底质的特征，岛礁名称、分布和岩礁性质；港口名称、分布、航线位置等；河流名称、类型、河流分布、发育阶段、河网密度、河道形状特征；湖泊名称、类型、分布、湖水性质、岸线特征等；水库、泉、井的分布，以及堤坝、码头、桥梁等人工建筑情况。

2）地貌

研究内容以地表起伏和地势高低为重点，包括地貌类型及分区，山地、高原、平原、丘陵、盆地等地貌单元特征和分布，黄土、岩溶、沙漠、冰川等特殊地貌的形态和分布；山系名称、岩性、构造、分布、走向，山顶、山谷、山脊、山坡、鞍部类型与特征；地表切割密度和切割深度，山峰、关隘名称、位置和高程；陡崖、土坎、崩塌、冲沟、石块地、冰河、土堆、土坑等数量和分布；地貌与水体的空间联系。

　　3）土质植被

　　土质指地表覆盖层的表面性质，研究内容以沙地、沙砾地、石块地、戈壁滩、盐碱地的性质、特征和分布为主。植被指地表的植物覆盖层，包括森林、经济林、果园、草地、耕地、经济作物地等，主要研究植物覆盖层的类型、轮廓、分布、数量和质量特征，及其与水体和地貌的联系。

　　4）居民地

　　居民地是在社会经济发展过程中，由于生产、生活需要而形成的居住和活动场所。居民地研究的主要内容包括居民地名称、类型、行政等级、人口规模、轮廓形状特征、分布密度和特点，以及居民地位置与河流、地貌、道路的关系。城镇居民地研究，内容还应包括居民地的经济结构和地位、街区构成与特征、城市土地利用状况等。

　　5）交通线

　　交通线包括铁路、公路、大车路、乡村路等地面道路和水上航线、空中航线、运输管线等交通线路，是进行各种政治、经济、文化、军事活动的重要通道和连接居民地的纽带。交通线研究的主要内容包括交通线的类型、等级、起讫点地名、线路位置和形状特征、运输或通过能力、重要程度，以及交通网密度和结构、与水体和地貌的关系等。

　　6）境界线

　　境界线分政治区界线和行政区界线。政治区界的研究内容有国界、未定国界、军事分界等界线的位置，具有定位意义的山口、界河、界标等的位置和特征，有争议地区的位置、特征及形成原因，我国政府对有争议地区的立场等；行政区界的研究包括行政区界线的等级、位置、调整情况、有无争议等。

问题与讨论 6-3

　　查阅文献资料了解你家乡所在县（市）的地理概况。若需要撰写一篇介绍家乡地理概况的报告，你认为应该从哪些方面来组织材料？

3. 区域专题研究

　　区域专题研究具有很强的专业性。专题地图的主题非常丰富，用途十分广泛。新编专题地图的主题和用途不同，对制图区域研究的要求就不一样。因此，在编绘专题地图时，应根据主题和用途开展制图区域研究。区域专题研究的内容一般包括两个方面。

　　1）专题内容的概念、性质、特征、类型及相关研究进展

　　正确理解专题内容的概念、性质、特征和类型，了解相关领域的研究进展，是科学确定地图专题要素和指标、合理选择表示方法的前提。例如，编制土地利用图，要正确理解土地利用的含义，了解土地利用数据获取的方法和途径，熟悉国内外不同时期的土地利用分类系统，才能恰当地选用土地利用分类系统，正确地表达土地利用类型信息。又如，编制气候图，由于反映气候特征的要素很多，通过专题研究，在深入了解太阳辐射、地面辐射、日照时数、气压、气团、气温、降水量、风向、风力、湿度、蒸发量、霜期、冰期、积雪等要素的基础上，才能较好地确定可满足新编气候图用途需要的专题要素，并根据所选专题要素的特征选择适合的表示方法。

　　2）专题要素在制图区域的地理特征及其与普通地理要素的联系

　　深刻认识专题要素在制图区域的地理特征，熟悉专题要素与河流、地貌、道路、居民地

等普通地理要素之间的联系，是正确地表达专题内容、科学地进行制图综合的基础。例如，编制人口图，通过文献和统计数据分析，归纳总结制图区域人口规模、人口结构、人口密度和人口分布特征，是在地图上正确表示该区域人口地理特征的基础；利用地图分析、实地调查等方法，归纳总结制图区域人口分布与河流、湖泊、井泉、地貌、道路等要素的关系，才能正确使用点值法表现人口地理分布。

（三）制图区域研究方法

制图区域研究常采用室内研究和实地调查研究两类方法。

1. 室内研究

室内研究指借助地图资料、遥感资料、统计资料和其他文献资料，采用解译、量测、图解、对比等分析方法，达到制图区域研究的目的，是最基本、最常用的制图区域研究方法。

1）阅读分析法

根据新编地图要求，直接阅读地图资料、遥感资料、统计资料和其他文献资料，经过整理、分析和归纳，获得制图要素地理特征。地图资料在阅读分析方法中占有重要地位。阅读地图是直接获得地理要素分布特征的基本途径，对照地图判读遥感图像是利用遥感资料最有效的方法，利用地图有助于了解统计资料和其他文献资料所包含的地理位置信息。在进行阅读分析时，首先按照先自然、后人文社会的顺序逐个研究制图要素，将从不同资料中获得的信息进行整理、归纳，必要时可将文字资料中可定位的内容标注在地图上；然后分析不同要素之间的联系，综合各种资料提供的信息，建立对制图区域比较全面的认识。

2）量测与图解法

量测指从地图或遥感图像上获得要素坐标、长度、面积、密度等量化信息的方法；图解指基于地图、遥感或统计等资料绘制剖面图、统计图等辅助图形的方法。量测与图解分析是阅读分析的重要补充，合理地使用量测、图解方法，不仅有助于深入研究制图区域地理特征，加深对制图对象的认识，而且所得到的制图要素数量指标和图解图形，都是重要的编图资料。

3）比较分析法

比较分析包括两个方面。一是通过比较发现不同观察点上环境条件的变化和地理现象的变化，分析认识地理现象之间的依存和因果关系，地理事物发生发展过程，加深对制图区域制图对象的研究和理解。二是通过比较发现同一要素地理分布或相同位置地理要素在不同资料上的异同，当不同资料出现矛盾时，就要判断辨别资料的正确性和现势性，为制图资料利用提供依据。

2. 实地调查研究

实地调查是制图区域研究的常用方法之一。通过实地调查研究，检查、验证室内研究的成果，解决室内研究无法解决的问题。采用遥感资料制图时，实地调查是建立图像解译标志、检查解译成果正确率的必要环节，具有重要意义。

1）实地观察法

实地观察是实地调查研究的基本方法。根据制图区域研究需要，实地观察可分为路线考察和定点观察两种。路线考察指按照预先设定的考察路线，沿途直接观察或借助简单观测仪器进行观察。定点观察指在路线考察中对重点地段的详细调查，重点地段一般选择具有典型意义的地段、对确定类型及其边界有代表性的地段和室内研究中问题集中的地段。实地观察结果一般可用文字描述、表格、填图、摄影等形式记录。

2）实地勘测法

实地勘测指借助仪器对观测对象进行现场勘查测量的方法。对重点地段的定点观察，如果仅通过直接观察和文字描述不能满足调查需要，就需要在现场进行修测、补测，以获得观察区域草图或观察对象某些指标观测值。如果室内研究表明必须采用实地勘测法，应明确实地勘测内容和范围、使用仪器种类和数量，认真准备仪器、野外手簿，对参加实地勘测人员进行技术培训。

3）访谈和问卷调查法

访谈指在实地访问当地居民，了解曾经发生的地理事件和现象，或当时无法到现场进行观察的地理事物。访谈能够弥补研究人员在考察时间、空间或仪器装备等方面的不足，在实地调查中有着很强的实用价值。

问卷调查是以书面形式间接搜集和统计分析地理要素特征的一种方法，主要适用于人文地理要素的调查。问卷调查有现场发放问卷、邮寄问卷、报刊问卷和网络问卷四种主要形式。问卷调查的统计结果也可作为制图资料，用于某些人文专题图的编绘。

三、制图资料收集与分析

制图资料指编绘地图时所需要的各种资料，包括各种已有地图、遥感图像、统计和观测数据、专业文献等。制图资料收集、整理、评价和加工处理是地图编绘中重要的工作环节。

（一）制图资料分类

制图资料种类丰富，形式多样。为了便于制图资料的收集、整理、评价和使用，可从不同的角度对制图资料进行分类。

1. 按资料表现形式分类

按资料的表现形式，将其划分为地图资料、遥感资料、统计资料、测绘档案资料、文字资料五种。

1）地图资料

地图资料包括各种比例尺地形图、普通地理图和专题地图。地图资料有很好的可定位性质，因此在地图编绘工作中具有其他资料不可替代的作用。

2）遥感资料

遥感资料包括各种航空遥感像片、卫星遥感像片、地面倾斜摄影像片、遥感数据等。遥感资料具有现势性强、内容丰富、容易获取等优点，已经成为区域研究和地图编绘最常用的重要资料之一。

3）统计资料

统计资料是由统计部门编制的各种统计数据资料，包括通过各种普查、抽样调查等工作搜集、整理的资料。统计资料是编制人文、社会、经济类专题地图的重要数据源。

4）测绘档案资料

测绘档案资料包括各等级控制点成果、地图设计文件、测图技术总结等资料。测绘档案资料是建立地图数学基础、评价制图资料质量的依据。

5）文字资料

文字资料包括各种地理考察、地理研究、区划报告等文献资料。文字资料主要用于研究制图区域和评价其他制图资料。在缺乏实测地图的地区，文字资料也是图形定位的重要依据。

2. 按资料存储形式分类

按资料的存储形式，将其划分为数字化资料和非数字化资料两种。

1）数字化资料

数字化资料包括各种数据库、数字地图、遥感数据集、音频数据和视频数据等资料。GIS数据库、数字地图和遥感数据在地图编绘中的应用已经十分普遍；音频和视频数据也广泛应用于电子地图的编制。

问题与讨论 6-4

来自网络的数字化资料对我们的生活越来越重要。在大数据时代，如何从网络获得有价值的地图制图资料，是一件很重要的事情。你经常访问哪些网络资源？其中有没有可获得用于编绘地图的数据资源？请举例分享。

2）非数字化资料

非数字化资料是指除数字化资料以外的所有制图资料，包括各种存储在传统介质上的地图、遥感像片、统计表格、文字报告等。

3. 按资料功能分类

按资料的功能，将其划分为基本资料、补充资料和参考资料三种。

1）基本资料

基本资料是新编地图内容的主要来源和依据。新编普通地图，或新编专题地图的地理底图，通常选择与新编地图相同或略大比例尺的普通地图作为基本资料；新编专题地图，一般选择与新编地图相近比例尺的同类专题地图、野外定位观测数据、统计数据等作为主题内容的基本资料。在上述资料非常缺乏的情况下，文字资料也可作为专题地图主题内容的基本资料使用。

2）补充资料

补充资料是新编地图内容的补充来源。当基本资料在主题内容上存在某些不足，或在制图区域或时间序列上存在部分缺失时，可使用补充资料予以完善。地图资料、遥感资料、统计资料、文字资料等都可用作补充资料。

3）参考资料

参考资料是用于研究制图区域地理特征、评价其他制图资料质量的各种资料，其内容不直接编绘在新编地图上。

（二）制图资料收集与整理

1. 制图资料收集

制图资料是编绘新地图的基础和依据，制图资料是否正确、齐备，能否定位以及定位的准确程度，都会直接影响新编地图的质量。制图资料收集是地图编绘的一项重要工作，应给予足够重视。

收集制图资料，首先要认真领会任务和目的，围绕新编地图需要确定欲收集资料的范围、类型、来源，并根据经费条件确定可接受的成本。

普通地图编绘，制图资料以地形图、地理图和遥感资料为主，这类资料主要来源于各级测绘地理信息主管部门、基础地理信息中心和测绘资料档案馆，也可到从事制图区域测绘地理信息研究和教学的科研院所、高等院校的图书馆、资料中心收集。收集资料时，应尽可能同时收集普通地图和遥感资料的辅助说明资料，如坐标系统、地图投影、比例尺、分幅编号系统、分类分级系统、是否保密及保密等级、成图时间、出版机构等。

专题地图编绘，制图资料可按地理底图和主题内容分别收集。编绘地理底图的制图资料收集与编绘普通地图的情况相同。主题内容专业性强，资料类型多，制图资料收集工作也相对比较复杂，与制图主题内容相关的行业部门、研究机构和高等院校是主题内容制图资料的主要来源。遥感资料是专题地图编绘的重要资料来源，技术报告、调查报告、研究论文、专著等是制图区域专题研究和正确使用制图资料的重要资料，应注意收集和研究。

各种制图资料都是他人劳动的成果。收集制图资料时，要明确资料的出处和所有者，对相同或相似的资料，要尽可能分清原始资料和派生资料，严格依据知识产权相关法规使用制图资料。

2. 制图资料整理

制图资料整理就是将收集的各类资料按一定规则进行整理，建立制图资料档案，以方便管理和使用。制图资料整理的主要工作包括资料登记、检查和归类管理。

资料登记一般按资料表现形式对收集到的所有资料分类登记。地图资料主要登记地图名称、制图区域范围、地图比例尺、地图编制单位和完成时间等信息；遥感资料主要登记图像名称、图像范围、像片编号、像片比例尺、空间分辨率、资料来源等信息；其他资料主要登记资料名称、资料形式、资料来源等信息。资料登记工作的成果是资料登记表和资料分布略图。

资料检查是通过核对资料，检查确认资料内容是否完整、资料内容与资料登记表描述是否一致。抄录、复印、拷贝的资料是检查的重点。

制图资料按类别归类管理。根据新编地图的要求和制图资料的特点，可按图幅、区域或主题将资料归类整理，专人负责。对于数字化资料，应充分考虑数据安全，做好数据备份。对于有保密等级的资料，必须严格按照保密资料管理相关规定单独归类管理，严格借阅和使用手续。

（三）制图资料评价

制图资料评价是指从地图编绘的角度出发，按照一定的评价标准，经过仔细分析，归纳总结不同制图资料在新编地图中的使用价值。基本资料、补充资料和参考资料在新编地图中的作用不同，对它们进行分析与评价的要求也不一样。对基本资料要进行全面和深入的分析、评价。制图资料评价主要从资料内容的政治思想性、可定位性、地理适应性、精确性、完备性、现势性等几个方面进行。

1. 政治思想性

制图资料的政治思想性对新编地图的政治立场和观点可能产生重要影响。正确评价制图资料的政治立场和观点，指出其中存在的问题和原因，是政治思想性评价的主要工作。国界和其他境界线的画法、地名的使用、与国家主权有关的其他要素等，是政治思想性评价的重要内容。

2. 可定位性

可定位性指制图资料内容在地图上定位的可能性。只有可以定位的资料，才能绘制到新编的地图上。因此，可定位是作为制图基本资料的必要条件之一。一般而言，地图资料、遥感资料、包含有位置坐标的观测数据等，都有较强的可定位性，其他资料的可定位性较差。

3. 地理适应性

地理适应性指地图上所表达的地理内容和特征与客观实际相符合的程度。地理适应性评价通常在制图区域研究的基础上进行。通过分析制图资料和制图区域地理特征，评价地图资料在多大程度上正确地反映了制图对象的类型、等级、分布位置、分布密度、区域分异等特征。

4. 精确性

精确性指制图资料内容所表达的地理事物位置和数量指标的精确程度。大、中比例尺地图编绘强调地理事物位置的精确性，专题地图编绘则在关注底图要素位置精确性的同时，更加重视主题要素数量指标的精确性。地图资料的精确性主要与地图数学基础和图上要素位置精度有关，如地图投影、比例尺、平面坐标系、高程系、平面直角坐标网或经纬网等反映严密数学基础的要素是否准确齐全，图上符号位置相对于坐标网的中误差是否达到精度要求等。

5. 完备性

完备性指制图资料在内容上能够满足新编地图要求的程度。制图资料的完备性主要从要素种类、各类要素数量、分类指标与等级数、分级标志与分级数、图形概括程度等方面进行评价。制图资料提供的要素种类、各类要素数量与新编地图表达的内容一致或更丰富，图形概括程度等同或优于新编地图对图形详细程度的要求，内容分类、分级能够转换为新编地图的分类、分级，是制图资料完备性的基本要求。

6. 现势性

现势性指制图资料内容与实地对应要素现状相一致的程度。地图资料的成图时间、遥感资料的拍摄时间、其他资料统计或调查的截止时间，是评价制图资料现势性的主要依据。现势性评价要强调针对性，围绕新编地图内容，结合制图区域研究成果，尤其是实地调查研究成果，得出符合新编地图需要的评价。与新编地图无关的内容，即使实地发生了巨大变化，也不影响对制图资料现势性的评价结论。

此外，制图资料的获取难易程度与成本、有无知识产权和涉密等问题，对资料使用也有重要影响，在制图资料评价时要给予考虑。

地图资料是最常用和最重要的制图基本资料。在评价地图资料时，要区别于一般的地图评价，突出作为新编地图的制图资料的目的。如在一般的地图评价中，地图的艺术效果、经济和社会效益等都是比较重要的评价指标，这些指标在地图资料评价时却没有太大的实际意义。

（四）制图资料加工处理

制图资料种类多样、格式不一，大多不能直接用于新编地图，因此在使用前要进行必要的加工处理。制图资料加工处理以新编地图的设计方案为依据。

制图资料加工处理的主要内容包括：制图资料数字化前的预处理，数字化资料数据格式的转换，地图资料坐标系统、地图投影的转换，制图资料分类、分级的调整合并，表示方法的转换与数据重新组织，制作新旧符号对照表，数据计量单位的转换，统计资料的预处理等。

四、地图图面配置

图面配置是地图图面设计的主要工作之一，其目的是合理地安排主图、附图、附表、图名、图例以及各种文字说明等图面内容。

（一）图面配置的要求

地图是一件图像作品，其视觉效果对地图的使用影响很大，尤其是大幅挂图，良好的艺术性是其必须具备的基本特征。影响地图作品视觉效果的因素较多，除选择适合的表示方法、设计符合美学规律的符号和色彩外，图面配置是否合理恰当，对视觉效果的影响也是非常重要的。

1. 符号及图形清晰易读

图面内容清晰易读是编绘地图的基本要求。不同的使用环境和方式，对图面符号和注记大小的要求是不同的。桌面用图的符号和注记一般比较细小，挂图则相对粗大。

2. 整体图面视觉对比度良好

视觉对比是由光照在图面上的不同分布引起的，包括明暗对比和颜色对比。同样一个灰色图形分别在白色和黑色背景下所产生的视觉效果是不一样的。与个体符号的视觉对比度不同，整体图面的视觉对比度是阅读者对地图整体的视觉感受，对比度过强会产生视觉不适，对比度太弱则不能达到突出主题的目的。良好的对比度与地图主题、用途、使用对象和幅面大小等因素相关，并没有统一的标准。

3. 主图与背景协调合理

背景是主图内容的衬托。主图与背景协调不仅能改善地图的视觉感受，还能起到突出主题的作用。色彩、亮度、密度是区分主题与背景的重要因子，完整的图形能够增强主题的表达。

4. 图形具有良好的视觉平衡效果

视觉平衡是指以视觉中心为支点的力学平衡；视觉中心是在视野中的平面上的中心点。试验表明，人的视觉中心通常在物理中心的偏上方。地图主图轮廓形状是影响视觉平衡的最基本的因素；此外，图形位置、尺寸、颜色、结构、背景也都会影响视觉平衡感受效果。在图面配置时，所有图形应围绕视觉中心配置，使地图图面要素分布相对均匀、对称，比例协调。

5. 具有良好的层次结构

地图视觉感受的层次结构从三个层次考虑。①延伸结构：等级符号，表达事物的有序性。②细分结构：色彩与网纹配合，表达内部结构。③立体结构：视觉突出，形成地图的表现层次。

（二）图面配置的具体内容

1. 主图与四邻的关系

处理主题与四邻的关系，基本原则是突出主图区域，同时考虑反映主图区域的四邻关系，正确处理主图与背景的视觉对比。

主图轮廓以外区域的处理常见有两种方式。一种是绘出主图轮廓外区域的海岸线、境界线、交通线、城市等基础地理要素，表达主图区域与周边相邻区域的联系，突出地理区域完整性；另一种是将背景区域空白，或普染色彩或填充图片，强调主图区域，不关心与邻域的联系。采用普染色彩或填充图片时，应根据地图主题、用途谨慎选择。

2. 主图的方向

地图习惯采用上北下南摆放主图图形。

当主图轮廓形状比较狭长，且不是南北向或东西向延伸时，采用习惯方式就可能出现图面利用效率不高的情形。这时可采用斜放主图的方法，在相同尺寸的图幅上采用较大的比例尺，达到提高图面利用效率的目的，如内蒙古自治区地图（图6-3）。斜放主图一般用于桌面用图，必须绘制经纬网格或用方向标注北方向；挂图不宜采用斜放主图。

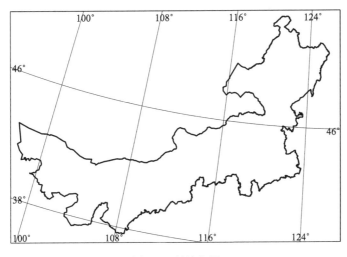

图 6-3　斜放主图

固定在使用现场的地图，如建筑物内的导航图、街道边竖立的导航图，为了方便用图者确定方向和使用地图，此时应将读图者面对地图的方向作为地图的正上方指向。

3. 破图廓和移图

当制图区域形状、大小、比例尺与图幅幅面大小难以协调时，根据具体情况，可采用破图廓或移图的方法进行处理。

破图廓是指将主图局部边界突破图廓边绘出，如甘肃省地图（图6-4）。

移图是指将主图的一部分移到图廓内合适的区域单独表示，既照顾到图幅大小的限制，又保证主图范围的完整。被移动部分的放置，以不遮盖主图其他内容为前提，尽量置于接近于该部分实际方位的位置，可采用不同的比例尺和地图投影。移图是一种常见的图面配置方法，如采用正轴圆锥投影编制中国全图时，通常将南海诸岛部分作移图处理；在编绘美国全图时，也常见将阿拉斯加和夏威夷部分作移图处理的例子（图6-5）。

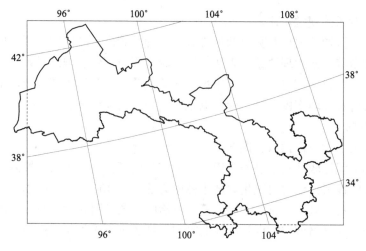

图 6-4 破图廓处理的甘肃省地图

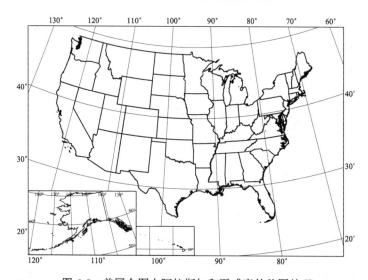

图 6-5 美国全图上阿拉斯加和夏威夷的移图处理

4. 重点区域扩大

当制图区域内局部地区要素密度过大或十分重要需要详细描述时，就会出现主图区域轮廓完整与要素密集区域内容清晰之间的矛盾，难以正常表达。重点区域扩大，就是将要素密集或重要部分在图廓内合适区域放大，将其中内容清晰表达出来。采用重点区域扩大方法时，要在主图内确定放大表示的区域范围，放大图范围和内容表示与主图相应部分协调一致。如图 6-6 所示，该图采用重点区域扩大方法，清晰地表达了主题内容比较密集的区域内登革热发病率变化的分布情况。

5. 图面辅助要素布置

（1）图名布置。图名直接表达地图主题和制图区域，也是协调图面整体视觉平衡的重要因素，通常安排在醒目位置。

（2）图例和比例尺布置。图例和比例尺在使用地图时有重要意义。图例和比例尺一般安排在图面不显著的位置或图廓外，以避免对主图内容的干扰。

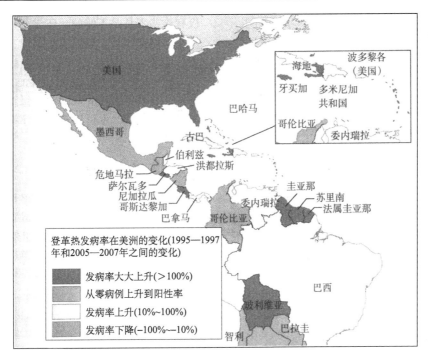

图 6-6 重点区域扩大（气候变化加剧美洲登革热的复发，局部）

（世界银行，2010）

（3）附图和附表布置。附图和附表用于对地图主题内容的补充或解释说明，同时也具有平衡图面整体的作用。在不影响主图完整性和地图主题内容表达的前提下，可在图廓内适当布置附图、附表。

6. 图廓设计

地形图图廓有统一的规范要求，其内图廓和分图廓具有数学基础意义，外图廓用作装饰。

地理图和专题地图的图廓，主要作用是醒目和装饰。桌面用图的图廓通常简洁，根据图幅大小可选用单实线或内细外粗双线，通常在图廓上注记经纬度，或划分索引网格。挂图的图廓多采用复杂的图案，以调整地图整体视觉平衡和增强地图艺术性，图廓图案以与地图主题相协调为宜。

在现代地图设计中，也常见无图廓设计的案例，图面内容表达或以主图轮廓为界，或在主图区域外采用渐变过渡处理。

问题与讨论 6-5

地图图面配置的合理性是直观可见的。选择两幅不同的地图作品，结合所学知识，分析其做法的合理性及效果，讨论有没有可以改进的地方。

五、地图分幅与拼接

地图的总尺寸称为地图开幅。综合考虑纸张、印刷、使用等因素，印刷版地图的开幅都会有一定限制。确定地图开幅大小的过程称为地图分幅设计；使用时将分幅地图拼合在一起的过程称为地图拼接。

（一）地图分幅

地图分幅有两大类型，一种是按照一定规格的图廓分割制图区域，常用于国家或全球制图，有规范的分幅标准，具体有经纬线分幅（梯形分幅）和直角坐标线分幅（矩形分幅）两种；另一种是针对图幅开张较大的地图进行的图廓内分幅。

我国国家统一分幅地图的分幅，即采用了经纬线分幅和矩形分幅，该部分内容在第三章有详细讲述，此处不再赘述。

图廓内分幅是针对大型挂图的分幅形式。以 1 ∶ 100 万地中海国际海底地形图的内分幅为例（图 6-7），该图是在政府间海洋学委员会（International Olympic Committee，IOC）指导下，由苏联国防部航海与海洋总局编制，1981 年出版。该图采用墨卡托投影，标准纬线 38°N，制图范围包括地中海及黑海，分为 10 个图幅，每幅图图纸面积 105cm×83cm；黑海为附图，配置在 5 号图上半部，比例尺 1 ∶ 200 万。在 1～5 号图南图廓外方及 7～10 号图北图廓外方，配置有标题、图例及有关比例尺、投影、资料的说明，以及图幅拼接示意图等，供各图单独使用。在 6 号图下半部配置总说明，除标题、图例、资料说明外，还有用于编图的 1 ∶ 25 万海底地形图的分布图及编图人员名单，供整套图拼接时使用。由于其他 9 幅图上的标题等都在图廓外拼接处，当 10 幅图拼接起来后，就被遮盖了。

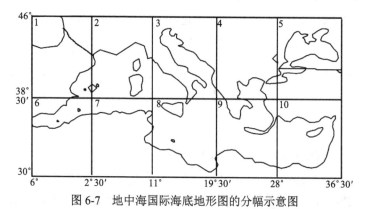

图 6-7 地中海国际海底地形图的分幅示意图

（二）地图拼接

地图拼接是指根据用图需要，将多张分幅地图按照对应位置拼接成整幅地图的工作。在地图设计时，对有分幅要求的新编地图，应设计好地图拼接的参照标记。地图拼接一般分为图廓拼接和重叠拼接。

1. 图廓拼接

图廓拼接适用于以经纬线或直角坐标线为图廓的地图拼接（图 6-8）。

2. 重叠拼接

重叠拼接多用于图廓内分幅地图的拼接（图 6-9）。在地图设计和制印时，相邻图幅预留一定宽度的重叠范围，约 8mm 左右，用于图幅拼接。

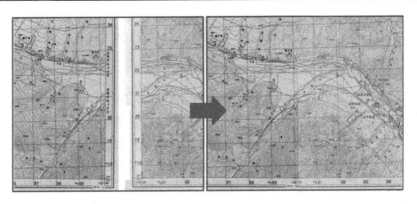

图 6-8 地形图的图廓拼接

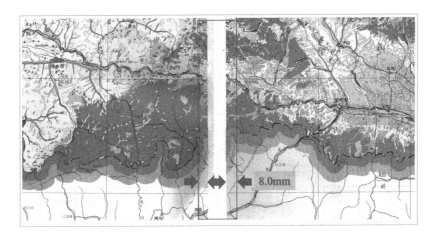

图 6-9 内分幅专题地图的图幅拼接

第二节 地图产品模式

地图由来已久。作为一种表达地球表面形态和属性的不可或缺的图形工具，地图内容、表达方式、制图工艺等，都随着社会发展和科学技术进步发生了巨大变化。

早期地图以河流、山川、道路及地形地貌为主要表示内容，展示地物分布和地理方位，信息主要来自野外观察和文献记载，表达手段单一，主要用于地理参考。工业革命之后，近代测量技术的出现和发展，使得大规模实测地形地物，并绘制具有较高精度的地图成为可能，从而推动了地图产品的第一次重大变革，系列地形图、影像地图等成为主流地图产品，满足了工业社会经济建设、军事行动等对地图的需求。随着信息化社会的来临，各种传感器获得的海量地理信息资源，各种信息化制图系统带来的强大地图制图功能，以及信息化背景下各种生产生活方式对地理信息的需求，再次推动了地图产品的革命。网络地图、导航地图、自媒体地图等新地图产品层出不穷，地图内容涉及领域不断扩展，其目的都是为了满足不同人群、不同目的、不同层次对地图产品的需求。

现代意义的地图产品，是指由地图制图者提供，在市场上被地图使用者获得或消费的地图作品。地图产品不仅是一件具有科学意义的图件，同时也应该是一件具有美学价值的作品，这种特征在信息化时代更加受到关注。

一、地图产品模式及其内涵

（一）地图产品模式概念

地图产品是地球表层地理事物可视化的表达。从现代制图方法和手段看，地图产品就是利用数理统计方法、空间分析手段和数据挖掘模型，对地理数据进行处理，并借助可视化方式形成的成果。地图产品提供既成的结论性知识和隐性的待发掘的知识，可以结合不同用户的行业知识，通过知识的融合再生，形成新的结论知识，最终服务于决策结论的制定。

模式一词源于结构主义，指用来说明事物结构的主观理性形式。地图产品模式就是用来研究和指导地图产品制作和生产的理论。近年来，地图产品形形色色、五花八门而且不断创新，地图产品模式设计因此显得至关重要。

地图产品模式设计是一个多维度、多变量参与的过程，涉及数据加工深度、内容综合程度、专题信息类别、产品应用广度等内容。目前，地理信息产品需求的结构形态，正在逐步从单一的地图需求向知识化、多元化的地理信息需求发展。

从不同的视角可划分出不同的地图产品框架。从用户需求角度，产品框架大致可分为政府类、社会类、公众类产品；从地图内容差异，产品框架可分为基础类和专题类产品；从地图产品生成涉及的技术视角，产品框架大致可分为现状类、变更类、分析类等产品；从地图产品的成果载体角度，可分为传统模拟类、新型数字类等产品。传统模拟类产品，如标准分幅地图、挂图、桌面参考图、组图、三维鸟瞰图、影像地图和地图集等；新型数字类产品，如桌面地图、网络地图和移动终端地图等。

（二）地图产品模式设计路径

地图产品模式设计遵循以下两条途径。

1. 数据地图产品→信息地图产品→知识地图产品

注重地图产品内容层次的逐步提升，从数据地图产品到信息地图产品，再到知识地图产品不断地深入。

数据地图产品用以反映地表事物相关数据的现状，类似于传统的地形图，其发展、研究和认识已经比较完善和成熟。信息地图产品是通过对数据地图产品的信息深加工处理，以反映和传播一种或多种专题信息为主要目的的服务性产品。知识地图产品是信息地图产品的进一步较大提升，用以揭示地理规律和传播地理知识，目前数量较少但品质高端，是未来努力和研究的主要方向。

就当前地图产品的发展主流看，地图产品体系的主体是信息地图产品，对相关数据进行数理统计、空间分析和挖掘成为生产该类产品的关键。

2. 产品属性分析+外部应用需求

注重地图产品自身产品属性的分析和外部应用需求的融合，深入剖析地图产品的诸多设计因素。

典型设计因素包括：

（1）产品的功能：包括信息表达，宣传说明，查询检索，分析评价，导航与定位，虚拟现实，决策支持等。

（2）用户对象：包括行政或业务管理部门、科研部门或科技人员、企业或个体商业业主、普通公众、社会团体等。

（3）制作成本：包括数据费用，信息处理和加工费用，软件开发费用，产品的承载介质或包装材料费用等。

（4）社会因素：包括社会各阶层生活方式、生活节奏和生活水准的影响，社会主流价值观的影响，社会组织形式变化的影响，著作权法、版权法、专利法等社会环境和氛围的影响等。

（5）经济因素：包括生产、流通、消费三者之间的关系对其价值取向的影响，国家政策的影响，经济全球化的影响。

（6）技术因素：包括高新技术，尤其是在线网络技术发展的影响，高科技附加值在满足信息深加工层次与用户需求程度两者之间的对立统一关系，科学技术发展的预见性和前瞻性，科学技术的标准化因素等。

（三）地图产品属性

社会经济发展要求地图产品从单一结构形态向知识化、多元化和定制化方向发展。从地图产品模式设计路径出发，综合考虑产品的各种属性，从中筛选主要属性作为产品设计的思维依据。

1. 地图产品的三属性

地图产品具有三个固有属性：内容层次、产品类型、承载介质。

1）内容层次

地图内容层次是指地图产品所提供信息的抽象程度或信息粒度，体现产品的档次和信息加工的深度。地图内容可分为数据层次、信息层次和知识层次。

2）产品类型

产品类型指地图生产者根据地图用户认可或习惯的使用方式对地图产品的分类，能够反映产品使用范围和用户对象，是地理数据加工深度和应用广度的体现。

地图产品类型包括基础类产品和衍生类产品。基础类产品是地理数据经初步加工的初级产品；衍生类产品是在基础产品上进一步深加工后的高端产品。从基础类产品到衍生类产品没有绝对的分界，而是一个数据加工不断深化的过程。

3）承载介质

承载介质指产品存在的媒介形式，包括传统媒体、数字媒体和新媒体等。

2. 地图产品属性立方体

地图产品的三个属性可以理解为一个三维的空间，即属性空间。

属性空间可以用三元组表示：

$$P = (C, T, M) \qquad (6\text{-}1)$$

式中，C、T、M 分别为内容层次、产品类型和承载介质。

假设用地图产品三维属性空间的采样点 $P_i = (C_i, T_i, M_i)$ 表示一种地图产品，如果这个空间是连续的，那么产品将是无限并连续的产品系列，从而可产生多种地图产品分类结果。然而，在实际应用中并不需要如此种类繁多的连续产品，目前的技术也无法支撑这样的连续产品生产。因此，我们可以将产品三个属性离散化，用属性立方体来表达产品体系（图 6-10）。

在产品属性立方体中，最完美的设计是三个维度交织而成的 18 个属性块，即由 3 个内容层次、2 个产品类型和 3 个承载媒介组合逐一阐释。从实际应用需求来看，地图产品内容层次主要位于信息产品层次，地图产品承载媒介主要以数字媒体为主。因此，地图产品模式主要考虑核心的四个属性块（图 6-10 中灰色部分）。根据地图产品的属性，地图产品模式设计通常采取基础类产品先行、衍生类产品随后的路径。

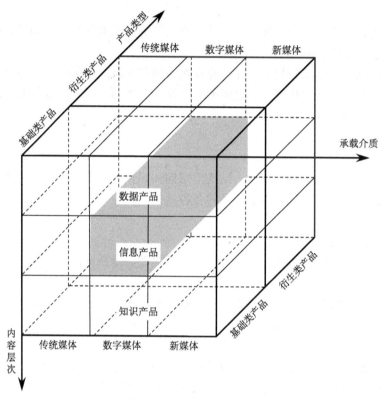

图 6-10   产品属性立方体

问题与讨论 6-6

对照图 6-10，试分别从内容、产品和承载介质三个属性考虑，各列举出若干地图产品，并对所举出的产品按层次等级排序。

二、基础类地图产品

基础类地图产品是指以地理数据的原始表达为主的产品，表现为以单要素、多要素和全要素方式制作的基础图。作为地理信息的原始表达和分发手段，基础类地图产品类似于传统意义的普通地图，多选用地貌晕渲、地理背景或遥感影像为依托，内容相对均衡、完整。这类地图产品表达的信息主要基于原始数据成果，不针对要素进行任何数据聚合，也不使用数理统计方法和空间分析模型，其主要目的是对地理数据的直观可视化。

基础类地图产品可进一步划分为综合类地图产品和专题类地图产品。综合类和专题类地图产品是地图在使用过程中逐渐形成的两个应用方向。综合类地图产品追求在地图中尽可能全面、完整地呈现相互关联的信息，便于用户全方位了解地理区域特征；专题类地图产品追求在地图中尽可能深入、专业地呈现某一个主题方面的信息，便于用户深入了解某个地理专题特性。

（一）综合类地图产品

1. 内容特征

综合类地图产品指以全要素综合表达地理区域原始指标要素为目标，综合反映地理要素分布及态势现状，产品内容综合程度较高的地图产品。该类地图产品以地表覆盖类型和基础地理要素为基础，结合不同的地表形态表示形式，如地势图、地貌晕渲图、遥感影像图等，形成具体的地图产品。综合类地图产品重点表现基础地理要素及地表覆盖内容的地理位置、分布范围、分布规律、密度差异等空间分布特征，包括地形、地势特征及地貌形态、水系等自然地理要素和居民地、境界线、道路网等社会人文要素，表现地理要素之间的关系，以及地理要素的名称、分类、分级、管理归属等属性信息。

综合类地图产品表达的数据类别可归纳为地理单元、地表自然要素和人文要素 3 个层次的信息内容，即总体空间分布特征、关键属性特征、与其他要素的空间关系。其中，空间分布特征因要素类别的几何形态差异而不同；关键属性特征反映要素的质量差别，包括要素的本质和结构组成等信息；空间关系特征包括同类别要素的关系和与其他类别要素的关系。综合类地图产品主要表达区别于其他类别要素的质量特征，直观反映空间关系特征，不进行深入的数据加工。

综合类地图产品根据制图区域的不同，可分为不同的空间尺度范围，如国家级、省级、地市级和县区级，甚至更小的研究单元等。

2. 地图概括

地图内容的精确性和全面性表达是综合类地图进行地图概括的基本原则。以地理国情普查为例，综合类地图产品地图概括的主要方向和重点有两个：一是较完整地表达地表覆盖类型，图型概括的操作基本不做要求，仅在图形出现小于 0.5mm 的弯曲或凸凹拐角时，适当进行图型概括操作；二是正确处理要素之间的压盖关系，必要时进行移位处理。

综合类地图产品的地图概括遵循以下三种原则。

1）遵循地图概括的基本原则

图形表达和内容选取遵循地图概括的基本原则，即保留主要的，舍去次要的；选取遵守从主要到次要，从大到小的顺序。

2）遵循统一协调的内容取舍和概括原则

同一制图区域不同比例尺综合类地图之间，内容表达要保持统一协调性，即采用统一的分类、分级体系，以及统一的内容取舍和概括原则。概括时注意保持内容的综合程度随着比例尺的缩小而逐级递进的特征。同类地物在不同比例尺的图幅上，应保持相应的密度对比和轮廓形状。

3）遵循保证阅读的清晰性原则

综合考虑地图用途、图形背景等因素的影响，地图概括中采用统一的图形最小尺寸；舍去小于规定尺寸的图形，保持地理要素图形的基本特征、类型特征和制图对象的结构对比，保证地图阅读的清晰性。例如，地理国情普查地图产品要求最小线段长度 5.0mm，最小斑块面积 $0.5mm^2$ 或 $1.0mm^2$，最小弯曲尺寸 0.5mm。

3. 表达方式

综合类地图产品的内容和制图目的，要求各类要素的详细程度相对平衡，图型选择以数据地图和信息地图为主，辅助图型包括图例、文字说明及图面版式等。

（二）专题类地图产品

1. 内容特征

专题类地图产品是以表达地理区域单要素或相关多要素原始指标为目标，重点突出表现一种或数种自然要素或社会经济现象，或反映区域某项或某几项分类要素分布及态势现状的地图产品。与综合类地图产品主要表达区别于其他类别要素特征不同，专题类地图产品是以地理要素中的单要素或相关多要素为表达对象，反映与社会生活密切相关、具有较为稳定的空间范围或边界、具有或可以明确标识、有独立监测和统计分析意义的重要地物及其属性，也可根据专题意向选择其他属性进行制图表达。

专题类地图重点显示耕地、园地、林地与草地、荒漠与裸露地表、水系要素、地形分区、地貌区划、地貌、道路及交通设施、自然/文化遗产、风景名胜、湿地保护区、城镇建筑类型、工矿企业分布、城镇休闲娱乐场所等专题要素的地理位置、分布范围、密度差异、分布规律等空间分布特征，地理要素的名称、分类、分级、管理归属等属性信息以及要素之间的关系。专题类地图产品关注专题信息，是综合类地图产品在要素子集上的实例化，反映的信息内容是所表达主题的空间分布特征、关键属性特征和与其他要素的空间关系。

2. 地图概括

专题类地图产品的地图概括以专题要素的选取、分类和分级归并操作为主，图形概括的重点是图斑的概括，并同时关注概括制图对象的细部特征，如舍弃小于规定尺寸的弯曲，让道路、河流或面状地物的表达更美观等。

专题类地图产品的地图概括必须遵循综合类地图产品地图概括所遵循的原则，同时还要遵循两个原则，以突出特点：一是遵循内容丰富、表达清晰原则，在保持合理载负量的同时，使地图产品具有丰富的内容。二是内容与产品设计相适应原则，在选取内容时，综合考虑制图区域范围、地图产品开本大小设计等因素，合理地进行内容概括。

3. 表达方式

专题类地图产品由主图、附图、文字、图表、图片等构成，各图幅可根据地理要素的复杂程度选择行政区划平面图或地貌晕渲图为背景。专题类地图产品以单要素或相关多要素表达空间区域原始要素为目的，指标的表达要主题明确，图型的选择仍以数据地图和信息地图为主，但辅助图型内容更丰富，包括插图、照片、文字说明、图表及图面版式等。

三、衍生类地图产品

衍生类地图是对地理数据有效挖掘得到的产品。在制图时，根据不同的服务目的和对象，对反映地理特征的时间、空间和属性信息进行综合、概括和聚合，通过分析形成基于分析指标的制图表达。衍生类地图作为一种信息分发手段，既相对专业、概括，同时具有综合说明能力，已逐渐成为地图产品的主体。

衍生类地图产品主要包括统计类地图和分析类地图两大类型。

（一）统计类地图产品

统计类地图产品是以地理数据的基本统计、综合统计成果和其他相关资料为主要数据源，通过对地理指标要素的统计分析，利用专题制图表达方法制作的统计专题图。统计类地图内容侧重于对地理要素的空间特征及属性特征的统计分析，如长度、面积、个数、高度、方向等。

1. 内容特征

统计类地图产品是按照地图主题要求，表示不同制图单元的某一种或几种与主题相关的自然要素和人文要素，将隐藏于统计数据中的信息以地图的形式展示出来。统计类地图产品主要从资源、生态、经济、社会等方面，反映地理信息的空间分布、空间结构、地域差异，客观准确地揭示其空间分布、组合规律及相互联系。通常，统计类地图产品的主要指标可以从数量、长度、面积、格局和变化等方面归纳。

2. 表达方法

统计类地图产品的表达方法以传统专题地图表示方法为主，包括定点符号法、线状符号法、范围法、分区统计图表法、分级统计图法等。同时，在传统表达方法基础上进行引申、拓展、综合运用，创新出一些新的统计类地图表达方法，包括面积叠加分析法、八方向图法、时间序列图法、影像对比分析法等。

表 6-1 列出了适用于所有衍生类地图产品（包括统计类地图产品和分析类地图产品）的主要表达方法及其适用范围。

表 6-1　专题要素的基本表示方法及适用范围

方法	适用范围
定点符号法	表示呈点状分布的物体，采用不同形状、大小和颜色的符号，表示物体的位置、性质和数量特征
线状符号法	用于表示呈现线状分布的现象，如河流、海岸线、交通线、地质构造线、山脊线等
范围法	表示呈间断成片分布的面状现象，如森林、沼泽、湿地、某种农作物的分布和动物分布等
质底法	表示连续分布、布满整个区域的面状现象，如地质现象、土地利用状况和土壤类型等
等值线法	用等值线的形式表示布满全区域的面状现象，适于用等值线表达的是像地形起伏、气温、降水、地表径流等布满整个制图区域的均匀渐变的自然现象
点数法	用一定大小、形状相同的点群，表示制图区域中呈分散的、复杂分布现象的分布范围、数量特征和分布密度，如人口数量分布
运动线法	用线状符号和不同宽度、颜色的条带表示现象移动的方向、路径和数量、质量特征，如大气运动、物流等
分级统计图法	在制图区域内按行政区划或自然区划区分出若干制图单元，根据各单元的统计数据分级，用不同的色阶或晕线网纹反映各分区现象的集中程度或发展水平，如人口密度、单位面积粮食产量分布特征等
分区统计图表法	在各分区单元内按统计数据描绘成不同形式的统计图表，置于相应的区划单元内，以反映各区划单元内现象的总量、构成和变化等，如以区域为单元统计的土地利用结构、产业结构等
面积叠加分析法	根据面状要素不同时期的形状及变化规律，设置不同的色彩，通过色彩的渐进揭示要素的变化规律
格网法	以格网为制图单元来表示研究对象质量特征和数量差异。当表示质量特征时，每一格网表示一个类型，以不同色调或晕线加以区分；当表示数量差异时，可按数量分级，以色度或晕线密度区分表示
八方向图法	属于特殊的统计图形法，用方位分析方法将区域划分为东、西、南、北、东南、西南、西北、东北 8 个方向，表示不同方位地理数据统计特征
时间序列图法	主要用于统计要素数量随时间变化而发生的改变，通过同一起点、不同止点的多幅地图数据产生的图形系列对比，利用时间序列图直观地对比其不同时间节点要素的数量、质量指标的动态变化
影像对比分析法	通过不同时期的卫星影像或航空影像的对比，最直观地反映要素的动态变化，从而分析得出变化趋势

（二）分析类地图产品

分析类地图产品是通过对地理要素及地理数据的深度分析，以及将数据与社会经济或者自然地理等其他相关数据进行融合分析，将在此基础上形成的各类分析结果的空间分布、聚集与态势特征整理得到的地图产品。分析类地图产品的信息主要来自于地理数据分析成果，以及与其他社会经济等要素融合所产生的结果。分析类地图产品可分为变化监测分析型、变化预测分析型、相关性分析型、评估分析型地图产品。

1. 变化监测分析型地图产品

变化监测分析型地图产品指以单个指标、多个指标或综合指标为监测对象，对不同时相下该指标的变化进行监测分析得到的地图产品。

变化监测分析型地图产品具有变化性、多时相性两个特征。变化性表现在此类地图产品的监测指标都具有一定的变化性，如地表沉降变化、湖泊水域面积变化、城市范围扩展变化等，变化监测的重点就在"变化"两字。多时相性表现在时间序列上，变化意味着将时间作为变量，任何变化都是在一定时间序列下发生的，可以是某一时间段的总体变化，也可以是某一系列相同间隔时间点的变化对比。

变化监测分析型地图产品广泛应用于经济社会发展、资源环境保护、自然灾害应急、土地规划利用、城市建设、社会服务、基础地理信息数据库更新等方面。在这些领域，相关指标的动态变化监测信息是评价区域经济发展合理性和科学性的重要依据，特别是基于主体功能区特征的区域经济发展定位和动态变化分析，是区域协调发展评价和政策制定、区域就业政策制定、区域产业结构变动等分析的重要信息和技术支撑。例如，利用卫星遥感监测违章建筑，通过对比前后两个时间序列的城市卫星遥感图像，可以快速全面了解到违章建筑的分布情况，依法及时制止、拆除；再如，城镇用地动态变化遥感监测，其成果可为土地利用、城镇规划建设提供服务。汶川发生强烈地震之后，国家能够快速、及时、有效地做出救援决策，就与我国强大的地理信息监测系统有很大关系。

2. 变化预测分析型地图产品

变化预测分析型地图产品是指以单个指标、多个指标或由分析结果得出的综合指标为制图对象，以地理学及相关理论为指导，通过不同时相对比和预测分析，表达该指标未来变化趋势的地图产品。

变化预测分析型地图产品具有变化性、多时相性和预测性特征。科学预测建立在大量的变化数据分析基础之上，且对时间序列的要求比变化监测分析型地图产品更为严格，只有有序的、等间隔的不同时相监测数据，才能满足科学把握规律的要求，进而得到可靠的预测结果。所以，与变化监测分析型地图产品一样，变化性、多时相性也是变化预测分析型地图产品的重要特征。与变化监测分析型地图产品不同的是，变化预测分析型地图产品还具有预测性特征。变化预测分析型地图不仅可展示监测指标变化结果，更重要的是能够在综合不同时相下监测指标变化结果的基础上，表达对相应指标变化趋势的预测。

变化预测分析型地图产品的适用范围也十分广泛，多应用于自然灾害预警、天气预测、社会经济决策、政府宏观决策等领域。

3. 相关性分析型地图产品

相关性分析型地图产品是指对两个或多个具备相关性的制图指标进行相关分析，从而衡量两个指标的相关密切程度,并以其分析结果为基础制作的地图产品。

相关性分析型地图产品具有变化性、时序性、多指标性、相关性和空间分布性等特征。

1)变化性、时序性和多指标性

相关性分析是对两个或多个具有相关性的变量元素进行分析,参与分析的指标是不断变化的,同时为保证相关性分析结果的可靠性,变量的数据选取也应该是连续的或等间隔变化的,因此相关性分析型地图产品具备变化性、时序性和多指标性特征。

2)相关性和空间分布性

相关性分析通常是指对要素间关系的数学衡量,以相关系数为主要衡量指标,将要素之间的关联性更加直观地展示出来,并以此为依据进行进一步的决策。进行相关性分析的指标之间必须存在一定的联系或者概率,这是进行相关性分析的前提。毫无关联的指标之间是无法进行相关性分析的,其分析结果也不会具有任何意义。同时,指标之间具有相关性并不代表具有因果关系,相互之间的变化是否一定是因果关系所导致,应谨慎分析和判断。相关性分析型地图产品的空间分布性,是指要素指标之间的相关联程度具有因不同空间地域而有差异的特征。

相关性分析型地图产品有助于深入分析和认识地理事物间的联系,与气候变化、社会经济发展、城镇土地利用等问题关系密切,具有比较广泛的应用。借用相关性分析,可以更好地衡量地理要素间的关系,定量表达要素相互间的影响程度。目前已有地图产品中很多都属于相关性分析型地图产品,如地表植被变化对气候变化的响应、居民地分布受地形因素的影响程度、土地利用变化与社会经济发展水平关系等。

4. 评估分析型地图产品

评估分析型地图产品是指对单个或多个制图指标,通过制定一系列评估标准,对指标本身的价值、优劣或该指标对社会、经济、资源、环境等因素的影响程度进行评价和估量,并由此产生的地图产品。

评估分析型地图产品的科学基础是评估原则、标准和方法的科学性。对相关指标的评估,首先要建立科学的评估标准体系,评估标准应结合具体情况,具有实用性和合理性。一般情况下,评估标准以数据指标区间或以等级梯度的形式表现。例如,对某地的滑坡敏感性进行评估,其评估标准一般会划分为低敏感性、中度敏感性、高度敏感性等几个等级,确定每个等级相对应的数据指标区间;如果较粗略的等级划分不能满足实际需求,就应划分出更详细的评估标准。

评估分析型地图产品与发展规划、经济建设密切相关,应用十分广泛。常见的评估分析型地图产品涉及领域广泛,如地表植被覆盖程度评估、水资源评估、灾害发生可能性评估、城镇扩张速度评估、交通路网密集度评估、城市绿化面积评估、荒漠化速度评估、湿地覆盖面积评估等。

四、地理国情普查与监测地图产品

从基础类地图产品到衍生类地图产品的划分,是一个数据加工不断深化的过程。在上述地图产品分类体系下,本节结合我国第一次地理国情普查工作,以地理国情监测指标体系为例,介绍地理国情监测地图产品模式框架的形成。

2012 年 3 月,国务院印发了《关于开展第一次全国地理国情普查工作的通知》,决定于

2013～2015 年在全国范围内开展第一次全国地理国情普查工作。地理国情普查数据类别繁多，共有 12 个大类，133 个小类；数据形式多样，包括技术文档、普查报告、数字高程模型（DEM）、影像、照片、矢量数据以及统计和分析成果等；数据量大，全国约有 3000 个县级行政单位，普查数据总量巨大。

从理论上讲，地图产品可集成最为丰富的数理统计知识和空间分析知识，并借助可视化手段，能刺激用户基于视觉发现知识的本能，促进即兴知识、直觉知识和潜在知识的产生，给予用户更大的知识创新机会。同时，借助于用户本身的行业知识积累，地图产品创造了衍生知识的环境，从而为决策结论的产生提供更为充足的知识依据。因此，地图产品是地理国情普查最重要的产品形式，通过研究其地图产品体系，确定产品的类型、形态及细节要点，能够有效提高地理国情数据在社会经济建设中的服务作用。

地理国情监测产品的产品框架如图 6-11 所示。

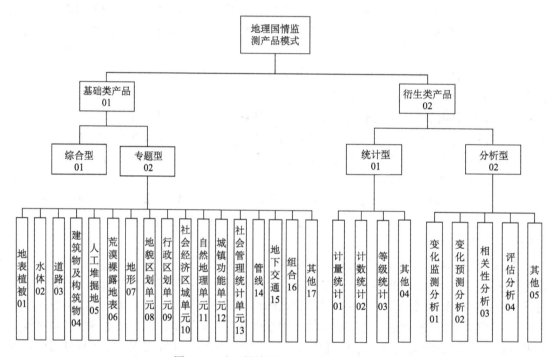

图 6-11　地理国情监测地图产品模式框架

根据地理国情监测产品涉及的指标体系，基础专题类地图产品可以细分为地表植被、水体、道路、建筑物及构筑物、人工堆掘地、荒漠裸露地表、地形、地貌区划单元、行政区划单元、社会经济区域单元、自然地理单元、城镇功能单元、社会管理统计单元、管线、地下交通等 15 个类型，另外将两种或两种以上指标组合后的专题类地图产品归为第 16 个类，不在上述 16 个种类中的专题类地图产品归为第 17 个类。这样，基础专题类地图产品总共细分为 17 个小类。

衍生类地图产品中，根据统计方法的不同，将统计类地图产品分为计量统计型、计数统计型、等级统计型以及不在上述类型中的其他类型 4 类。根据对地理国情监测指标分析加工的方式以及分析应用服务对象的不同，将分析型地图产品细分为变化监测分析型、变化预测分析型、相关性分析型、评估分析型以及不在上述类型中的其他类，共 5 个类型。

为了验证地图产品模式框架的可行性，证明在此地图产品模式下，地理国情监测的监测指标能够得到更好的利用，并且随着产品的深加工，简单的数据能够创造出极具价值的地图产品，下面针对每个类型的地图产品，列举了一些典型的地理国情普查与监测的地图产品，分别展现了地理国情普查与监测的综合类、专题类、统计类和分析类地图产品面貌。

《东宝区房屋建筑统计地图》（图 6-12）是对房屋建筑进行综合统计指标的展示，属统计类地图产品。

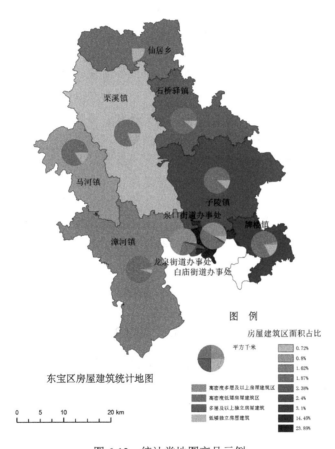

图 6-12　统计类地图产品示例

第七章　地图分析与应用

地图应用无处不在。地图是一种具有科学和艺术内涵的作品，其应用领域十分广泛，从回答类似世界是什么样子的哲学、宗教基本问题，到解决修建隧道、架设桥梁这样的具体工程问题，从宣传爱国主义思想、加强版图意识，到引导某种产品或服务的消费，从使用地图图案的视觉装饰、使用手机地图日常导航，到在"一带一路"倡议指导下的"站在世界地图前制定国家发展五年规划"，地图已经成为与国家、企业和个人息息相关的一件物品。

地图分析是关于对各种地图内容进行研究解译的理论和方法，是地图应用的方法基础。随着遥感、地理信息系统与数字制图技术的广泛应用，地图内容越来越繁杂和丰富，功能也不断增强。现代地图除帮助人们认识地物分布、识别方向与进行路线勘察外，还广泛应用于资源调查、综合评价、管理开发、工程建设、规划设计、环境保护、预测预报、农林工交、医疗卫生、旅游宣传、生活服务、历史文化、科研教育、国防建设、军事作战等社会活动和军事生活的各个领域。同时，系统论、信息论、控制论、模型论、传输论、认知论、感受论等新科学理论的引入，使地图分析与应用理论研究不断深入，地图应用技术方法日趋成熟。

应用地图是编绘地图的主要目的。从地理信息的传输过程看，地图是其作者在认识地理现象特征和规律的基础上，运用制图学理论和方法编绘而成的产品；应用地图则是用图者在自己所掌握的理论知识指导下，运用各种技能从地图上获取新知识的过程。因此，学习并掌握地图分析和应用的技术和方法，对用好地图非常重要。本章将从地图评价与地图选用、地图分析、野外地图应用和电子地图应用等方面讲授地图分析与应用的基本知识。

第一节　地图评价与选用

一、地图评价标准

地图评价是对地图质量与可用性进行的分析和鉴定，是正确有效使用地图的前提。地图评价包括地图的科学性、政治思想性、实用性、艺术性等 4 个方面。对于地图集与系列地图，还需增加统一协调性的评价。

（一）地图的科学性

地图的科学性主要从地图的科学内容与科学水平方面进行评估，具体标准包括：指标完整性，内容可靠性，资料现势性和制图精确性等。

指标完整性指反映制图对象质量和数量特征的各项基本内容与指标内容的完整程度。根据制图目的和用途要求，指标完整程度越高，指标完整性越强。

内容可靠性指反映制图对象地理分布规律和区域特点的真实程度。影响内容真实程度的因素很多，如制图数据的可靠性、专题内容的表示方法、等值线勾绘的合理性等。内容真实程度越高，内容可靠性越好。

内容现势性指地图上所表示内容的新旧程度。判断现势性的方法，一是查阅制图资料的截止日期，二是与最新发布的遥感影像、地图产品、观测或统计资料等进行对比。地图内容越新，越接近现状，现势性越强。

制图精确性指地图数学基础的合理性和图形内容的几何精度。数学基础的合理性表现为地图投影和比例尺选择是否符合制图目的和用途的要求；图形内容的几何精度则可用误差分布、内容转绘方法和精度、地图制印精度、专题内容与底图内容衔接质量等指标判断。制图精确性评价结果是进行地图量算的基本依据。

（二）地图的政治思想性

地图的政治思想性主要从地图所反映的基本政治观点、立场和倾向等方面进行评价。国界、国名、地名、行政区划是否符合国家立场、外交政策以及相关标准、规定，是评价地图政治思想性的重要内容。

我国出版的世界地图和各大洲地图，各个国家和区域的名称写法、疆域画法应符合国际法和我国外交政策；我国出版的国内地图，国界、省县界、政区名称、地名等应符合国家标准和规定。国外出版的地图，要注意图上国名、疆域，尤其要注意对我国国界、领海、岛屿划分和归属等内容，以及所持的政治立场与倾向。

（三）地图的实用性

地图的实用性从实用价值、使用效果、经济效益、社会效益等方面进行评价。评价内容主要包括：制图目的和用途是否明确，内容和指标是否实用，制图技术和工艺是否合理，编绘和制印工序是否简化，生产周期是否缩短，从设计到制印出版成本是否合理，出版与分发范围以及印数是否满足需求，是否有长期使用价值和社会效益等。

对于数字地图和电子地图，评价时还应考虑用户是否容易使用，使用效率是否满足用户需求，稳定性与安全性是否达到标准，通用程度是否符合使用基本要求等。

对地图的实用性进行评价时，应尽量搜集各方面对该地图的评价，尤其要重视那些实际使用后的反映和评价。

（四）地图的艺术性

地图的艺术性是地图美学价值的体现，主要从表现形式和整饰水平两个方面评价。具体评价内容包括：表示方法和符号设计是否直观，地图内容是否清晰易读，图面配置是否合理，地图图形表达力和视觉感受是否有效。

（五）统一协调性

统一协调性指地图集或系列地图中的各部分地图之间和各相关地图之间，在地理底图、图例系统、轮廓界线、地图概括程度、地图整饰、视觉效果等方面的一致性和协调程度。

问题与讨论 7-1

地图评价是正确选择和使用地图的基础。请在正式出版的教学地图集或参考地图集中选择一幅地图进行阅读，并尝试从科学性、政治思想性、实用性和艺术性四个方面对该地图进行评价。

二、工作地图选用

工作地图选用是根据地图分析与应用的目的、任务、工作范围、技术要求等条件，选择确定适合工作需要的地图。在选用工作地图时，应优先选择地图评价较好的地图。

（一）地图类型的选择

选择地图类型就是确定选用地图的性质和种类。选择地图类型时需要考虑的主要因素，一是对地图内容的要求，如用于野外专业性调查应选择地形图，用于了解某地区一般地理概况可选地理图或影像地图，用于研究某区域气候特征应选用气象图、气候图等专题地图；二是对地图使用方式的要求，如用于课堂教学可选择纸质印刷的挂图或投影用电子地图，用于旅行参考可选用印制在丝绸上的便携地图，用于计算机分析则应选择数字地图。

（二）地图比例尺的选择

地图比例尺的选择与研究工作的尺度范围有密切关系。一般情况下，全球、大洲大洋和国土辽阔国家等大区域宏观研究，应选择小比例尺地图；中等面积国家、我国省（自治区）、大江河流域等区域中观尺度研究，可选中、小比例尺地图；较小面积国家、我国县（市）、中小流域等区域微观研究，应选择大、中比例尺地图。比例尺选定有两种途径，一是依据技术规范要求直接确定，二是根据工作用图精度要求估算确定。

1. 依据技术规范要求直接确定比例尺

国土、林业、交通等学科或行业在应用实践中已经总结出了符合工作需要的比例尺系列要求，在技术规范中对何种情况下选择何种比例尺地图有明确规定。例如，我国《第三次全国国土调查技术规程》中明确要求：农村土地利用现状调查不低于 1∶5000 比例尺，经济发达地区和大中城市城乡接合部，可根据需要采用 1∶2000 或更大比例尺。在这种情况下，应依据技术规范直接确定工作地图比例尺。

2. 根据工作用图精度要求选择地图比例尺

视力正常的人肉眼能分辨的图上最短距离是 0.1mm，通常将相当于图上 0.1mm 的实地水平长度称为比例尺的最大精度或极限精度（表 7-1）。考虑到制图过程中可能产生的误差和地图量测的可能性，地图上实际能够清晰表示的最小长度约为最大精度的 5～10 倍。

表 7-1　我国基本比例尺地形图的最大/极限精度

比例尺	1∶1 万	1∶2.5 万	1∶5 万	1∶10 万	1∶25 万	1∶50 万	1∶100 万
最大/极限精度	1.0m	2.5m	5.0m	10.0m	25.0m	50.0m	100.0m

比例尺越大，量算精度越高，但工作量也相应增加。因此，在选择地图比例尺时，应根据工作用图精度要求，参考地图比例尺极限精度，选定合适的工作地图比例尺。在没有具体量算精度要求时，应视具体情况慎重选定。

问题与讨论 7-2

从 2011 年以来，叙利亚政府与叙利亚反对派组织、IS 之间军事冲突不断，美、俄两国也深陷其中。如果想了解叙利亚的地理概况，你认为选什么样的地图可满足需要？如果想了解叙利亚各方力量部署和局势现状，又应该选择什么样的地图？

第二节 地 图 分 析

一、地图分析概述

（一）地图分析的概念

地图分析就是把地图表象作为研究对象，利用地图上所载负的客观实体的信息进行科学研究，探索和揭示它们的分布、联系、演化过程等规律，进而进行预测预报。即将地图作为空间模型，用多种方法对各种地图表象进行分析解译。

地图分析是伴随着地图的产生而同时出现的。初级的用图方法仅限于阅读，即了解地图上符号的含义及相互间的差异，从而在地图上辨认出居民点、道路、河流、海洋、山地等的名称，地物的性质差别、大小、范围、高低等。这种用图方法到今天仍然在起作用。随着地图本身的不断完善和地图使用者知识水平的提高，阅读的广度和深度也有所增加。根据分析的深度和递进关系，可以将地图分析划分为阅读地图、分析地图、解译地图三个层次。

（1）阅读地图：通过符号识别，获取地图各要素的定名、定性、等级、数量、位置等信息，是地图分析和解译的基础。

（2）分析地图：通过分析解译地图模型，获取空间信息，采用科学方法探索、阐明地理环境中自然、人文要素的分布、数量和质量特征、相互联系及时空变化规律。

（3）解译地图：在阅读、分析地图的基础上，应用多学科知识，对所获取的地图信息做出理解、判断和科学推测，是地图分析的深化。

地图分析与地理学等相关学科有着密切联系。地图分析涉及地图学和地理学的理论和知识，如地表形态的地图分析，城镇分布及空间结构的地图分析，要求既有地图学知识，也要有地貌学及城市地理学知识；地图分析需要其他资料和其他研究手段的配合，如利用遥感信息进行资料补充，利用数量地理学的方法构建分析模型等；成功的地图分析需要充分的数学和计算机工具的保证。现代地图分析建立在科学理论、精密快速的量测手段及精确详细的地图的基础上。

（二）地图分析的形式与方法

1. 地图分析的形式

1）单张地图分析

单张地图分析是指仅对单幅地图进行的分析。单张地图分析是系列地图和地图集分析的基础。单张地图分析从以下三个方面着手。

（1）原有地图表象的研究。在不改变地图上原有图形的条件下探究其表达内容的特征和规律。

（2）变换地图表象的研究。为了特定的目的，对原来的地图表象进行加工、变换，使图像得到增强，再分析表达现象的特征。如在等高线地形图基础上，通过变换生成等值线分层设色图，就能够增强地势特征表达的直观性。

（3）地图表象分解的研究。利用某种方法对所研究的现象进行图形分解。例如，在研究某河流阶地时，在地形图上选择若干条合适的剖面线，绘制地形剖面图，有助于对图上内容的分析和比较。

2）多张地图分析

多张地图分析是指对相互有联系的若干单张地图进行的系统分析。这些相互有联系的多张地图大多是系列地图或地图集中的一部分或全部图幅。多张地图分析一般包括横向系列分析、纵向系列分析和时间系列分析。

（1）横向系列分析。横向系列是指同一地区的一组同比例尺、不同主题的地图，主要反映组成某一综合体的各种基本要素的空间结构特征，以及它们之间的联系。例如，京津唐地区 1：25 万遥感专题系列图，包括土壤图、植被图、人口图、土地利用图等。

横向系列分析就是把不同主题的地图放在一起进行研究。为了揭示各种现象之间的联系和制约关系，对组成地理环境的多因素进行对比研究，获得区域的系统性特征。如通过对津京唐地区人口密度图和土地利用图的对比，发现该地区人口分布与土地利用之间的内在联系。

（2）纵向系列分析。纵向系列是指同一地区、不同比例尺、相同主题（也可不完全相同）的地图。地形图就是典型的纵向系列图。

纵向系列分析就是把不同比例尺的地图放在一起进行研究，同时观察研究对象的宏观规律和微观特征。在地图学理论研究中，这也是对地图表示法、负载量、选取指标、概括方法进行研究的最基本的方法。

（3）时间系列分析。时间系列是指同一地区、相同主题的不同时间的地图。例如，不同历史时期的城市沿革图、河道变迁图等。

时间系列分析就是把不同时间的地图放在一起进行研究。为了研究现象的发展动态，对不同时间的同一目标的地图表象进行研究，预测现象随时间的发展变化。如图 7-1 所示，是黑河流域 1990、1995、2000、2005、2010、2015 年碳存储量分布图，通过对比分析，能够直观反映流域十几年间碳存储量的年际变化，进而认识其变化特征。

2. 地图分析的技术手段

1）目视研究

在目视比较和目测地图的基础上，对关注的现象进行评价。在目视研究时，根据工作需要可借助量测仪器、机械设备和简单计算工具，通过量测图形指标，获得地图表象的数量特征。这是地图分析的基本技术手段。

2）半自动化辅助研究

从地图上采集信息，在进行加工和处理及提取结果时，借助于自动化设备和电子计算机进行的分析和研究。

3）自动化研究

采用模式识别和智能化计算机技术，使研究工作的全过程充分自动化。这是一种理想的发展远景。

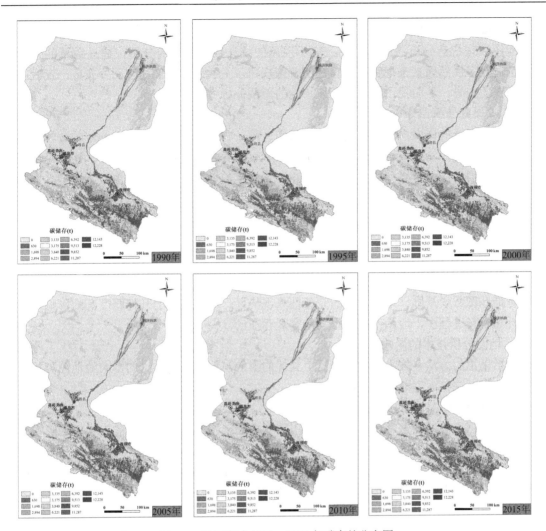

图 7-1 黑河流域 1990～2015 年碳存储分布图

3. 地图分析的方法

1）阅读分析法

一种定性分析方法。利用阅读分析，可以方便地得到关于研究对象的分布及规律性的一般概念，获得的是描述性的定性结论。由于许多的质量概念（如居民地的密度分区，河网密度分区等）常常是由数量（如居民地数）表达的，用目估的方法确定数量指标显然有极大的误差。所以，这种分析方法有时并不十分准确、可靠。

2）地图量算法

又称图解解析分析法。通过在地图上量测坐标、长度、角度、面积、容积、体积和形状指标，计算对比各种数据和系数，或相对指标以得到分析结论的方法。

3）图解分析法

利用地图图解手段，生成各种解剖面、图解分布图、联合图表和其他二维、三维的图解图形模型，并对图解图形进行分析，获得与研究对象有关的规律或联系信息的方法。

4）地图数理统计分析法

地图数理统计分析法是基于图上表示现象的统计数量特征的分析，通过数量的分析观察，透过众多偶然因素来阐明客观存在的普遍规律，主要研究它们在空间分布或一定时间范围内存在的变异，从中找出事物内在规律性的地图分析方法。

5）地图数学模型分析法

地图上表示的许多自然或社会经济现象和过程，它们之间往往存在着一定的数学关系，表现为空间或时间的函数。因此，可以采用数学表达方式来阐明这种规律性，这就是地图数学模型。利用地图数学模型能抽象概括描述制图对象的性质，并配合地图数字模型（地图数字信息的集合）进行区域研究，这种方法称为地图数学模型分析法，是进行区域分析的有效工具。

（三）影响地图分析的主要因素

1. 地图精度的影响

包括地图数学基础、地图内容的完备性和现势性、地图内容的几何精度等的影响。在地图分析和解释过程中，地图精度的影响是客观存在的。

2. 地图分析技术的影响

包括采用的方法、技术路线、仪器工具等的影响。地图分析技术的影响随地图分析工具和方法的不断完善而逐渐缩小。

3. 用图者知识水平的影响

包括用图者对地图内容理解的偏差、用图者掌握地图研究方法程度的差异等的影响。在地图解释过程中，用图者的知识水平几乎制约着其解释的结果。用图者知识水平的影响贯穿整个地图分析与解释过程，只有掌握丰富的地理知识和较深的专业知识，具备一定的读图、用图技能，并掌握地图分析技术，才能较好地对地图做出科学的分析和解释。

（四）地图分析的意义

地图是最重要的地理模型，地理学者将地图视为"第二语言"。地图分析及应用成为地理科学研究的有力手段。经济建设的实践，要求地理科学对自然资源、自然环境和地域系统演变进行定量分析，应用数学方法和计算机技术，寻求地理现象发生性质变化的数量方面的依据和量度，从而对地理环境的发展、变化提出预测及最优控制。地图应用在地学研究中是现代科学技术及社会发展的需要，地图分析则提供了这种方法。

利用地图进行地学研究，可以解决以下几个主要方面的问题。

1. 研究各种现象的分布规律

例如，通过地形图和普通地理图的分析，可以获得水系结构和河网密度，地形起伏和形态结构，居民点的类型、密度、分布特点及其与水系、地貌、交通等要素的联系等信息。

2. 研究各种现象的相互联系

例如，综合分析植被图、土壤图、气候图、地形图、地质图可以发现，植被和土壤的分布受气候、地形、地质的影响很大，它们的水平地带性格局首先是气候的水平地带性造成的，在一定的气候条件下，形成某种稳定的植被和土壤类型。

3. 研究各种现象的动态变化

例如，水系变迁图上用各种颜色和形状的符号表示不同时期的河道、湖泊、岸线位置、范围，可以很明确地得到河流改道，湖泊轮廓、海岸变化的信息，甚至可直接量算变化的幅度和数量。

4. 利用地图进行预测预报

例如，研究多年来某地年、季、月的降雨量情况，可以预测该地某个时期的降雨趋势。把各地气象台站观测资料标绘在事先准备好的底图上，编绘出天气形势图，图上标绘出近地表和高空的气压、温度、风向、风速、露点，以及降水、雷电等各种天气现象，绘出等压线和其他气象要素等值线，以此划分天气区，结合卫星云图、数值天气预报图、气象雷达回波图、过去几天的天气形势图，再根据各种天气模式，就可以分析天气变化趋势，做出天气预报和天气形势预报。

5. 利用地图进行综合评价

例如，对农业自然条件进行综合评价，选择对农业起主导作用的自然条件及其主要指标进行综合分析，这些指标包括热量、水分（农作物需水量、旱涝灾害等）、农业土壤（质地、土层厚度、有机质含量、pH，氮、磷、钾含量，盐渍化等）、地貌条件。这些因素都可在农业区划图集中以地图形式表达出来。

6. 利用地图进行区划和规划

区划是根据现象内部的一致性和外部的差异性所进行的空间地域的划分。规划是根据人们的需要对未来的发展提出设想和战略性部署。区划和规划都同地图有密切的联系，不但在工作过程中需要进行各种图上作业，而且地图常常作为表达区划和规划成果的必要载体。

7. 利用地图进行国土资源研究

国土是我们赖以生存的和必要的物质条件，分析和研究及熟知国土资源，摸清国土情况，可为因地制宜地进行国土整治、资源开发利用、发挥地区优势、合理进行生产布局和决策提供可靠资料。利用地图进行国土资源研究，可减少大量的野外考察和统计工作，节省人力物力，不仅可以在大范围内对国土进行总体分析和综合研究，而且可以在小范围具体地按需要分析国土的载负能力。

二、阅读分析法

地图阅读（简称读图）是通过人眼的视觉感受直接获得地图图像信息，经大脑识别后作出判断，达到使用地图的目的，这是一种最为常见的地图分析方法。用图目的、地图种类和用图者专业水平是影响阅读内容、分析深度和广度的主要因素。

简单的地图阅读分析，可能仅需要在图上查找到某些地点的相互位置关系，或从某一位置到达另一位置的各种路径。复杂的地图阅读分析，则需要系统地从地图上提取各要素的分布情况，借助相关学科知识，分析各要素空间分布规律及其成因，揭示各要素间的空间关系，最终形成对研究区域概况或相关专题的整体认识。比较正式的阅读分析应生成阅读分析报告。

（一）普通地图阅读

普通地图阅读的内容主要包括辅助要素、数学要素、图形/地理要素。辅助要素如图名、图例、有关编图说明和附图附表等；数学要素如地图投影、比例尺、坡度尺、三北方向图等；

图形/地理要素如水系、地貌、土质、植被、居民地、交通线、境界线、电力及通信线、独立地物等的图形分布要素等。

重视空间位置的阅读。普通地图中不同地理要素的空间位置是最基本的读图内容和读图要求。读图者首先要理清楚各自所在位置及相互位置关系，可以得到更多地理空间信息，为获取所需的地图信息提供空间参考。从地图中读取地理位置，包括纬度位置、经度位置，可以通过图中的坐标网来阅读。从地图中还可以读出海陆位置和地理事物和现象之间的相对位置。

关注地理事象之间的联系，注意通过读图发现问题。各种地理事物和现象之间的联系在同一幅图中也有体现，读图时要注意发现和探究。如果图中画出了海岸线，这些内容提供了该地区海陆位置，如果图中再有农作物的内容，读图时读出这些内容，能进一步分析它们之间的联系。

合理的阅读顺序对提高阅读效率、避免疏漏都有帮助。阅读普通地图的一般顺序：①熟悉辅助要素，如图名、比例尺、图例、成图时间等，了解分析区域位置及所属行政区等情况。②阅读自然地理要素，通常先阅读水系要素，再依次阅读地貌、土质植被要素，然后分析各种自然地理要素之间的联系。因为水系是控制一个区域的框架，先了解分析其分布及特征，有利于对其他要素分布的阅读和把握。③阅读社会人文要素，可先阅读居民点，再依次阅读道路、境界线、通信线网和其他要素，然后分析各种社会人文要素之间的联系。④阅读自然地理要素与社会人文要素之间的联系，分析社会人文要素分布的自然地理背景，形成对分析区域的整体认识。

普通地图以表示地表地形地物为主，一些重要的地理要素无法从普通地图上获得。因此在了解分析区域地理概况时，还要收集其他资料，通过补充阅读，得到如气候、人口等重要地理信息，这样才能形成正确、完整的区域地理概况。

问题与讨论 7-3

图 7-2 是 1：25000 地形图新塘镇幅（图号 H-51-134-C-a）的局部，表述了位于该图幅东南隅的新塘镇地区的一般自然条件和社会经济状况。阅读图 7-2，从全区概况、水系、地貌、植被、居民地、道路和通信、未利用地等 7 个方面描述图上所表达的地理信息，并总结该地区地理特征，试结合所得到的信息，从区域发展的角度提出自己的建议。

（二）专题地图阅读

专题地图阅读内容主要包括专题地图图例、专题内容、底图要素和辅助要素。专题地图的图例不同于普通地图的图例。普通地图图例具有一定的图式规范，所表达的几乎包括了地图上所有内容要素；而专题地图的图例则是根据表达的专题内容所采用的表示方法和现象的概括程度，由编图人员或专业工作者拟定，所表达的内容一般仅局限于专题内容要素，图例设计一般也没有统一的标准和规范。专题地图的底图要素往往很简单，其图例常被略去。因此，在阅读专题地图图例时，应特别注意图例分类原则和指标体系。

阅读专题地图时，仍然要先阅读辅助要素，了解地图的主题、比例尺、作者和成图时间等，熟悉图例和表示方法，然后阅读主题内容，根据需要配合主题内容阅读底图要素，分析主题内容分布的地理环境背景。对图例上所表现的专题要素分类指标和分类体系认识的程度，决定了能否对专题地图主题内容正确理解，以及理解的程度，因此要认真阅读，熟练掌握。

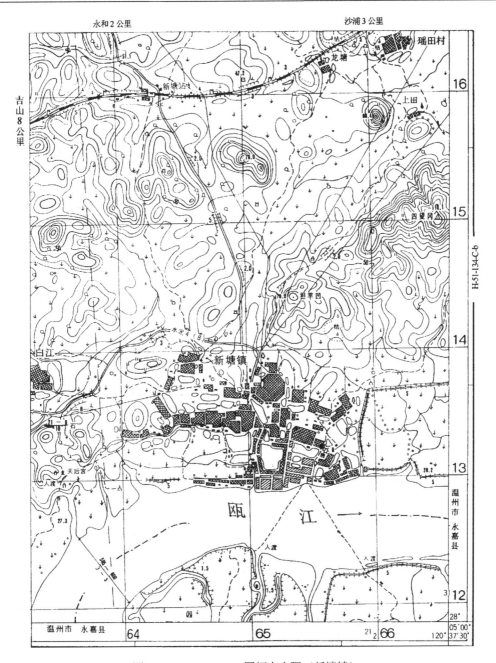

图 7-2　H-51-134-C-a 图幅东南隅（新塘镇）

　　专题地图阅读要求阅读者掌握与主题相关的专业知识。以图 7-3 为例，该图是澳大利亚的工业和矿产分布图，原图比例尺 1∶5600 万，采用定位符号法和定位统计图法表示。首先阅读图例，可了解到该图将制图内容划分为工业和矿产两大类型。其中，工业包括钢铁、有色冶金、机械制造、汽车制造、造船、石油加工、化学、纺织、食品、航空航天工业等 10个门类，用定位统计图法表达各中心城市的工业部门构成，不同工业部门用不同色彩表示，规模等级用符号大小加以区别；矿产包括煤、石油、铁、锰、铜、铅锌、金、铀、镍、铝土、天然气、钛等 12 个种类，采用定位符号法表示。

通过阅读图例，在熟悉该地区工业和矿产分类系统的基础上，遵循先宏观后细节、从整体到局部的原则，着手阅读主图内容，重点获取不同工业和矿产类型分布位置、工业规模和空间关系。例如，澳大利亚矿产资源丰富，品种多，主要分布在大陆周边地区，煤矿资源多分布在东部，铁矿资源主要分布在西部；工业中心主要分布在东部沿海，造船、石油加工、化学、汽车制造等是主要的工业部门，规模较大的工业中心分布在布里斯班、悉尼、墨尔本和阿德莱德。结合底图内容分析，澳大利亚的工业分布与该地区自然条件和矿产资源分布关系紧密。

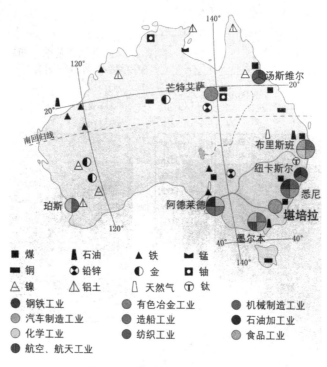

图 7-3　澳大利亚的工业和矿产

（谭木，2020）

在阅读获取了专题要素空间分布和空间关系之后，应结合读图目的，在相关专业理论指导下，配合其他资料，对阅读内容进行分析和总结。

三、地图量算法

单凭目视分析难以获得较为精确的定量数据。若要从地图上获取更为精确的数量信息，则应采用量算分析的方法。

地图量算法就是在地图上量测各种制图物体的平面坐标、垂直于平面坐标面的竖坐标（高程、深度、厚度等），物体的长度或距离，面积、体积/容积，方向与方位角等。根据地图比例尺和投影对各种量测的精度做出评价，属于地图量测分析的内容。量算分析的可靠程度取决于量算成果的精度，影响量算精度的因素有地图投影变形、地图概括误差、图纸变形、量算方法和工具等。量算成果精度高，则分析较为可靠；反之，则可靠性较低。

（一）坐标量算

在图上的点位坐标包括点位的平面坐标和竖坐标两方面。其中点位的平面坐标包括地理经纬度坐标（φ,λ）和平面直角坐标（x，y）；竖坐标包括高程和高差。

1. 点的直角坐标量算

点的直角坐标通常在 1：10 万或更大比例尺地图上量算。

1）点的概略坐标

将待测点所在方里网格划分并用阿拉伯数字编码，采用待测点所在方里网格左下角点的直角坐标和待测点所在小方格数字编码联合表示待测点的概略坐标（图7-4）。

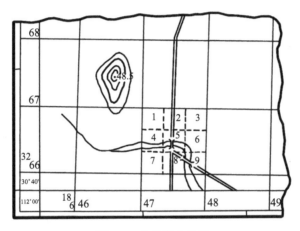

图 7-4　点的概略坐标

举例：量算图中小桥概略坐标。

图 7-4 中小桥的概略坐标为：桥 1（66，475）；桥 2（66，479）。

2）点的精确坐标

点的精确坐标量算步骤如下：①直接读取待测点所在方里网格左下角点的直角坐标；②量测待测点到所在方里网格左下角点的坐标增量；③将网格左下角点直角坐标与坐标增量求和，获得待测点的精确坐标值。

举例：量算图 7-5 中 P 点的精确坐标。

P 点所在方里网格的左下方格网点 O 的平面坐标值（x_O，y_O）为（3990000，321000）；P 点到方里网左下角点的 X 坐标增量 BO=350m，Y 坐标增量 BP=450m；则 P 点的直角坐标为（3990350，（21）321450）。

2. 点的地理坐标量算

点的地理坐标通常在 1：10 万或更小比例尺地图上量算，量算步骤如下：①直接读出待测点所在经纬网格西南角点的经纬度；②量测待测点距离网格西南角的经纬度增量；③计算待测点的地理坐标值。

举例：量算图 7-6 中张店的地理坐标。

图中，张店所在经纬网格西南角点的经纬度为（121°45′E，41°10′N），该点到网格西南角的经纬度增量为（11.8′，0.2′），则张店的经纬度坐标为（121°56.8′E，41°10.2′N）。

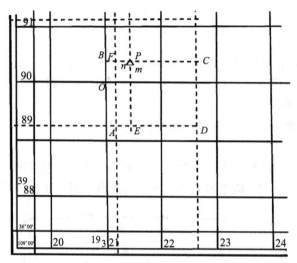

图 7-5　点的直角坐标量算

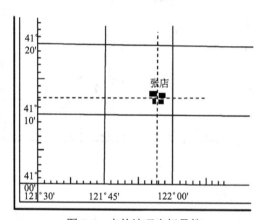

图 7-6　点的地理坐标量算

点的经纬度坐标也可以在大于 1∶10 万比例尺的地形图上量算。因为大于 1∶10 万比例尺地形图仅在四个图廓点上有经纬度注记，所以在量算地理坐标时，应以分图廓为参考绘出坐标线，辅助进行经纬度坐标的量算。

3. 高程量算

1）等高线高程的判定

判定等高线高程是进行点位高程量算的基础。等高线高程的判定，一是根据等高线高程注记直接确定，二是根据高程点高程注记推理确定。

2）任意点高程的量算

当待定点在等高线上时，即可直接得到点的高程。当待定点不在等高线上时，采用以下步骤量算：①确定距待定点最近等高线高程；②利用比例关系内插量算待定点到最近等高线的高差；③计算待定点高程。

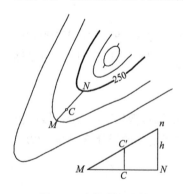

图 7-7　点的高程量算

举例：图 7-7 中等高距为 10m，确定 C 点高程。

从图中高程注记，可直接判定 N 点所在等高线的高程为250m，M、N 高差为10m；图上量测得 MN 长度为8mm，NC 长度为6mm，则 C 点高程为250m－10×6/8=242.5m。

（二）方位角量算

方位角指从指北方向线开始，顺时针量至某一线段的夹角。因起算的北方向不同，方位角有坐标方位角、真方位角和磁方位角之分。地形图上某线段的坐标方位角可由线段端点直角坐标计算得到，也可用量角器从图上直接量出。

1. 根据线段两端点坐标计算坐标方位角

设线段坐标方位角为 α，两端点坐标为 (x_a, y_a) 和 (x_b, y_b)，则有

$$\tan\alpha = (y_b - y_a) / (x_b - x_a) \tag{7-1}$$

2. 利用量角器量测坐标方位角

利用量角器量测坐标方位角的方法如图7-8所示。

3. 方位角换算

根据工作需要，可将量算得到的坐标方位角换算成真方位角或磁方位角：

$$\alpha_{真} = \alpha_{坐} + \gamma$$
$$\alpha_{磁} = \alpha_{坐} - c \tag{7-2}$$

式中，γ 为子午线收敛角；c 为磁坐偏角。

（三）长度量算

长度量算分直线长度（距离）量算、曲线长度（距离）量算两种；直线长度量算又包括水平直线长度量算和倾斜直线长度量算。

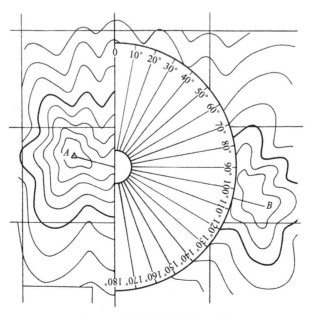

图7-8　利用量角器量测方位角

1. 水平直线的长度量算

水平直线长度量算常用的方法有如下几种。

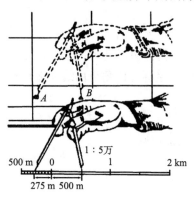

图 7-9　两脚规量比法量算直线长度

1）两脚规量比法

如图 7-9 所示,先用两脚规在图上截取 AB 线段的长度,然后将两脚规移到地图的直线比例尺上进行量比,即可读出 AB 线段的实际水平长度。此法简单,并且可以减免图纸变形带来的误差。

2）直尺量算法

用直尺直接量出线段两端点的图上长度,再乘以地图比例尺分母,即可求得该直线的实际长度。

3）平面坐标量测计算法

运用点的直角坐标量算方法,量算得到直线段端点 A、B 的直角坐标 (X_A, Y_A) 和 (X_B, Y_B),根据距离公式计算该直线段长度 D:

$$D = \sqrt{(X_B - X_A)^2 + (Y_B - Y_A)^2} \tag{7-3}$$

平面坐标量测计算法的成果精度较高,特别适用于量算直线线段较长,而且跨不同图幅的情况,也是计算机系统计算直线长度的主要方法。

2. 倾斜直线的长度量算

如图 7-10 所示,首先在图上量出 AB 直线段的水平长度 D,并通过 A、C 两点的高程计算高差 H,然后计算倾斜直线长度 S:

$$S = \sqrt{D^2 + H^2} \tag{7-4}$$

3. 曲线的长度量算

地图上道路、河流、境界线、海岸线、等高线等全为曲线。曲线长度量算方法主要有曲线量测仪(曲线计)法、两脚规法、计算机法等。

1）两脚规法

根据曲线特征(图 7-11),用两脚规以适当的步距 l(如 1mm 或 2mm)量测曲线总步数 n,若地图比例尺为 1/M,则曲线长度为

$$L = n \cdot l \cdot M \tag{7-5}$$

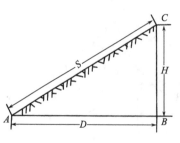

图 7-10　倾斜直线长度量算

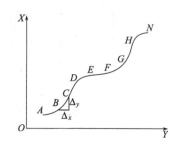

图 7-11　曲线长度量测

采用两脚规法，步距 l 越小量测精度越高。

2）计算机法

在计算机地图制图自动化和地理信息系统技术支持下，利用增量原理量测曲线长度具有较好的精度和效率。如图 7-11 所示，在考虑曲线特征点密度的前提下，以适当步距进行数字化，则曲线长度可近似地认为是折线段累加的结果，即曲线长度 $L=L_{AB}+L_{BC}+L_{CD}+\cdots$，各点坐标为 (x_1, y_1)，(x_2, y_2)，(x_3, y_3)，$\cdots$，(x_n, y_n)，则曲线长度为

$$L = \sum_{i=1}^{n} \sqrt{(x_i - x_{i-1})^2 + (y_i - y_{i-1})^2} \tag{7-6}$$

（四）坡度量算

1. 根据水平距离和高差计算坡度

在图上量算两点之间的水平距离和高差，根据坡度公式计算该两点间的坡度 α。

$$\alpha = \arctan(h/D) \tag{7-7}$$

或
$$i = (h/D) \times 100\% \tag{7-8}$$

式中，D 为水平距离；h 为高差；i 为百分数坡度。

2. 利用坡度尺量算坡度

坡度尺是用于量算坡度的图解工具。如图 7-12（a）所示，用两脚规在图中等高线上量比，截取等高线间的距离，再拿到坡度尺上量比出对应的坡度来。

坡度尺的具体制作方法如下[图 7-12（b）]。

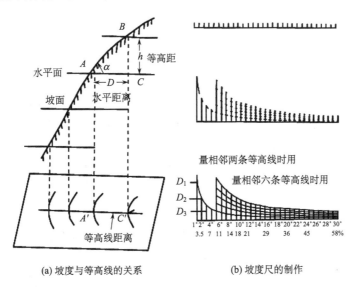

（a）坡度与等高线的关系　　　　（b）坡度尺的制作

图 7-12　坡度与等高线的关系及坡度尺的制作

（1）将坡度计算公式改写为 $D = 1000/M \times h \cdot \cot\alpha$（$M$ 为地图比例尺分母；D 以 mm 计）。

（2）查出 $a=1°$，$2°$，$\cdots$，$30°$ 函数值，用改写式计算出相应的 D_1，D_2，$\cdots$，D_{30} 值。

（3）绘一条水平直线作为基线，按一定间隔等分，并在等分点的下方，自左至右在各分点处依次注出 $1°$，$2°$，$\cdots$，$30°$ 的标记。

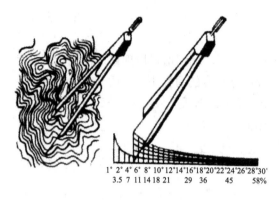

图 7-13　用坡度尺量取坡度值

（图 7-13）。

（4）过各分点作垂线，以 D_1，D_2，…，D_{30} 的值从基线向上分别依次截取各个端点。

（5）将各截取的端点连成平滑曲线，即为量测相邻 2 条等高线时使用的坡度尺。自 5° 起采用相邻 6 条等高线间的高差（5 倍等高距），在相应的垂线上依次截取 D 值，并分成 5 等份，再将其相应点连成光滑曲线，即得量取相邻 6 条等高线时使用的坡度尺。

在大比例尺地形图上有绘制好的该图所使用的坡度尺，可用其直接量取坡度

3. 利用数字地图在计算机上量算坡度

坡度定义为水平与局部地表之间的正切值，它是地面特定区域高度变化比率的量度。尽管坡度坡向的理论定义是明确的，但不同的算法会影响坡度的测算。利用数字地图在计算机上量算区域范围内的坡度，通常采用数字高程模型，通过不同的算法生成坡度图。

（五）面积量算

1. 传统面积量算方法

1）图解法

图解法有几何图解法、方格法、条形（梯形）法等，是对被测量范围进行图形分解，然后将每一几何图形的面积累加，从而得到待求图形的面积。

2）求积仪法

求积仪有机械求积仪、电子求积仪等。操作机械求积仪，先试验得出求积仪常数，然后将描针置于起点，读取起点读数，再用描针匀速沿图形边界顺时针绕行一周，读取终点读数，起、终点读数之差乘以求积仪常数即得该图形面积。操作电子求积仪时，首先输入比例尺、面积计算单位等有关参数，然后再绕被测图形边界一周，即可在显示屏幕上直接读取面积值。

2. 计算机面积量算法

设待测图形边界数字化后各转折点的平面坐标为 (x_1, y_1)，(x_2, y_2)，…，(x_n, y_n)，因为是闭合图形，所以 (x_n, y_n) 与 (x_1, y_1) 相同。利用这 n 个点的坐标，引入计算面积方法，如梯形法、矩形法、辛普森法、三角形面积累加法等，可自动计算被测图形面积。下面以梯形法为例介绍计算机面积量算的原理和过程。

在平面直角坐标系中，按多边形各点顺序依次求出多边形所有边与 x 轴（或 y 轴）组成的梯形面积，然后求其代数和。对于没有空洞的简单多边形，如图 7-14 所示，图中微分梯形 $BCC'B'B$ 的面积为

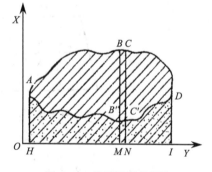

图 7-14　梯形法计算面积

$$S_{BCC'B'B} = S_{BCNMB} - S'_{B'C'NMB'} \qquad (7\text{-}9)$$

而 $S_{BCNMB} = 1/2 (x_C + x_B)(y_C - y_B)$。

依此类推出多边形的面积为

$$S_{ABCDC'B'A} = S_{ABCDINMHA} - S_{AB'C'DINMHA} \tag{7-10}$$

故多边形面积 S 的计算公式为

$$S = \frac{1}{2} \sum_{i=1}^{n} (y_{i+1} - y_i)(x_{i+1} + x_i) \tag{7-11}$$

式中，当 $i=n$ 时，令 $i+1=1$。

对于有孔或内岛的多边形，可分别计算外多边形与内岛多边形的面积，其差值即为原来多边形面积。

问题与讨论 7-4

在一幅地形图上量算坡面上一地块的面积，量得的面积与地表实际面积相比哪个面积更大，为什么？用什么方法可以将图上量算的面积换算成地表实际面积？

（六）体积量算

体积和容积是一个问题的两个方面。体积/容积量算常用解析法或微分均高法。

1. 解析法

解析法是将物体用若干水平面分割，每层当作为一个截锥体，顶部视为圆锥体或球体的一部分，用几何方法分别计算各部分体积，相加即得总体积/容积（图 7-15）。例如，欲求一山丘顶部的体积，利用等高线将山顶划分为若干层；通过量算各截锥体上表面和下表面面积 $S_上$、$S_下$，再利用下述公式计算出各截锥体的体积。

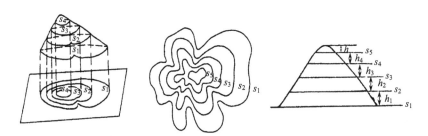

图 7-15　解析法计算体积示意图

$$V_i = (S_上 + S_下) \times h/2 \tag{7-12}$$

式中，h 为等高距。

圆锥体的体积计算公式为

$$V_{圆锥体} = h' \times S_n/3 \tag{7-13}$$

式中，h' 为山顶高程与最近邻等高线高程之差；S_n 为最近邻等高线包围的面积。

则地理实体的总体积计算公式为

$$V = \sum_{i=1}^{n} V_i + V_{\text{圆锥体}}$$

$$= \frac{1}{2}h \times (S_1 + S_2) + \frac{1}{2}h \times (S_2 + S_3) + \cdots + \frac{1}{2}h \times (S_{n-1} + S_n) + \frac{1}{3}h' \times S_n \quad (7\text{-}14)$$

$$= \frac{1}{2}h \times (S_1 + 2S_2 + 2S_3 + \cdots + 2S_{n-1} + 2S_n) + \frac{1}{3}h' \times S_n$$

2. 微分均高法

该方法是将欲求体积范围划分为若干底面边长相等的四棱柱，然后求出每个四棱柱的体积累加和，即得总体积，具体方法如下：先在地形图上利用方里网把要量的物体等分为若干小方格（无方里网时可利用透明方格纸），然后再读取各小方格内最大和最小等高线高程的平均值，作为该方格的平均高程（如 h_1、h_2、$\cdots$、h_n），并计算它与体积起算面的高差，再按以下公式计算各四棱柱体积：

$$V_i = a^2 h_i \quad (7\text{-}15)$$

式中，V_i 为一四棱柱体积；a 为方格边长；h_i 为该方格平均高程与体积起算面高程之差。

则地理实体的总体积为

$$V_{\text{总}} = a^2 \sum h_i \quad (i=1,\ 2,\ \cdots,\ n) \quad (7\text{-}16)$$

问题与讨论 7-5

从本质上看，解析法和微分均高法有什么相似之处？在地图上量算体积时，这两种方法分别适合在什么样的情况下使用？

（七）按限定坡度选最短路线

如图 7-16 所示，在 1∶1000 比例尺地形图上，要求从 A 开始，在图上选一条坡度不超过 8% 的最短路线，终点为 B 点。已知地形图等高距为 1m，因此路线在相邻等高线间最短水平距离为

$$D = \frac{h}{i} = \frac{1}{8/100} = 12.5(\text{m})$$

在 1∶1000 比例尺地形图上，d=12.5/1000=12.5mm。以 A 点为圆心，12.5mm 为半径划引弧交于 39m 等高线的 1 和 1′，同法进行直至 B 点。B 点高程为 45.56m，与 7 或 7′点所在等高线高程之差为 0.56m，则所需最短距离是 0.56m/0.08=7m，相应图上距离为 7mm，而图上 7′B 与 7B 量得距离都大于最短距离 7mm，

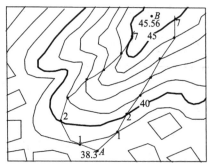

图 7-16　按限定坡度选最短路线

因此，这两条路均符合要求。

（八）确定汇水面积

修筑道路时有时要跨越河流或山谷，这时就必须建造桥梁或涵洞，兴修水库必须筑坝拦水。而桥梁、涵洞孔径的大小，水坝的设计位置与坝高，水库的蓄水量等，都要根据汇集于

这个地区的水流量来确定。

　　汇集水流量的面积称为汇水面积。因为雨水是沿山脊线（分水线）向两侧山坡分流，所以汇水面积的边界线是由一系列的山脊线连接而成的。山地的雨水以山脊线为界向两侧分流，所以一系列连续的山脊线便构成了汇水周界（图 7-17）。要确定汇水周界可以从地形图上已设计的工程（如水库、道路）的一端开始，沿山脊线，经过一系列的山顶和鞍部，连续勾绘出该流域的分水线，直到工程的另一端而形成一条闭合曲线，即汇水周界，进而可求出汇水面积和水流量。确定汇水面积的边界线时，应注意以下几点：

　　（1）边界线（除公路段外）应与山脊线一致，且与等高线垂直。

　　（2）边界线是经过一系列的山脊线、山头和鞍部的曲线，并与河谷的指定断面（公路或水坝的中心线）闭合。

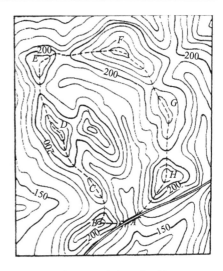

图 7-17　确定汇水面积

四、图解分析法

　　地图图解分析法简称图解法，也称地图图解研究法，是指以地图为基础绘制图形或派生新图，直观表达事物和现象的立体分布、垂直结构、周期变化、发展趋势、相互关系等性质和特征，揭示研究对象数量、质量特征的时空变化规律及其与其他要素关系的地图分析方法。地图图解图是由图解者在深入了解、研究地图图解含义的基础上，利用有关原始图形和数据加工而成的图形，反映某些现象的结构、数量和质量特征及主要相关因素之间的关系，与地图具有同样的功用。图解图作为反映和解决问题的一种手段，既可以独立表示，也可以作为地图内容的补充。同时它只需简明的图例，不需要过多的文字说明就可以解释，具有良好的直观性。

　　常用的图解图有剖面图、块状图、三角形图表、相对位置图、玫瑰图和各种统计图表。

（一）剖面图

1. 剖面图的概念

　　剖面图是假想将地面沿某一指定方向线垂直剖切，用图形显示制图对象的立体分布和垂直结构的一种图解形式，以直观地显示研究对象的垂直和水平变化规律。

　　地形剖面图可以更直观地分析在某个方向上地势起伏特征和坡度变化规律。如根据地形、地势图上的等高线绘制的地形剖面或地势断面图，有助于分析地表起伏与坡度变化规律 [图 7-18（a）]。此外，为了直观地了解地面起伏对视线的影响，判断地面各点的通视情况，也可在地形、地势图上根据等高线绘制地形剖面、地势断面图。地形剖面图也是绘制各种专业剖面、断面图的基础，如在地形剖面图的基础上增加一些专题内容，可制作出土壤、植被、地质等要素的综合垂直分布图[图 7-18（b）]，以显示各自然地理事物间的相互联系和相互制约的各种关系。

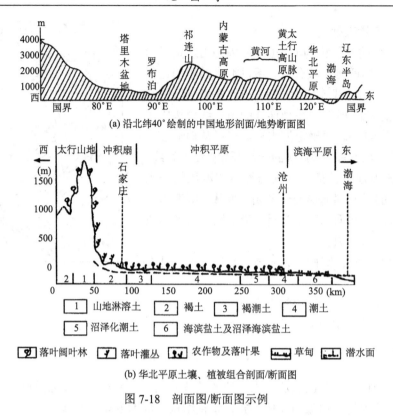

(a) 沿北纬40°绘制的中国地形剖面/地势断面图

(b) 华北平原土壤、植被组合剖面/断面图

图 7-18　剖面图/断面图示例

2. 地形剖面图绘制方法和步骤

地形剖面图是最常用的剖面图，也是绘制其他剖面图的基础。以图 7-19 为例，绘制地形剖面图的一般方法和步骤如下。

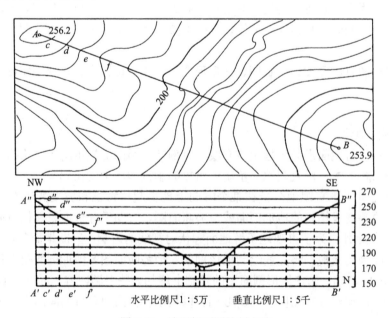

图 7-19　地形剖面图绘制方法

（1）在地形/地势图上选择并标定适宜的剖面/断面线（能反映事物水平分布规律的典型线）。

（2）确定剖面水平比例尺和垂直比例尺。

（3）在图纸（一般采用方格纸）上分别绘一条水平线和垂直线，并在垂直线上按垂直比例尺标注出高程值（如图 7-19 右侧所标数字即为高程值）。

（4）将地形/地势图上的剖面线 AB 与等高线相交的各点间距离 Ac、cd、de、ef、$\cdots$、B 量测出来，并依此将各交点转绘到水平线上，即 c'、d'、e' $\cdots$，并根据各交点的高程在相应垂线上确定端点 c''、d''、e'' $\cdots$，参考地形/地势图，用光滑曲线将各端点依次相连接，绘出剖面线。

（5）剖面线两端注明剖面线的方向；在下方注明水平和垂直比例尺。

问题与讨论 7-6

为什么说地形剖面图是绘制各种专业剖面图的基础？根据所学的知识，想一想如何绘制一条河流从河源到河口的纵剖面图。

（二）块状图

块状图是指倾斜视线条件下的地表图形，同时表示了地壳的截面（剖面）。块状图具有透视图形的直观性，能很好说明地壳构造与地表的联系。块状图的基础是地形图或带有等高线的地势图。即使最简单的块状图也很容易看成是实地缩小后的复制品，有很好的图解效果。

根据制作块状图投影方式的不同，将其分为以下两类。

1. 轴侧投影块状图

一种利用轴侧投影原理绘制的块状图。首先将绘有一定边长方格网的矩形等高线地图按需要扭转一定角度转换成平行四边形；然后以图上各正断面网格边线为剖面图水平基线，按一定垂直比例绘制地形剖面图，并用光滑曲线连接各剖面线相应端点构成地形骨架；最后以地形骨架为基础，参考地形图内容填绘地形细节，完成块状图（图 7-20）。在剖面图上填绘地层、土壤等专题内容，可得到相应专题的块状图。

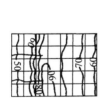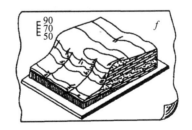

图 7-20　轴侧投影块状图

2. 透视投影块状图

一种利用透视投影原理绘制的块状图。透视投影可分为平行透视和成角透视两种类型。

（1）平行透视只有一个灭点，组成矩形的两组平行线投影后都变成直线束，一组收敛于灭点，一组保持平行。相同高度物体的图像向灭点方向高度逐渐降低。

（2）成角透视有两个灭点，组成矩形的两组平行线投影后变成直线束，分别收敛于一个灭点。相同大小物体的图像保持近大远小规则（图 7-21）。

图 7-21　成角透视立体块状图

（三）三角形图表分析

三角形图表分析，是将三角形每条边等分为 10 段，每段为边长的 1/10，依逆时针/或顺时针注记百分比数值并连成网格，表示某要素在三角形中的点位[图 7-22（a）]。三角形图表分析法适合有三类相关要素的地理分析。

以第一、二、三产业产值占总产值的百分比为例，绘制三角形图表方法和步骤如图 7-22（b）和图 7-22（c）所示。

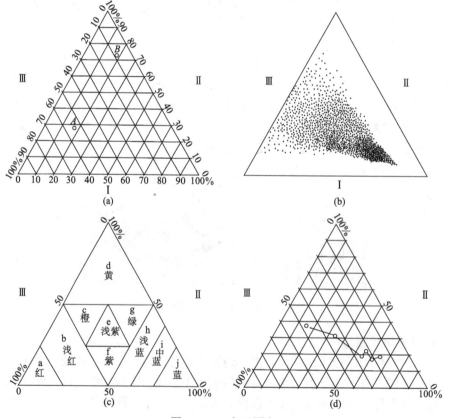

图 7-22　三角形图表

（1）依照三角形图表原理绘制等边三角形，等分各边并连成网格，让三条边分别代表第一产业、第二产业和第三产业。

（2）从专题图或统计资料中获取各统计单元三类产业产值，计算各产业产值占总产值的百分比。

（3）将各统计单元的计算结果以点的形式表示在三角形图中。

（4）所有点标注完成后，根据三角形图表中点的分布特征，对整个图表进行分区，根据分区和设色情况制作图例，并进行整饰。

在三角形图表中，如果将任一统计单元按其不同时期的数据用点位标注，则从点位的移动可以看出社会现象发展的趋势［图7-22（d）］，与其他方法相比更加直观。但是三角形图表的绘制比较复杂，在点群分布比较密集的三角形图表中，不可能一一注记出每个点的名称，因此阅读较困难，使其应用受到一定限制。

（四）相对位置图分析

相对位置图是指保持制图要素间相对位置关系正确，要素面积与某种专题数量大小相关的变形地图，故也被称为拓扑图或畸变图。相对位置图只反映要素之间的位置关系而不考虑它们的距离和大小，能够直观地表现专题要素数量在地理上的分布，视觉震撼力较强。

相对位置图上统计单元可采用几何图形，可直观比较不同区域要素数量大小的差异，如图7-23所示，图上每个小正方形表示1张选举人票，几何图形直接表现了各州选票的分布。统计单元也可采用其真实轮廓形状，使表达更加形象直观，如图7-24所示，各国的图上面积与所拥有的石油储量正相关，形象直观地表达了全球石油资源的分布。在计算机上绘制相对位置图时，制图者往往会采用除几何图形和真实轮廓形状之外的不规则图形。

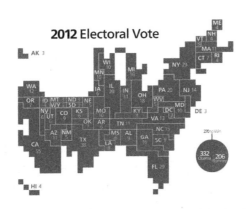

图7-23 相对位置图：美国2012年选举人票分布

在相对位置图上，各统计单元的图形面积表示该单元内某一数量指标的大小，用色彩或晕线结构表示等级差异，表示方法与分区分级统计图法相似。Cartogram算法是利用计算机绘制相对位置图常用的工具。

地铁地图是另外一种形式的相对位置图。20世纪30年代，英国制图师哈里•贝克受电路图启发，创造出著名的《伦敦地铁地图》。在地铁地图上，各条线路用直线表示，线路和站点密集的中心区被放大，而线路和站点稀疏的郊区则被压缩，但线路和站点保持了正确的拓扑关系。地铁地图使得复杂的地下交通网络得以清楚表达，方便了公众使用，成为今天世界各大城市日常生活中非常普遍使用的一种地图工具。

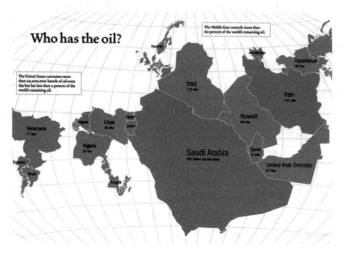

图 7-24　相对位置图：谁拥有石油（局部）

第三节　地形图野外应用

地形图野外应用是指利用地形图进行野外调查和填图作业。地形图是野外调查的工作底图和基本资料，任何一种野外调查工作（如地理考察、地质调查、植被调查、土地资源调查等）都必须利用地形图。所以，野外用图也是地形图应用的主要内容，是用图者必备的知识和技能。

一、野外用图准备

（一）收集图件数据和资料

在利用地形图进行野外调查之前，应首先确定外业工作区域的范围、调查的目的与要求等，确定使用地形图的比例尺，并到国家测绘管理部门的基础地理信息中心及相关单位，收集适合工作需要的地形图、专题地图、航空与航天遥感影像及其他各种文献资料等，然后制定野外工作计划。野外工作计划主要内容包括：①调查所需的时间、经费、仪器装备及人员组成情况；②野外重点调查的地区和内容，资料整理中所遇到的疑难问题；③野外工作路线，确定主要考察点和考察内容；④制定野外填图符号系统。

野外调查前，应明确目的任务、调查内容、工作方案、工作方法、工作量及日程、预期调查成果、资料准备、经费预算、安全保障等，编制调研方案（图 7-25）。图件数据与资料的齐全对于调查的成功起到重要作用。

×××调研方案

一、目的任务	四、工作方法及技术要求
1、项目来源	1、遥感数据勾绘
2、工作区范围和地理条件	2、地面调查
3、工作时间	3、图件编制
4、成果提交内容	五、工作部署
二、调研内容	1、资料收集
1、生物物理环境调出	2、调查路线
2、关键因子时空分异	3、调查内容
三、工作方案	六、工作量及日程安排
1、生物物理环境调查	七、预期提交成果
（1）地质环境调查	1、成果报告
（2）地形地貌调查	2、提交形式
2、生态系统特征调查	八、组织机构及人员安排
（1）物种调查	九、前期准备工作及设备配置
（2）种群调查	十、经费预算
	十一、安全保障

图 7-25　野外调研提纲样本

（二）数据资料的分析评价

对收集到的各种图件资料，应根据研究工作的需要进行地图阅读和分析评价，分析其比例尺、等高距、测图时间、成图方法及地物地貌的精度能否满足需要，要求图件的内容符合调查区域的客观现状，评价其对调查区域的符合程度、可使用程度和使用方法，并指出使用前必须要做的准备工作，如某些要素的修测、补测，现势改正等。

（三）数据资料的拼接加工

当使用的图幅较多时，为了野外应用方便，可进行图幅的拼接和折叠。拼接的方法有两种：一是根据接图表拼接；二是根据图幅编号拼接。为保留原图可应用复印件拼接。拼图时，可先按图幅接图表或四邻图幅的编号将图幅间的位置关系排列好，以左压右、上压下的顺序，沿图廓线截去东、南图廓边，即可进行拼贴。为了拼贴后的地图有完整的图边，最东一行图幅的图廓东边和最下一列图幅的图廓南边应予以保留。

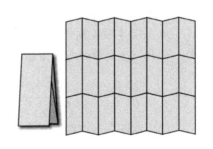

为了便于在野外用图，常将地图加以折叠。折叠的方法如图 7-26 所示，按背包或图夹的大小折叠成手风琴式，将不用的部分折向背面；折叠棱角要整齐，尽量避免在图幅拼接线上折叠。

图 7-26　野外用图折叠方法

（四）工作对象和行进路线的标编

为了野外便于阅读和研究问题，可用彩色铅笔在地图上对与调查工作有关的一些要素加以标绘，使其突显，易于查找。

上述准备工作是野外用图的必备工作，一定要充分做好。此外，出发前还要准备好铅笔、橡皮、三角板、圆规等常规绘图工具，以及野外要用到的绘图板、罗盘仪、钢卷尺/皮尺、高度计、照相机等设备，以及背包、水壶、餐具、衣物等生活用品。

确定行进路线。根据野外用图和工作目的，可以将路线用鲜明色彩进行标绘，使其在野外容易识别和应用（图7-27）。标注行进路线时也可将主要的地名、特征点等进行标注。

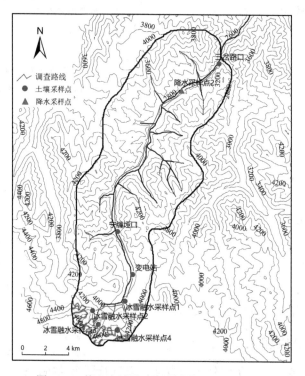

图 7-27　某小流域地理调查路线及观测点标注

问题与讨论 7-7
班上同学准备到郊外山地进行越野活动，如果安排你负责组织，需要准备哪些地图资料？设计一个简单的越野活动方案。

二、地形图定向

确定地图图形在图上和实地的方向称为地图定向。图形在图上的定向，一般以图幅上方为北，下方为南而定。有个别图幅不是上北下南、左西右东，而是倾斜放置，这种情况，小比例尺地图用经纬线指示方向，大比例尺地图用箭头指示方向。

确定地图图形在实地的方向，即在野外定向，转动地图使地图上的图形方向与实地方向一致，称为地图外业定向。

（一）三北方向与三北方向图

1. 三北方向

1）真北方向

过地面上任意点指向地理北极的方向称为真北方向。对图幅而言，通常是把图幅中央经线正北方向作为该图幅的真北方向。

2）磁北方向

在实地磁北针指向磁北极的方向称为磁北方向。通常在同一地点，磁北方向与真北方向并不一致。

3）坐标北方向

地形图上方里网纵线称为坐标纵线，它们平行于投影带的中央经线（即投影带的平面直角坐标系的纵坐标轴），坐标纵线指北方向（纵坐标值递增方向）称为坐标北方向。

2. 三种偏角及其角度注记

1）磁偏角

以真子午线为准，真子午线与磁子午线之间的夹角称为磁偏角。磁子午线东偏为正，西偏为负。在我国范围内，正常情况下磁偏角都是西偏，只有某些磁力异常区域才会出现东偏。

2）子午线收敛角

以真子午线为准，真子午线与坐标纵线之间的夹角称为子午线收敛角。坐标纵线东偏为正，西偏为负。在投影带中央经线以东的图幅均为东偏，以西的图幅为西偏。

3）坐标纵线偏角

以坐标纵线为准，过某点的磁子午线与坐标纵线之间的夹角称为坐标纵线偏角。磁子午线东偏为正，西偏为负。

为了满足地形图使用的要求，规定在大于1∶10万的各种比例尺地形图图廓外绘出三北方向图。三北方向图是真子午线北方向、磁子午线北方向、坐标纵线北方向三者之间关系的略图，是由同一点的三条指北方向线及其所夹三种偏角组合构成的图形（图 7-28）。这样既便于确定在图纸上的方向，也便于使用罗盘仪进行地图的野外定向。

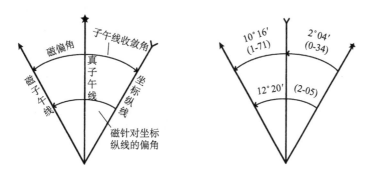

图 7-28 地图上的三北方向图

绘制三北方向图时，真子午线北方向需垂直南北图廓线，其他方向线按实际关系绘制，实际偏角值通过注记标注。标注偏角值时，不仅用六十进制角度制标注图幅的各种偏角值，还需在其后的括号内标注其 6000 密位制的密位数，以适应军事应用。六十进制偏角值标注至

"分"，密位制偏角值标注至 1 个密位。

（二）定向方法

1. 利用仪器定向

在野外使用地形图时，首先要使地形图的方向与实地方向一致，即让地形图上的地物、地貌与实地的位置一一对应起来。利用罗盘仪定向是野外实地定向的主要方法。

（1）依据磁子午线定向。将地形图 P（磁南点）和 P′（磁北点）连成直线，即是本图磁子午线，然后将罗盘仪上磁针所指的南北线与磁子午线平行或重合，转动地图使磁针北端与"北"字（0°）完全一致，这样就完成了地图定向，如图 7-29 中 a 的情形。

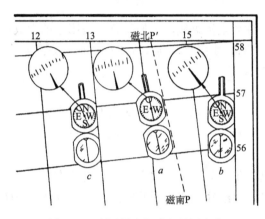

图 7-29　利用罗盘仪进行地图定向

（2）依据真子午线定向。将罗盘仪刻度的"北"字指向北图廓，并使刻度盘上的南北线与地图东西图廓线（真子午线）平行或重合，转动地图，按图外三北方向图标注的磁偏角数值使磁针北端指向相应的分划，即完成地图定向，如图 7-29 中 b 的情形。

（3）依据坐标纵线（方里网纵线）定向。将罗盘刻度盘上的"北"字指向北图廓，并使刻度盘上的南北线与坐标纵线平行或重合，转动地图，按图廓外三北方向图上所标注的坐标纵线偏角的改正数值使磁针北端指向相应的分划，即完成了地图定向，如图 7-29 中 c 的情形。

在依据真子午线或坐标纵线定向时，应特别注意偏角的符号（东偏或西偏）。

2. 依据线状地物定向

当站立点位于直线状地物（如道路、渠道等）或直线地形线上时，可依据它们来标定地形图的方向。具体方法是：先将照准仪（或三棱尺、铅笔等）的边缘置放在图上线状符号的直线部分上，然后转动地形图，用照准仪的视线或三棱尺、铅笔的棱线瞄准地面相应线状地物，这样就完成了地形图定向（图 7-30）。这种方法，与平板仪测图中用已知测线标定测图板的方向是一样的。

3. 依据方位物定向

根据站立点周围明显的地物/地貌标定地形图的方向。作业时，首先在实地找到与地形图上相对应的、具有方位意义的明显地物/地貌；然后在站立点转动地图，当地形图上的地物/地貌与实地对应的同名点地物/地貌位置完全一致时，即完成了地图定向（图 7-31）。可用于野外定向的明显地物/地貌方位物有独立树、建筑物、高地、冲沟、桥梁、河流拐弯处等。

图 7-30 根据线状地物定向

图 7-31 用地物/地貌方位定向

4. 其他简易定向方法

1）利用太阳和手表定向

在野外利用太阳定向是最简单的简易定向方法之一，而且定向精度较高。在地面竖立一根小棍，标出棍的顶端影子的位置，15～20 分钟后，再次标出棍的顶端影子的位置，两次标记点的连线为东西方向，其垂线为南北方向。

也可用指针式手表确定方向，具体方法是转动手表使时针指向太阳，此时取时针与手表面上 12 时方向夹角的角平分线，该线方向即为南北方向（图 7-32）。使用这种方法定向时，手表时间必须采用当地地方时。

图 7-32 利用太阳和手表定向

问题与讨论 7-8

使用手表时针指向太阳确定方向时，为什么时间必须是当地地方时？

2）利用地物特征简单定向

有些地物地貌由于受阳光、气候等自然条件的影响，形成了某种特征，可以利用这些特征来概略地判定方位。在北半球中纬度地带，可用来定向的这些特征主要有：

（1）独立大树。通常南面枝叶茂密，树皮较光滑，北面枝叶较稀少，树皮粗糙，有时还长青苔。砍伐后，树桩上的年轮，北面间隔小，南面间隔大。

（2）地面突出的物体。如土堆、土堤、田埂、独立岩石和建筑物等，这些地物南面干燥，青草茂密，冬季积雪融化较快；北面潮湿，易生青苔，积雪融化较慢。土坑、沟渠和林中空地情况则相反，都可以用来概略地确定方向。

（3）建筑物的正门朝向。建筑物的正门向南开，尤以北方典型，庙宇、宝塔的正门朝正南方；广大农村住房正门一般也多朝南，可利用其朝向大致判断方向。

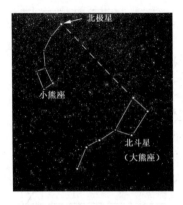

图 7-33　夜空中的北极星

3）利用北极星定向

北极星是正北天空较亮的恒星,夜间可以北极星确定正北方向（图 7-33）。在北半球, 北极星无疑是最重要的一颗指示方向的星体了。在星空背景上,北极星距离北天极不足 1°,故在夜间找到了北极星就基本上找到了正北方。北极星属小熊星座,是其中最亮的一颗。因为小熊星座众星除北极星外都较暗, 所以, 通常根据北斗七星来寻找北极星。

因为在北纬 3°~5°就较难观察到北极星, 南纬 5°~10°已基本上看不到北斗星, 所以在南半球是完全无法利用北极星等北半球星座确定方向的, 一般通过观察南十字星座进行方向测定。

三、确定站立点位置

在地形图定向之后, 接着就可以确定自己站立点在图上的位置了。

（一）利用设备确定站立点位置

1. 卫星定位系统接收设备定位

目前应用广泛的卫星定位系统有中国的北斗卫星导航系统（BeiDou navigation satellite system, BDS）和美国的全球定位系统（global positioning system, GPS）。

手持卫星导航定位设备能为地面和近地空间用户提供连续的三维坐标、速度和精确的时间信息（图 7-34）, 特别适用于地学野外定位和辅助调查填图。利用手持卫星导航定位设备可实现实时定时定位, 也可导航, 按选定路线行进。行进时, 应在图上顺次量出起点、中间点和终点的三维坐标并标记在图上, 然后在起点进行首次定位（或设定起始点坐标）, 并与标记值核对, 若差值在限值内,

图 7-34　GPS 接收机及站立点位置

即开始行进; 行进中, 应不断更新定位, 检查坐标变化是否趋于计划中的下一点。当到达预定点时, 应利用地形图作进一步的准确定位, 以消除设备的定位误差。

2. 智能手机确定站立点位

已经有很多导航地图和智能手机定位软件可以实现实时定位功能（图 7-35）。在智能手机上安装导航地图或定位软件, 在手机定位功能和网络功能均处于开启模式时, 即可完成自动定位。读取手机定位坐标后, 通过与地形图进行比对, 坐标核对后即可确定站立点位置。

手机确定站立点位置的操作较为简单, 以定位精度较高的奥维互动地图为例。下载软件, 通过手机客户端安装, 运行软件, 出现导航界面[图 7-36（a）], 点击"定位"按钮, 软件自动定位到当前站立点位, 并显示出经纬度坐标、海拔高度及水平误差, 也可显示出当前手机朝向[图 7-36（b）]。在野外应用时为了与实地和地形图对照, 也可选择地图显示模式[图 7-36（c）], 该软件提供了 Google、Bing、百度、搜狗等卫星地图和地形图可供选用。此外, 还可提供导航、搜索地名、路线等基本服务, 并将当前行驶路线以轨迹形式显示和保

存[图 7-36（d）]。

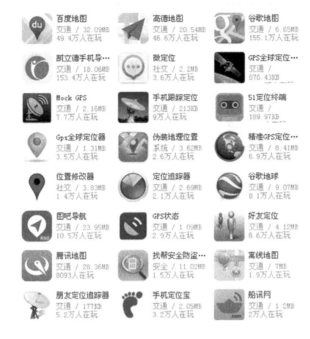

图 7-35 智能手机定位软件

| （a） | （b） | （c） | （d） |

图 7-36 利用手机互动地图确定站立点位置

（二）利用地形图直接确定站立点位置

1. 后方交会法

当站立点附近无明显地物或地貌，无法依据相关地物地貌找到站立点的准确位置时，在地形图定向之后，可先在实地找到两个以上图上也有的，且具有方位意义的地物，然后根据这些实地地物的对应关系，采用后方交会法找到站立点在图上的具体位置。如图 7-37 所示，

山顶点 A 和房屋点 B 为实地地物，a 和 b 为图上对应点。将图纸标定于图板并定向后，用照准工具切于图上 a 点，以此点为圆心转动照准工具瞄准山顶点同名点 A，并绘出方向线；用同样的方法，瞄准房屋点 B，绘出方向线。上述两方向线的交点 c，即为站立点在图上的位置。后方交汇法确定站立点的精度主要取决于两方向线交角的大小，因此交汇法的交汇角最好选在 $30°$～$150°$。为了防止错误，还应选择第三个点进行检查校正。

图 7-37　后方交会法原理

2. 截线法

运用此法的前提是站立点在直线状地物上（如道路、堤坝、渠道、陡坎等）或在两明显特征点的连线上。这时，在该线状地物侧翼找一个图上和实地都有的目标（如方位物或地物特征点），将照准工具切于图上该物体符号的定位点上，以此定位点为圆心转动照准工具照准实地目标，照准线与线状符号的交点即为站立点在图上的位置。这样确定站立点在图上位置的方法称为截线法（图 7-38）。

图 7-38　截线法原理

图 7-39　磁方位角交会法

3. 磁方位角交会法

在隐蔽地区（如丛林中）确定站立点在地形图上的位置时，可用磁方位角交会法。先设法登高，从远方找到两个以上图上与实地都有的目标，用罗盘仪测定观测者与这些目标的磁方位角；然后到地面，借助罗盘标定地形图方向，再将罗盘仪的直边切于图上一已知目标符号定位点上，以该点为中心旋转罗盘仪，使磁针北端指向相应磁方位角值，绘出方向线；以同样方法绘出另外目标的方向线。各方向线的交点，就是站立点的图上位置（图 7-39）。采用此法，相邻两方向线交会角亦应在 30°～150°。

4. 根据特征地物确定站立点

根据图上和实地明显地物或地貌的对应关系，也可在图上找到站立点的大致位置。在地面起伏比较明显的山地或丘陵区，则可根据比较明显的地貌特征及在图上等高线的图形特征来确定站立点的位置（图 7-40）；在地面起伏不明显的平原地区，可根据实地明显地物或地貌特征点在图上的相应位置来确定站立点的位置。

图 7-40　特征地物定位法

四、实地对照读图与野外填图作业

（一）实地对照读图

地图定向和站立点位置确定之后，就可以根据图上站立点周围地物和地貌符号，找到实地同名点地物和地貌；或者观察实地地物和地貌，来对照识别图上的线划图形与位置。实地对照读图，一般采用目估法，由左到右、由近到远、由易到难，先识别主要且明显的地物、地貌，然后按位置关系去识别其他地物、地貌。

通过地图和实地对照，可以达到如下目的：

（1）通过研究调查地区的地物、地貌特点，了解和熟悉周围地物、地貌情况，积累读图经验，提高读图水平。

（2）通过比较地图内容与实地情况，了解地物、地貌发生了哪些变化，为地图修测计划做准备，为外业填图作业打基础。

（二）野外填图作业

把野外调绘的内容，用符号或文字标绘在地形图上，这个过程称为地形图野外填图。填图的要求是：标绘内容要突出、清晰、易懂，做到准确、及时、简明。准确就是标绘的内容位置要准确；及时就是要就地（现场）标绘，以免遗忘；简明即图形正确，线划清晰，注记简练，字迹端正，图面整洁，一目了然。

1. 野外填图作业的准备与步骤

1）填图的准备工作

根据地形图了解调查地区的概况；熟悉填图对象的分类系统和表示方法（即图例符号）；明确填图的精度要求和最小图斑；根据收集到的地图和文字资料，选择填图路线；准备野外填图的仪器和工具。

2）填图的作业步骤

（1）确定出发点位置。野外工作开始时，应首先在图上找到出发点位置；外业工作中，要经常注意沿途的方位物，随时确定在图上的具体位置。

（2）选择站立点。站立点要选在控制范围较广的制高点上，这样视野开阔，视线无阻挡，易观察填图对象的分布规律，能较准确的标定其分布界线。

（3）确定填图对象的方向和界线。利用罗盘仪或目估确定填图对象的方向和界线，用钢尺/皮尺/步测确定其距离。

（4）在图上标绘填图对象。将填图对象按地图比例尺和规定的图例符号，标绘在地形图的相应位置上。

（5）草图整理与清绘。野外填绘的草图要及时进行室内整理和清绘。但要注意室内整理并不意味着能随意改动外业标定的点、线位置，若发现有明显错误，必须认真核实后再修改。

2. 野外填图作业的方法

1）极坐标法

极坐标法是以站立点为中心，向周围待测点瞄方向，根据方向和站立点至待测点的距离来确定待测点图上位置的方法。如图 7-41 所示，M 为站立点，为确定地面 A、B、C 等待测点的图上位置，先将地形图铺贴在图板上，在站立点 M 安置填图板（大、小平板仪或轻便平板），整平和定向后，确定站立点 M 的图上位置 m，在 m 点上垂直插一根细针，用照准工具的直边与细针相切，分别照准地面目标 A、B、C 等，测定 MA、MB、MC 的水平距离，按地形图比例尺沿各相应方向线分别截取 ma、mb、mc，图上所得 a、b、c 等点，就是地面待测点 A、B、C 等在地形图上的位置。极坐标法适用于通视良好的开阔地区，是野外调查填图确定目标位置的主要方法。

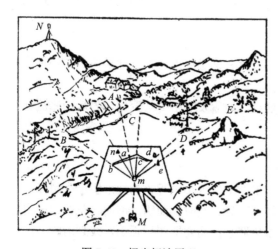

图 7-41　极坐标法原理

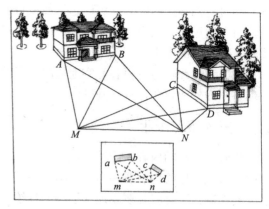

图 7-42　距离交会法原理

2）距离交会法

用待测点到两个已知点的距离来确定待测点图上平面位置的方法，叫作距离交会法。

如图 7-42 所示，A、B、C、D 为实地待测点，M、N 为地面上已知点，分别量出点 M 和点 N 到各待测点的距离 MA、MB、MC、MD 和 NA、NB、NC、ND，将其按地形图的比例尺

换算为图上长度 *ma*、*mb*、*mc*、*md* 和 *na*、*nb*、*nc*、*nd*，分别以 *M*、*N* 点的图上位置 *m*、*n* 为圆心，以各相应图上长度为半径画弧，各对同名弧线（如 *ma* 与 *na*，*mb* 与 *nb* 等）交点 *a*、*b*、*c*、*d* 即为待测点在地形图上的位置。此法适用于待测点距已知点的距离不太长，且便于量距的情况。

　　3）方向交会法

　　方向交会法是从两个已知站立点分别向待测点描绘方向线，通过方向线交会以确定待测点图上平面位置的方法。

　　如图 7-43 所示，先在点 *M* 上安置图板、定向、整平、确定站立点的图上位置后，在 *M* 点的图上位置 *m* 处竖插一细针，用照准工具切于细针依次照准各待测点 *A*、*B*、*C* 等，并在图上绘方向线 *ma*、*mb*、*mc*；依同法在 *N* 点设站，确定站立点图上位置后仍瞄准原待测点，在图上绘方向线 *na*、*nb*、*nc*，两条同名方向线的交点即为待测点的图上位置。此法适用于通视良好、距离较远而且量距不便情况。为了保

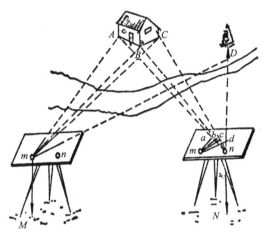

图 7-43　方向交会法原理

证交会精度，交会点上两方向线的交角一般应大于 30°、小于 150°。

　　在实际填图作业中，仅用一种方法是不够的，应根据实际情况采用不同的方法或可考虑同时应用几种方法。

　　3. 野外填图成果的整理

　　野外填图作业时，受室外条件限制，一般只能做到把调查情况详细记载和绘制草图。待回到室内后，必须尽快进行资料整理，把野外填图成果标绘到工作底图上。

　　野外填图成果整饰的次序是先图内、后图外，图内依照先注记后符号、先地物后地貌的顺序，依次把图上不需要保留的线条、数字等擦掉，同时按规定符号重新描绘。整饰工作应逐片有序进行，边擦边描边写注记。最后绘图廓线，写出比例尺、图名、图例、绘图者及绘图日期等。

五、地形图与其他资料的联合使用

（一）遥感图像配合地形图野外应用

　　随着遥感技术的发展，不同传感器不同空间分辨率的遥感图结合地形图野外应用已经十分普遍。如图 7-44 所示，如果要前往该项目区（图中黑框表示区）调查矿山活动及该地土地利用和植被覆盖情况，需要做以下几项基本工作：首先，在地形图上划出调查区 [图 7-44（a）]，可以通过读图的方式获得该区的基本情况，如居民点、水系、山脉走向、地形情况等信息。其次，确定需要调查的具体位置，可根据调查内容和目的有选择性的在地形图上大致标定调查点。第三，因为部分地形图更新周期较长，不能完全反映项目区当前的最新环境（居民点、建筑物、道路、植被等），所以需要借助最新的遥感影像详细标注之前的调查点。最后，可在遥感图上根据当前道路选择较为合理的路径进一步标定行进路线 [图 7-44（b）]。

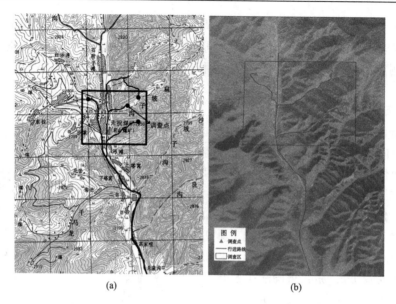

(a)　　　　　　　　　　　　　　　　　(b)

图 7-44　遥感图像配合地形图调查点规划行进路线

（二）卫星定位系统配合地形图野外应用

利用地形图进行野外调查等工作时，北斗、GPS 等接收机是不可或缺的工具。目前地形图与卫星定位系统配合使用主要通过两种方式。

1. 有地图使用

卫星定位系统与详细地图配合使用时效果最好。国内大比例尺地图获取难度较大，因此使用效果受到一定限制。如果有调查区域的精确地图，则可以预先在地图上规划线路，制定行程计划，按照线路的复杂情况和里程，建立一条或多条行进线路，读出线路特征点的坐标，输入接收机建立线路记录，并把一些具有标志意义的特征点作为路标输入接收机（图 7-45）。

图 7-45　卫星定位系统配合地形图野外应用

2. 无地图使用

（1）使用路点定点：常用于确定岩壁、湖泊坐标或其他线路起点、转折、宿营点的坐标。用法简单，标记并保存一个坐标就行了。

（2）找点：所要找的地点坐标必须已经以路标形式存在于接收机内存中。路标数据可以是以前去过的点，也可以从其他去过的人那里获取或从计算机系统下载。

（3）输入线路：若能找到以前去过的线路信息记录，可输入得到线路数据；或者把以前记录的路标编辑成一条线路。

（4）线路导向：把某条线路激活，按照和"找点"相同的方式，在系统引导下逐点依次行进。

地图野外应用是对各种地图和现代化技术综合应用的过程。在具体工作中，由于工作性质、内容要求有所差异，对作业的精度、时间、表现方式也有所不同，在实际应用时应加以灵活应用。

（三）无人机配合地形图野外应用

近年来，灵活机动、具有快速响应能力的无人机迅速发展，成为航空遥感领域一个引人注目的亮点。无人机技术不仅可以应用于测量遥感，而且还可以在野外调查中直接使用，配合地图资料，高效、精准地完成野外调查工作。

1. 无人机在野外调查中的优势

无人机搭载遥感装置后即可进行低空和超低空遥感。与卫星遥感和传统航空遥感相比，无人机遥感的优势主要表现在：

（1）无人机可以超低空飞行，在云下进行航摄，受云干扰小，机动性高。

（2）无人机可以低空接近目标，能实时或准实时得到高分辨率影像。

（3）无人机可以适应地形和地物的导航与航摄控制，操作便捷，工作效率高，尤其在山高路险、交通不便、通视条件差的地区，能有力支持野外调查工作的开展。

（4）无人机操作人员培训周期短，起降无须专用场地，维护相对简单，耗费低，使用成本低。

2. 无人机配合地形图野外使用

野外调查一般使用中小型无人机系统，由于滞空时间、飞行距离有限，在开展野外调查前应充分做好准备，确保顺利完成野外调查工作。

无人机配合地图进行野外调查的一般程序：

（1）利用已有地形图研究调查区域地理特征，根据任务要求制订调查线路、无人机使用方案和预期成果。

（2）在野外使用无人机遥感系统进行航摄，获得调查区域的影像；同时进行必要的实地踏勘，特别注意具有标志意义的特征地物和典型现象，可将其标绘在地形图上或草绘略图记录。

（3）在室内对影像进行预处理，包括几何校正、坐标配准、图像拼接等。

（4）对经过预处理的图像进行目视解译或自动分类，并结合野外实地踏勘记录和地形图资料进行必要的检验和修正，生成成果图。

（5）完成调查报告和技术总结报告。

第四节　电子地图应用

一、电子地图概述

近 20 年，随着现代地图学的发展，电子地图正日益成为一种技术成熟和应用有效的地图产品形式。电子地图突破了传统纸质地图在时间和空间上的局限性，能够提供更加丰富的信息，具有更为广阔的应用范围。电子地图的高效利用方法，已成为地图使用者必备的基本知识和技能。

（一）电子地图基本概念

1. 电子地图的定义

狭义的电子地图是指一种以数字地图为数据基础，以计算机系统为处理平台，在屏幕上实时显示的地图形式。

从广义上讲，电子地图是屏幕地图与支持其显示的地图软件的总称。前者强调了电子地图的地图特征，后者则反映了电子地图的综合特征。

2. 电子地图的基本特征

1）电子地图是一种地图产品

电子地图表达地理信息，具备地图的三个基本特征，即具有严密的数学法则、科学的地图概括和特定的符号系统，这使得电子地图有别于遥感影像或建筑设计图等。

2）电子地图数据源于数字地图

数字地图是地图的数字形式，一般存储在计算机硬盘、光盘、磁带等介质上。数字地图既可以是矢量地图数据，也可以是栅格地图数据。

3）电子地图依赖计算机平台支持

电子地图的数据采集、地图设计等工作都是在计算机平台上实施的，计算机系统为电子地图提供了强大的软硬件支持。

4）电子地图以屏幕为表达载体

屏幕是展示电子地图的设备，既可以是电子介质的，如计算机显示屏、电视机屏幕等，也可以是投影屏幕等其他形式。

电子地图的显示不是静止的和固定的，而是实时的和可变的，这使得电子地图与传统纸质地图相比在应用上具有更大的灵活性。随着计算机技术和制图方法的发展，电子地图在形式、范畴上可能随之发生变化和延伸，但是只有满足上述 4 个基本特征的地图才能归属于电子地图。

问题与讨论 7-9

采用数码摄像（摄影）设备拍摄的纸质地图，可以通过播放设备在屏幕上播放、浏览，这时被播放显示的图像能不能称为电子地图？

（二）电子地图的特点

1. 数据与软件的集成性

在产品形式上，模拟地图表现为单一的地图数据输出，而电子地图是地图数据与浏览软件的集成，缺一不可。电子地图软件系统包括设计、存储和浏览等子系统，其中浏览子系统负责将地图数据显示在屏幕上，并具有地图浏览和分析功能。

2. 过程的交互性

模拟地图一旦印刷完成后就成为定型产品，如纸质地图的幅面、内容、形式等都不会再发生改变。电子地图保存在计算机存储设备中，其浏览子系统允许用户对显示的地图内容进行选择、缩放、漫游、调整显示区域等操作，从而可以在屏幕上形成一幅新的地图。

3. 信息表达的多样性

模拟地图受到比例尺、幅面和媒介的限制，图上能反映的信息量有限，只能通过地图符号的形状、大小、色彩、结构等来反映地理信息。电子地图可以充分运用视频、音频、图像、文字、动画等多媒体方式进行信息表达，信息丰富，形式多样，能最大限度地发挥地图的使用功效。

4. 无级缩放与多尺度数据

每一幅纸质地图都具有一个固定的比例尺，但电子地图采用屏幕显示，具有很强的灵活性，可以通过开窗、剪裁和无级缩放等手段，实现对电子地图内容的任意局部或全局显示。另外，针对缩放过程中用户对细节信息的要求不同，电子地图还可以同时载入多个比例尺地图数据，通过设定显示条件动态地调整地图显示内容，如通过地图的逐级放大，更大比例尺的细节就被显示出来。

5. 快速、高效的信息检索与地图分析

模拟地图上搜索目标的工作完全由人工完成，一般情况下只能进行一些比较简单的图上量算和分析，不仅费时，而且精度也不易保证。电子地图可以利用地图数据库的查询、检索功能和GIS 的空间分析功能，很容易实现对查询目标的快速搜索，完成非常复杂的量算和空间分析。

6. 多维与动态可视化

模拟地图表达的地理目标都是静态的，不发生变化，通常采用二维平面形式表现，如果要在图上反映动态变化的地图现象，往往需要利用几个时间段的静态地图组合来实现。在电子地图上，不仅可以进行地图的三维显示、空中飞行、虚拟环境漫游等功能，而且还可以直接描述地理现象的动态变化过程。

7. 共享性

模拟地图产品难以复制，不易共享。相比而言，电子地图依托于计算机技术、网络技术和容量大、便于携带的存储设备，如光盘、移动硬盘等，更容易实现地图的复制、传播和共享。在互联网上电子地图随处可见，不少地图网站都提供地图下载服务，极大地提高了电子地图的利用率（图 7-46）。地图使用者可以方便地获得电子地图产品，从电子地图上查询城市交通、地名、旅游景点、商业服务等信息。

图 7-46 热门电子地图免费下载界面

问题与讨论 7-10

你在互联网上使用过电子地图吗？电子地图都帮助你做过什么？根据自己的经验，总结一下在网络上使用电子地图需要注意些什么事项。

（三）电子地图与模拟地图、数字地图及地理信息系统间的关系

电子地图与模拟地图、数字地图、地理信息系统之间既有密切联系，又存在着差别。

1. 电子地图与模拟地图

模拟地图是电子地图制图的数据来源之一。通过扫描数字化从纸质地图上获取制图数据，是编绘制作电子地图的常用方法。电子地图通过打印输出，就会转变成模拟地图，喷绘输出纸质地图是最常见的转换方式。

电子地图与模拟地图的区别，表面上主要表现为承载介质上的差异。正是因为这种介质上的不同，从地图的三个基本特征来看，电子地图与模拟地图之间存在着显著的差异。

1）地图数学法则

模拟地图采用的地图投影和比例尺是固定不变的；电子地图则可根据应用需要进行实时的地图投影和比例尺变换。此外，电子地图可以通过载入多比例尺地图数据，提供不同细节程度的地理信息浏览。

2）地图符号系统

与模拟地图相比，电子地图的符号表现具有更大的灵活性，尤其在运用三维符号、动态符号、多媒体符号表达地理信息方面，具有模拟地图无法实现的强大功能。

3）地图概括

模拟地图的地图概括，通过取舍、简化等方法，解决在保证图面清晰可读的前提下充分利用地图幅面的问题，其目的是使地图有一个合理的负载量。在电子地图环境下，地图概括的目的不仅是要得到合理的负载量，而且还要实现图形表达与空间分析双重功能。

2. 电子地图与数字地图

数字地图是电子地图的数据基础，电子地图是数字地图的表达结果。

从地图的基本特征看，数字地图是数字化的地图，并非严格意义上的可视化地图。因为数字地图缺失了地图特定的表现形式——地图语言，符号、色彩、注记是以二进制形式存储的数据集，与坐标数据结合表现为一组地理空间数据的集合，是一种典型的虚地图形式，只能供计算机系统使用。因此，只有将数字地图以电子地图的形式表现出来，才能为普通人所使用。

3. 电子地图与地理信息系统

地理信息系统脱胎于地图学，地图仍然是地理信息系统最重要的表达形式，因此有"地图是 GIS 的脸"的说法。地理信息系统在功能上已远超地图。电子地图在计算机系统支持下，也已具有地理信息系统的某些基本功能，如缩放、开窗、量算，等等。但是，电子地图在诸多方面与地理信息系统仍然有明显不同，主要表现在三个方面。

1）地图数据的完整性不同

数据处理和分析是地理信息系统的基本功能。为了数据分析的需要，地理信息系统强调表达地理实体的地图数据的空间完整性和独立的地理意义。电子地图为了实现制图目的，制

图数据经过地图概括，有可能损失数据的完整性。这是由空间分析质量与地图表达效果之间的不同需求所导致的结果。

2）核心功能的要求不同

电子地图的核心功能是地图信息的表达和传输，地理信息系统的核心功能更加侧重空间分析。对地理信息系统而言，地图表达是进行空间分析的一种手段，是空间分析结果的表现形式之一。电子地图则以地图表达为主要目的，其简单的空间分析功能也主要是为了更有效地表达地图信息。可见，电子地图是以地图信息表达为主、空间分析为辅，而地理信息系统则是以空间分析为主、地图信息表达为辅。

3）产品的通用性程度不同

地理信息系统主要为各级政府机构、行业部门的决策支持提供服务，其空间分析功能面向科学研究、规划设计、资源管理等领域的专业用户。而电子地图是空间分析结果的表达手段，具有内容丰富、操作简便、形式活泼的特点，容易被大众所接受。因此，相对地理信息系统而言，电子地图具有更强的通用性。

问题与讨论 7-11

关于地图与地理信息系统有几种观点：一种观点认为，地理信息系统具有强大的地图表现功能，可以完全取代包括电子地图在内的所有地图；另一种观点认为，电子地图是地理信息系统的一个组成部分，主要负责地理信息系统的输出表达；还有一种观点认为，电子地图是一种面向普通用户的地理信息系统，可称为"大众 GIS"。你赞同哪种观点？为什么？

二、多媒体地图及其应用

（一）多媒体地图概述

多媒体地图是指以计算机系统为技术平台，将图形、图像、音频、视频、动画和文本等集成于一体的地图。

多媒体是相对于单媒体而言的一种信息传输和表达形式。多媒体技术发展与信息时代地图需求的结合，产生了多媒体地图这一新型地图形式。多媒体地图将用图者的感受从传统地图的视觉感受为主扩展到兼有视觉、听觉、触觉等多重感知形式，可充分利用不同信息形式在传输地理信息过程中的特色和优势，不仅极大地丰富了地图内容，而且极大地增强了地图的表现力。

多媒体地图按照其功能，一般划分为只读型多媒体地图、交互型多媒体地图和分析型多媒体地图三种。

（二）多媒体电子地图主要功能

多媒体电子地图是由地图数据和浏览软件组成的系统，其主要功能包括界面功能、目录管理、超媒体链接、多尺度地图表达和专题目标信息查询。

1. 界面功能

多媒体电子地图用户界面是阅读和操作多媒体电子地图的窗口，其主要功能是引导阅读和使用地图,是地图使用者的快捷用图工具。合理、科学的多媒体电子地图用户界面设计,可以提高用图者的阅读质量、体验感受和地图信息传输效率。因此,用户界面既要清晰展现多媒体电子地图的各项功能,又要符合一般用图者的阅览和用图习惯,通过充分发挥多媒体电子地图的表现力,尽可能提高地图信息的传输效率。

2. 目录管理

多媒体电子地图目录管理功能是对地图内容的组织和管理。多媒体电子地图的内容丰富,数据类型多样,各类数据和文件存储管理比较复杂。良好的目录管理功能,可有效管理多媒体电子地图不同类型的数据,实现多媒体地图信息的快速检索、显示。

3. 超媒体链接

超媒体是超级媒体的简称,指采用网状结构对包括文本、图像、视频等在内的多媒体信息进行组织和管理的技术。多媒体电子地图的超媒体功能,将电子地图功能显示与图形、图像、声音、动画等信息相链接,从而实现用图者与多媒体地图之间的交互。

4. 多尺度地图表达

在计算机技术支持下,多媒体电子地图可实现以原始空间数据尺度为基础的多尺度地图表达。从静止的角度看,多媒体电子地图显示时只能具有某个表达尺度,但是结合电子地图的交互性,在大量的交互操作下,其显示过程中可表达的尺度是可变化的。从极限论角度可以认为,多媒体电子地图具有连续尺度表达功能。

5. 专题目标信息查询

查询地图上某个地物的名称或指定区域内地物的名称,是多媒体电子地图的基本功能之一。电子地图通常均支持鼠标点击地物查询、鼠标选定圆形或矩形或者多边形查询、分层查询等多种方式的地物查询,也可以进行模糊查询。电子地图将查询到的地物列表,用图者通过双击地物列表中的内容进行目标对象定位,获得目标对象属性的多媒体信息。

(三) 多媒体电子地图应用

1. 应用领域

多媒体电子地图是多媒体技术和电子地图相结合的产物,其特性使多媒体电子地图具有很好的适用性,已经在旅游、宣传、教育、公共服务等领域得到应用。多媒体电子地图不仅可以实现空间信息的传输,而且通过图形、图像、视频、声音、动画等形式增强了空间信息的表现能力,使地图表达方式更加直观、丰富,使用图者具有身临其境的感觉,营造了良好的读图用图氛围,从另一个侧面改善了地图使用效果。

2. 应用案例

旅行导游是多媒体电子地图应用最早的领域之一。多媒体电子地图既可以用于查询所在区域旅游景点的各种信息,帮助旅行者选择感兴趣的景点,又可以作为电子导游工具,与定位技术结合实现旅游区内各景点的语音解说。例如,在手机所带百度地图查询功能中输入"旅游景点",会显示所在区域所有的景点及对应的位置、景点简介、游客评价、乘车路线、图片和相关语音素材等功能(图7-47)。

图 7-47 多媒体旅游电子地图应用

三、三维电子地图及其应用

（一）三维电子地图概述

　　三维电子地图是指由三维电子地图系统提供的具有视觉三维效果的电子地图。三维电子地图系统是一种以三维地图数据库为基础，在计算机软硬件支持下，通过各种交互设备，能够提供导航、浏览和查询的交互式虚拟三维地图平台。

　　现实地理环境是一个千姿百态的三维世界，二维平面地图与三维现实世界之间存在着不可逾越的鸿沟。人类对三维地图表达的探索从未停止，被称为"三维沙盘"的地形立体模型就曾经在军事和工程领域发挥了重要作用。但是，"三维沙盘"制作成本高、携带不便、复制困难，而且不便于在其上进行量测，更无法进行定量分析，严重限制了其应用。三维电子地图是信息技术时代的新型地图，也被称为"电子沙盘"，是电子地图与虚拟现实、三维可视化、三维地理空间建模等技术相结合的产物。三维电子地图提供比二维平面地图更为真实的地理场景，支持在虚拟三维视觉环境下的交互式查询，以更加直观的方式表达地图的内容。在三维电子地图中，直接信息是通过对现实世界建模来表达的，这种方式不但反映了地物的位置坐标等信息，还包含了地物的形状、大小、类型等属性信息，信息载负量也大大增加了。

　　三维电子地图根据是否有二维电子地图基础，一般分为混合结构的三维电子地图和独立三维电子地图两种类型；根据地图数据文件生成方式，一般可分为实景三维电子地图和虚拟三维电子地图两种类型。实景三维电子地图利用卫星成像或激光扫描成像技术获取目标物的长、宽、高参数，经处理后形成三维电子地图的数据文件。虚拟三维电子地图通过人工拍摄等方式获取目标物的外形图像，经过单视角三维模型集成、虚拟美化等处理后形成三维电子地图数据文件。

（二）三维电子地图主要功能

1. 三维空间信息载负

三维电子地图具有很强大的三维空间信息载负功能。三维电子地图增加了一个表达维度，不仅在表达形式上更加接近现实世界，而且在空间信息载负能力上远超二维平面地图。例如，在城市街区图上，二维平面地图采用几何图形符号表达地物类型和分布，三维电子地图采用三维建模技术，从多个侧面真实地表达地物性质和分布。

2. 三维空间信息传输

三维电子地图具有更好的三维空间信息传输功能。将三维现实投影在二维平面上，受表达能力的限制，二维平面地图通常只能采用传统的符号系统表达空间信息。三维电子地图通过建模虚拟地理环境，采用更加形象、直观的符号和表现手段，极大地增强了对三维空间信息传输的能力。三维电子地图的制图者可以有更为灵活、多样的地理信息表达方法，使所传递的信息更容易理解。从这一角度看，用图者能够更加容易、快速和准确地从三维电子地图上获得所需要的地理信息。

3. 三维地理环境模拟

三维电子地图具有更加真实的地理环境模拟功能。真实地理环境是一个三维世界，每个地物都有长、宽、高尺寸，从不同高度、不同方位的视角观察一个地理场景，地物之间的相对位置不同，还存在不同状态的遮挡，这些情况在二维平面地图上很难直观表达。但是，在一些特殊情形下，如在地震、滑坡、泥石流等自然灾害的应急响应工作中，快速、准确模拟三维地理环境具有重要应用价值。三维电子地图通过虚拟现实和三维可视化技术，在视觉上可以很好地模拟真实地理环境，从而解决了特殊情形下对三维地理环境模拟需求的难题。

4. 地理现象认知

三维电子地图更符合人类对地理现象的认知特性。地理思维的基础是对地理事物的感性认识，地理形象思维是地理思维的第一阶段，是借助具体形象表象和描述逻辑规律进行的思维活动。因为二维平面无法直接表达诸如地形等三维地理事物，所以需要通过抽象的方法才能表达在平面地图上，再通过读图者的理解、解释形成对地图表达事物的认识。读图者所具备的地理知识、专业背景、社会经历等不同，对同一幅地图上的同一个地理事物的理解和认识往往也会不同。在三维电子地图上，不仅地形具有三维视觉效果，而且其他地理要素也可以采用纹理贴图的方式表达，逼真的形象能够使读图者产生近似身临其境进行地理观察的效果，同时还可以查询获取所关注地理事物的其他属性信息，非常有助于地理形象思维活动。

（三）三维电子地图应用

1. 应用领域

三维电子地图不仅是传统电子地图的重要补充，而且有可能成为未来电子地图的主流。

三维电子地图强大的功能，使其具备了其他电子地图所不能实现的地图表达能力，因此具有广阔的应用领域。目前，三维电子地图已经在军事指挥、智慧城市、工程设计、工程管理、娱乐、旅游、教育宣传等领域有了成功应用的案例，表现出很好的应用发展潜力。

2. 应用案例

退耕还林是我国针对盲目毁林开垦和在陡坡地、沙化地耕种造成严重水土流失和风沙危害的情况，有计划、有步骤地停止耕种易造成水土流失的坡耕地，因地制宜地植树造林、恢复森林植被的举措。在退耕还林规划、设计、实施和管理过程中，采用三维电子地图可以发挥重要作用。图 7-48 是某省退耕还林信息系统界面和退耕区局部三维电子地图。该系统利用数字地形模型（DEM）和遥感图像构建三维地表模型，并将退耕还林专题信息叠加在三维地表模型上，如右图上的地类界线和数字表示退耕还林规划小区范围和编号，清晰、逼真地表现了退耕还林规划区实地地形及地表覆盖情况，可查询得到任意位置坡度、坡向、土地利用现状等基本信息，对决策部门了解实际情况，对指导和管理退耕还林工作很有帮助。

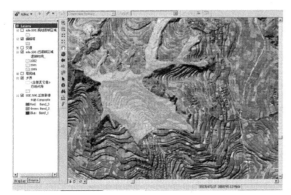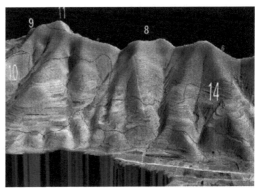

图 7-48　虚拟三维电子地图

四、网络电子地图及其应用

（一）网络电子地图概述

网络电子地图是指以互联网为载体的电子地图。网络电子地图以不同详细程度的数字地图为基础，地图数据通过互联网传输，以二维或三维地图形式在用户端显示，以表达全球或区域自然、经济、人文社会要素空间分布及相互联系。网络电子地图通过链接方式可与相关文字、图片、视频、声音、动画等多种媒体信息相连，增强地图表达能力和使用效果。用图者登录网络访问电子地图数据库，实现地图查询和分析，是网络电子地图应用的基本形式。

互联网技术是网络电子地图的出现和发展的前提。互联网技术的最大优势是将位于不同物理位置的设备、数据、模型和用户联系在一起，极大地增强了信息的传输、共享和使用能力。互联网将分布于世界各地的地理数据库连接在一起，给电子地图提供了十分丰富的地理信息资源，有力地推进了地图应用；地图使用者按照一定规则登录提供地图服务的网站，下载和使用所需要的网络电子地图，具有地图数据共享程度高的特点，方便了地图资源的查找和使用，降低了应用地图的成本。

网络电子地图可按其空间信息表现方式和体系结构进行分类。按照不同的空间信息表现方式，可将网络电子地图分为静态网络电子地图、动态网络电子地图两种类型，其中动态网络电子地图采用动画技术或其他可视化技术，支持对地理现象变化的动态表达。按照体系结构的差异，网络电子地图可分为基于服务器的网络电子地图、基于客户机的网络电子地图和混合式网络电子地图三种类型。

（二）网络电子地图主要功能

网络电子地图是电子地图基于网络的延伸，在网络技术支持下功能有了进一步扩展。

1. 图形操作

图形操作是电子地图的基本功能，主要包括地图缩放、漫游、全图显示、改变视野、图层控制、鹰眼、前后视图、刷新地图等。网络电子地图同样具备电子地图的这些基本功能，以方便用图者对网络电子地图的操作使用。

2. 交互制图

交互制图是网络电子地图系统提供的在线数据编辑功能。具有交互制图功能的网络电子地图，支持多用户通过网络浏览器实现在线数据添加和修改等操作，在线更新地图数据库内容，可提高地图数据更新维护和管理效率。

3. 综合查询

网络电子地图提供双向查询功能。用户启用查询功能时，网络电子地图系统提示用户输入查询条件，然后通过网络向 Web 服务器提交查询请求，服务器接到查询请求后调用程序进行处理，最后将处理结果经网络返回用户。网络电子地图查询一般分为模糊查询和精确查询，查询方式包括周边查询、最近查询、框选查询、查询定位、导航查询等。

4. 空间分析

空间分析是具有决策支持服务功能的网络电子地图提供的功能。常用到的空间分析功能有空间叠合分析、缓冲区分析、网络分析、统计分析、空间量测等，这些功能可支持路径选择和规划、商业选址、土地评估等应用。

5. 兴趣点

兴趣点（point of interest，POI）泛指一切可以抽象为点的地理对象，在实际应用中常指与人们生活密切相关的地理实体，如餐馆、超市、银行、加油站等。网络电子地图可提供兴趣点搜索功能，地图用户能快速地获得与所指定地理位置相关的兴趣点，增强了用户服务体验。

6. 三维模拟显示

三维模拟显示是三维电子地图功能在网络环境下的实现。提供三维模拟显示功能的网络电子地图，支持网络地图用户查询三维地图信息，体验更为真实的地理场景，具有更好的用图效果。

（三）网络电子地图应用

1. 应用领域

互联网应用已经渗入社会活动的方方面面。网络电子地图随着网联网的发展和普及，其应用也迅速扩展到现代经济生活的各种领域，成为互联网服务的重要内容之一。网络电子地图已经在土地资源管理、水文与水资源管理、环境污染监测、灾害监测与评估、智能交通管理、城市设施管理、电子政务、数字城市与智慧城市等诸多领域得到应用。网络电子地图与导航定位技术相结合，可应用于移动位置服务、现代物流管理等领域；与虚拟现实技术相结合，可生成三维虚拟环境信息，为军事、旅游、教育和宣传等部门提供服务。

2. 应用案例

利用网络平台选择合适的行动路线是网络电子地图常见的应用之一。这里选择国内某常用网络电子地图网站，以家居实体店路线选择为例，介绍网络电子地图的应用。

打开网络电子地图网页，在用户界面上的搜索窗口搜索关键词"家居"，即可查询到所在区域所有家居实体店名称列表和位置略图；点击选择目标实体店，系统显示该实体店的简介对话框（图 7-49）；点击简介对话框里的"到这里去"，再根据提示输入出发点（起点），并选择出行方式，如"坐公交"，网络电子地图将显示所需乘坐的公交路线、上下车地点等信息。

图 7-49　网络电子地图路线查询举例

网络电子地图一般都支持与手机的交互，以提升用户体验和增强地图使用效果。当查询到去目的地的路线后，在网络电子地图界面上点击"收藏或分享"按钮，用手机扫描二维码，即可将所乘坐公交路线等信息显示在手机屏幕上，可以进行路线查看、模拟导航等服务（图 7-50）。

五、移动导航电子地图及其应用

（一）移动导航电子地图概述

移动导航电子地图是具有实时定位和导航服务功能的电子地图，是计算机地图制图技术、地理信息系统技术、通信技术、移动定位技术等现代技术综合应用的产物。移动导航电子地图既可以嵌入手机等移动设备，也可以安装在中心管理系统，通过移动网络提供定位导航服务。

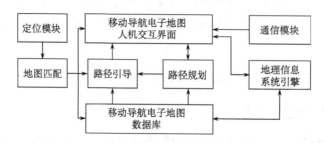

图 7-50　手机端显示的网络
电子地图路线查询结果

移动导航电子地图系统在硬件上通常配置一个中低功率的全球导航卫星系统（GNSS）信号接收天线和接收机，用于实时确定自身位置；移动导航电子地图数据库存储有大量的道路和交通信息，在路径规划模块支持下，可实现目的地位置查询、导航路径选择、行驶路线显示和导航提示等。移动导航服务的目的和使用环境的特殊需求，对移动导航电子地图的现势性和反应速度要求很高，因此移动导航电子地图具有地图数据和交通信息更新周期短，数据存储冗余小，软件运行速度快，空间数据处理与分析操作便捷的特点。

移动导航电子地图可根据应用平台和应用模式进行分类。按应用平台差异可分为手持移动导航电子地图、车（船、机）载移动导航电子地图两种类型，其中手持移动导航电子地图主要指各种手机端使用的导航电子地图 APP，车（船、机）载移动导航电子地图主要指安装在车辆、舰船和飞机等机动设备上使用的导航电子地图系统。按应用模式不同可分为自导航电子地图、导航电子地图中心管理系统和导航电子地图组合系统三种类型，其中自导航电子地图主要满足个体移动导航需要，导航设备通常安装在车辆或手机上，通过导航设备确定用户位置，利用电子地图进行信息查询、路径选择和地图导航；导航电子地图中心管理系统由安装有电子地图的管理中心和若干个安装有导航设备的移动端组成，各个移动端的位置通过无线网络传输到管理中心并实时显示在电子地图上，管理中心利用无线网络对移动端目标进行调度；导航电子地图组合系统是自导航系统和中心管理系统的结合，在管理中心和移动端均安装有电子地图，使系统使用更为灵活和方便。

（二）移动导航电子地图主要功能

移动导航电子地图的主要功能包括电子地图的基本功能和扩展的定位导航功能，其中定位导航功能通过定位模块、通信模块、路径规划模块、路径引导模块、地图匹配模块、移动导航电子地图数据库和交互界面共同实现（图 7-51）。

图 7-51　移动导航电子地图的主要功能模块

1. 实时定位定向

实时定位定向是导航服务的前提，是移动导航电子地图的重要功能。定位技术多种多样，根据不同需求采用不同的定位技术，其中常用定位技术有全球导航卫星系统定位、移动基站定位、混合定位等，在一些特殊领域，还可能选用惯性导航定位、航迹推算定位、光纤光栅传感器定位等技术。通过实时定位，准确显示手持定位设备的人员位置或安装定位设备的车船位置，实现对移动目标的跟踪和地图显示。实时定向技术配合地图显示功能，能始终保持地图正上方为前进方向，便于移动导航地图使用者快速、正确查阅地图并作出判断。

2. 无线通信

无线通信是移动导航电子地图的重要功能之一，除部分自导航电子地图外，大部分移动导航电子地图系统均可通过无线通信系统与互联网相连接，一方面从网络获得地图数据库和交通数据库的信息支持，另一方面通过网络实现对移动目标的监控和管理。

3. 路径规划

路径规划是指根据用户输入，计算确定连接起点和终点位置的序列点，构成从出发地到目的地的最佳线路，常用方法有最短路径算法、可视图法、蚁群算法、神经网络算法等。"最佳"的标准可以是距离最短、耗时最少、费用最低等，因此路径规划可能需要除地图数据之外其他信息的支持。

4. 路径引导

路径引导是指根据路径规划，在移动导航电子地图系统引导下，完成由出发地到目的地的行进过程。移动导航电子地图提供包括限速标志、交叉路口转弯限制、信号灯等导航所需要的交通信息，通过地图显示路线、语音提示操作、全屏路口放大、关键路口突出指引等，引导用户按正确方向和线路行进。

5. 语音提示

移动导航电子地图具备多媒体电子地图的部分功能，通过全程语音导航指引，满足车辆移动导航时驾驶员无须观察地图显示屏的需求，使移动导航电子地图使用安全方便。

6. 兴趣点快速检索

兴趣点查询是用户出行时经常用到的基本操作。移动导航电子地图通过合理设计，提供兴趣点快速检索功能，满足用户出行需求。

(三) 移动导航电子地图应用

1. 应用领域

移动导航电子地图应用是位置服务（location based service，LBS）的重要形式之一。所谓位置服务又称基于位置的服务，广义的位置服务泛指所有与位置相关的地理信息服务，狭义的位置服务特指移动通信技术与定位导航技术相结合，在 GIS 平台支持下提供的与位置相关的地理信息服务，也称移动位置服务。近年来，移动导航电子地图发展非常迅猛，应用前景十分广阔。面向车船导航、个人导航服务的终端嵌入式移动导航电子地图应用得到普及，面向企业管理、资产跟踪的中心管理型移动导航电子地图应用受到重视。移动导航电子地图已经在交通运输、抢险救灾、市政管理、商贸物流、文化旅游、军事国防等领域发挥了重要作用。

2. 应用案例

城市交通智能化管理是移动导航电子地图成熟应用的领域之一。在城市交通管理指挥中心安装的移动导航电子地图系统，通过通信网络与道路现场的多种监控终端设备相连接，管理者能够在中心控制屏幕上实时了解城市道路车辆运行情况，并可利用电子地图分析功能实现辅助决策，再通过交通广播、电子信息牌、电子路标等疏导车辆拥堵路段的交通。图 7-52 是某区调度管理平台指挥中心的照片。

图 7-52　某调度管理平台指挥中心

预设路线车辆的监控和管理。从城市安全和效率管理的角度，一些特殊车辆必须在规定的时间，沿着预设好的路线行驶，如银行及相关部门的运钞车，公安、武警和保安部门的巡逻车，危险品运输车，公交车、长途车队和旅游车等。给这些特殊车辆安装北斗、GPS 接收机等移动定位设备，通过导航电子地图中心管理系统，在管理中心的电子地图上可实时监控每个车辆的当前位置、运动方向，实现对特殊车辆运行时间、路线的监控和管理。

紧急事件求救。许多城市的 110、120、119、122（交通事故中心）都建立了基于移动导航电子地图的接报警和紧急调度系统，系统的导航数据库与电话号码库集成在一起，当有报警电话接入，控制管理中心的电子地图上就会显示报警电话所在位置，查询距离呼叫地点最近的巡逻或救援车辆位置，提供医院、消防栓等分布信息和到达呼叫地点的最佳路线，同时对巡逻或救援车辆进行实时监控和路线行驶指导。

运营车辆的调度。出租车行、物流配送公司、快递公司等企业，在所管辖车辆上安装移动定位设备和无线通信设备，在移动导航电子地图系统支持下，实现对出租车、物流配送和快递车辆进行监管调度，实时了解运营状况，为管理人员调度车辆提供实时或准实时的准确、可靠信息，可提高效率，减少资源浪费。

主要参考文献

艾廷华. 2016. 大数据驱动下的地图学发展. 测绘地理信息, 41(2): 1-7.

《安徽省地图集》编纂委员会. 2011. 安徽省地图集. 北京: 中国地图出版社.

《安徽省地图集》编纂委员会. 2017. 安徽省地图集. 2版. 北京: 中国地图出版社.

别尔良特 A M. 1991. 地图——地理学的第二语言. 李建新, 侯存治译. 北京: 中国地图出版社.

陈述彭. 1990. 地学的探索(第二卷). 北京: 科学出版社.

陈述彭. 2005. 新型地图产品前瞻. 地球信息科学, 7(2): 8-10.

杜培军, 程朋根. 2006. 计算机地图制图原理与方法. 徐州: 中国矿业大学出版社.

杜清运, 翁敏, 任福, 等. 2016. 地理国情普查和监测地图产品体系研究. 地理空间信息, 14(10): 1-6.

费尔迪南·德·索绪尔. 1980. 普通语言学教程. 高名凯译. 北京: 商务印书馆.

甘肃省地图集编纂委员会. 2007. 甘肃省地图集. 西安: 西安地图出版社.

高俊. 2004. 地图学四面体——数字化时代地图学的诠释. 测绘学报, 3(1): 6-11.

高祥伟, 费鲜芸, 谢宏全. 2012. 现代地图学实践教学方法研究. 地理信息世界, 12(6): 9-13.

郭茂来. 2000. 视觉艺术概论. 北京: 人民美术出版社.

郭庆胜. 2002. 地图自动综合理论与方法. 北京: 测绘出版社.

国家地图集编纂委员会. 1993. 中华人民共和国国家经济地图集. 北京: 中国地图出版社

韩渊丰. 1998. 雷州半岛和海南岛地貌类型//焦北辰. 中国自然地理图集. 2版. 北京: 中国地图出版社.

何宗宜. 2004. 地图数据处理模型的原理与方法. 武汉: 武汉大学出版社.

胡圣武. 2007. 地图学课程内容的安排和方法的探讨. 地理空间信息, 5(6): 115-117.

胡圣武. 2010. 三维地图符号的基本理论研究. 测绘科学, 35(6): 17-19.

胡毓钜, 龚剑文, 黄伟. 1981. 地图投影. 北京: 测绘出版社.

黄华新, 陈宗明. 2004. 符号学导论. 郑州: 河南人民出版社.

黄仁涛, 庞小平, 马晨燕. 2003. 专题地图编制. 武汉: 武汉大学出版社.

黄勇奇, 赵追. 2009. 地理空间数据自动综合方法的研究现状与发展趋势. 测绘科学, 34(1): 17-20.

江南, 金晓磊, 王晓理, 等. 2014. 国家级精品资源共享课的建设与思考——以"地图学"课程建设为例. 中国
   大学教育, (6): 34-37.

江南, 李少梅, 崔虎, 等. 2017. 地图学. 北京: 高等教育出版社.

杰里米·哈伍德. 2010. 改变世界的100幅地图. 孙吉虹译. 北京: 生活·读书·新知三联书店.

库尔特·考夫卡. 1997. 格式塔心理学原理. 黎炜译. 杭州: 浙江教育出版社.

李安波, 林冰仙, 闾国年. 2010. 地图美学及其可视性质量评测综述. 测绘科学, 35(2): 66-68.

李霖, 吴凡. 2005. 空间数据多尺度表达模型及其可视化. 北京: 科学出版社.

李满春, 徐雪仁. 1997. 应用地图学纲要. 北京: 高等教育出版社.

廖克. 2003. 现代地图学. 北京: 科学出版社.

凌善金. 2010. 地图美学. 合肥: 安徽师范大学出版社.

凌善金. 2013a. 基于数字制图技术的地图色彩语言艺术化方法. 地理信息世界, 13(3): 28-32.

凌善金. 2013b. 旅游地图编制与应用. 北京: 北京大学出版社.

凌善金, 梁栋栋, 麻金继. 2017. 新编地图学. 北京: 科学出版社.

龙毅, 温永宁, 盛业华. 2006. 电子地图学. 北京: 科学出版社.

卢良志. 1984. 中国地图学史. 北京: 测绘出版社.

鲁道夫·阿恩海姆. 1984. 艺术与视知觉. 滕守尧, 朱疆源译. 北京: 中国社会科学出版社.

鲁道夫·阿恩海姆. 1986. 视觉思维: 审美直觉心理学. 滕守尧译. 北京: 光明日报出版社.

陆漱芬. 1984. 地理学与地图学, 地理学报, 39(3): 315-320.

陆漱芬. 1987. 地图学基础. 北京: 高等教育出版社.

罗宾逊. 1989. 地图学原理. 5 版. 李道义, 刘耀珍译. 北京: 测绘出版社.

吕志平, 乔书波. 2010. 大地测量学基础. 北京: 测绘出版社.

马克·蒙莫尼尔. 2012. 会说谎的地图. 黄义军译. 北京: 商务印书馆.

马永立. 1998. 地图学教程. 南京: 南京大学出版社.

毛赞猷, 朱良, 周占鳌, 等. 2017. 新编地图学教程. 3 版. 北京: 高等教育出版社.

宁津生, 陈俊勇, 李德仁, 等. 2004. 测绘学概论. 武汉: 武汉大学出版社.

诺曼·恩罗尔. 2016. 地图的文明史. 陈丹阳, 张佳静译. 北京: 商务印书馆.

欧阳国, 顾建华, 宋凡圣. 1993. 美学新编. 杭州: 浙江大学出版社.

潘必新. 2008. 艺术学概论. 北京: 中国人民大学出版社.

彭秀英, 万剑华. 2014. 地理信息科学专业 "地图学" 课程教学内容研究与实践. 测绘通报, (3): 128-130.

齐清文, 梁雅娟, 何晶. 2005. 数字地图的理论、方法和技术体系探讨. 测绘科学, 30(16): 27-33.

齐清文, 刘岳. 1998. GIS 环境下面向地理特征的制图概括的理论和方法. 地理学报, 53(4): 303-313.

祁向前. 2012. 地图学原理. 武汉: 武汉大学出版社.

钱海忠, 武芳, 王家耀. 2006. 自动制图综合链理论与技术模型. 测绘学报, 35(4): 400-407.

萨里谢夫 K A. 1984. 地图制图学概论. 李道义, 王兆彬译. 北京: 测绘出版社.

世界银行. 2010. 2010 年世界发展报告: 发展与气候变化. 胡光宇译. 北京: 清华大学出版社.

苏山舞. 2006. 关于《数字地图产品模式》标准的思考. 测绘科学, 31(1): 80-82.

苏珊·汉森. 2009. 改变世界的十大地理思想. 肖平, 王方雄, 李平译. 北京: 商务印书馆.

孙达, 蒲英霞. 2012. 地图投影. 南京: 南京大学出版社.

孙庆辉, 江南. 2014. 电子地图载负量计算模型及应用研究. 测绘通报, (9): 54-57.

孙以义. 2015. 计算机地图制图. 2 版. 北京: 科学出版社.

谭木. 2020. 中学地理地图册. 济南: 山东省地图出版社.

汤国安. 2019. 地理信息系统教程. 2 版. 北京: 高等教育出版社.

田德森. 1991. 现代地图学理论. 北京: 测绘出版社.

田桂娥, 王晓红, 杨久东. 2014. 大地测量学基础. 武汉: 武汉大学出版社.

王慧麟, 安如, 谈俊忠, 等. 2015. 测量与地理学. 3 版. 南京: 南京大学出版社.

王家耀. 1993. 普通地图制图综合原理. 北京: 测绘出版社.

王家耀. 2010. 地图制图学与地理信息工程学科发展趋势. 39(2): 115-119.

王家耀. 2014. 地图文化及其价值观——王家耀院士专访. 测绘科学, 39(12): 3-7.

王家耀, 陈毓芬. 2000. 理论地图学. 北京: 解放军出版社.

王家耀, 何宗宜, 蒲英霞, 等. 2016. 地图学. 北京: 测绘出版社.

王家耀, 孙群, 王光霞, 等. 2014. 地图学原理与方法. 2 版. 北京: 科学出版社.

王桥, 毋河海. 1998. 地图信息的分形描述与自动综合研究. 武汉: 武汉测绘科技大学.

王世华. 1986. 地图投影图集. 福州: 福建省地图出版社.

毋河海. 2004. 地图综合基础理论与技术方法研究. 北京: 测绘出版社.

吴忠性. 1988. 地图(制图)学几个理论问题的再讨论. 地图, (1): 7-10.

武芳. 2003. 空间数据多尺度表达与自动综合. 北京: 解放军出版社.

武芳, 巩现勇, 杜佳威. 2017. 地图制图综合回顾与前望. 测绘学报, 46(10): 1645-1664.

向传璧. 1992. 地形图应用学 北京: 高等教育出版社.

颉耀文, 焦继宗, 王晓云. 2018. 地图学实习指导. 兰州: 兰州大学出版社.

颉耀文, 刘欣, 吕利利. 2015. 地理信息科学专业导读课开课效果分析. 高等理科教育, 21(3): 98-103.

颉耀文, 史建尧, 张晓东. 2007. 论地图学实习环节的加强与改革. 测绘通报, (6): 75-78.

徐德军. 2003. 城市多媒体电子地图集的设计与实现. 测绘通报, (2): 67-72.

闫浩文, 褚衍东, 杨树文, 等. 2017. 计算机地图制图: 原理与算法基础. 2 版. 北京: 科学出版社.

杨恩寰, 梅宝树. 2001. 艺术学. 北京: 人民出版社.

杨瑾, 袁勘省. 2007. 大学地球科学类地图学教学与教材内容改革研究. 测绘科学, 32(5): 190-192.

杨子倩. 2011. 产品的情感化设计研究. 人类工效学, (2): 69-72.

尹章才, 李霖. 2013. Web2.0 地图学. 北京: 科学出版社.

袁勘省. 2014. 现代地图学教程. 2 版. 北京: 科学出版社.

詹姆斯·E 麦克莱伦第三, 哈罗德·多恩. 2003. 世界史上的科学技术. 王鸣阳译. 上海: 上海科技教育出版社.

张克权, 黄仁涛. 1991. 专题地图编制. 2 版. 北京: 测绘出版社.

张力果, 赵淑梅, 周占鳌. 1990. 地图学. 北京: 高等教育出版社.

张荣群, 袁勘省, 王英杰. 2005. 现代地图学基础. 北京: 中国农业大学出版社.

张宪荣. 1998. 现代设计词典. 北京: 北京理工大学出版社.

赵军. 2010. 中国地理学类专业地图学教材建设回顾与思考. 测绘科学, 35(1): 197-200.

中国地图出版社. 1989. 中学教师地图集: 中国地图分册. 北京: 中国地图出版社

《中国西部地区典型地貌图集》编纂委员会. 2013. 中国西部地区典型地貌图集. 北京: 中国地图出版社.

祝国瑞. 2004. 地图学. 武汉: 武汉大学出版社.

祝国瑞, 郭礼珍, 尹贡白, 等. 2001. 地图设计与编绘. 武汉: 武汉大学出版社.

祝国瑞, 徐肇忠. 1990. 普通地图制图中的数学方法. 北京: 测绘出版社.

祝国瑞, 张根寿. 1994. 地图分析. 北京: 测绘出版社.

Kraak M J, Ormeling F. 2014. 地图学——空间数据可视化. 张锦明, 王丽娜, 游雄译. 北京: 科学出版社.

Grafarend E W, You R J, Syffus R. 2014. Map Projections Cartographic Information Systems. Berlin, Heidelberg: Springer.

Lapaine M, Usery E L. 2017. Choosing a map projection. Cham: Springer International Publishing.

Slocum T A. 2009. Thematic Cartography and geovisualization. 3rd Edition. Upper Saddle River: Pearson Prentice Hall.

Sukhov V. 1967. Information capacity of a map entropy. Geodesy and Aerophotography, 10(4): 212-215.

Yan H, Li J. 2015. Spatial Similarity Relations in Multi-scale Map Spaces. Cham: Springer International Publishing

Yan H, Weibel R, Yang B. 2008. A multi-parameter approach to automated building grouping and generalization. Geoinformatica, 12(1): 73-89.